国家出版基金项目
NATIONAL PUBLICATION FOUNDATION

人工智能出版工程
国家出版基金项目

人工智能

语言智能处理

黄河燕　史树敏
贾　珈　黄民烈　　编著
韩先培　刘　洋　刘奕群

电子工业出版社

Publishing House of Electronics Industry

北京·BEIJING

内 容 简 介

语言智能处理一直是人工智能领域的重要研究方向之一。本书按照研究历程与现状、关键技术与方法、发展趋势与展望的基本脉络,重点介绍了语言智能处理中的语言模型与知识表示、语言分析技术、语言情感分类、自然语言生成技术、自动问答与人机对话、机器翻译、信息检索与信息推荐等主题。本书所描述的内容涉及人们日常生活中的真实应用场景,理论与实践相结合,所探讨的技术具有代表性,便于读者理解与融会贯通。

本书既可作为高等院校相关专业师生的教学参考书,也可作为人工智能领域语言智能处理研究人员和广大爱好者的技术参考书。

图书在版编目(CIP)数据

人工智能. 语言智能处理/黄河燕等编著. —北京:电子工业出版社,2020.12

人工智能出版工程

ISBN 978-7-121-40042-1

Ⅰ. ①人… Ⅱ. ①黄… Ⅲ. ①人工智能②自然语言处理 Ⅳ. ①TP18②TP391

中国版本图书馆 CIP 数据核字(2020)第 234465 号

责任编辑:钱维扬

印　　刷:北京盛通印刷股份有限公司

装　　订:北京盛通印刷股份有限公司

出版发行:电子工业出版社

　　　　　北京市海淀区万寿路 173 信箱　邮编:100036

开　　本:720×1000　1/16　印张:18.25　字数:321.2 千字

版　　次:2020 年 12 月第 1 版

印　　次:2020 年 12 月第 1 次印刷

定　　价:89.00 元

人工智能出版工程

丛书编委会

前　言

　　语言智能处理是人工智能领域的重要研究方向之一，也是人工智能领域历久弥新的核心研究课题。语言是人类文明传承的重要载体和媒介。实现语言智能化处理，从第一台计算机诞生之日起，就是人类梦寐以求的美好愿望。语言智能化处理技术的独特魅力，也是让无数产、学、研各界人员痴迷的原因所在。然而时至今日，相关研究工作已经开展了几十年，借助机器完全自动地实现自然语言的机器翻译、情感分析、智能问答、人机对话、个性化检索等任务的实用化处理，依然是研究者前赴后继投身其中的奋斗目标。

　　在新一波人工智能浪潮席卷之下，关于语言智能处理的新技术、新方法和新产品层出不穷，很多研究工作取得了长足的进步，也引起了越来越多来自社会各界的高度关注。但不得不说，现有的研究状况也渐渐显现出"乱花渐欲迷人眼"的景象，特别是在深度学习技术大放异彩甚至是独占鳌头的态势下，对语言智能处理的研究面临着诸多挑战与难题。有些挑战与难题是因为新业态的产生而滋生的新问题，更多的是本质上仍然是悬而未决的旧有科学难题。我们希望从纷繁复杂的研究工作中，帮助对这一领域感兴趣的读者在一些典型任务上梳理出一条相对清晰的路径，免于陷入"独上高楼，望尽天涯路"的窘迫。本书所探讨的内容既包括语言模型与知识表示这样的传统研究，也包括语言分析技术这样的基础任务，还涉及了时下研究热度持续升高的机器翻译、自动问答、自然语言生成、信息推荐、语音情感分析等重要方向。本书尽量选取了语言智能处理领域中具有代表性的研究工作加以介绍。这些研究工作同时也是人们日常生活当中实实在在能够接触的应用场景，大部分研究方向直接见证了人工智能技术发展的起起落落。同时，由于语言智能化处理的研究特点，几乎所有的任务都定期举办对应的国际/国内公开评测，也有公开发布的训练数据集、开源平台等资源供业界人士共享。本书尽可能在相关章节将这些评测、资源等相关信息列举出来，以飨读者。

本书共 8 章，在章节的组织上针对语言智能处理中的典型研究方向，尽可能梳理出每个方向大体的技术发展脉络、主要方法、关键技术、最新进展以及未来趋势。其中，第 1 章由黄河燕主笔，第 2 章由黄河燕、史树敏主笔，第 3 章由史树敏、黄河燕主笔，第 4 章由贾珈主笔，第 5 章由黄民烈主笔，第 6 章由韩先培主笔，第 7 章由刘洋主笔，第 8 章由刘奕群主笔，全书由黄河燕、史树敏统稿。此外，李洪政博士后（现为北京理工大学助理教授）协助完成了 2.2 节及第 3 章部分图表的绘制及校对工作，鉴萍博士协助完成 3.3 节部分文献资源的整理和校对工作，毛佳昕博士后（现为中国人民大学助理教授）协助完成了第 8 章的校对工作。在本书编写过程中，孙乐研究员对 6.1 节提出了宝贵意见，陈波副研究员、安波副研究员参与了第 6 章的校对工作，在此深表感谢。另外，部分研究生也为本书的写作提供了文献资料整理、参考文献规范化处理等协助工作。他们是尚煜茗、苏超、周素平、边宁、黄斐、柯沛、黄轩成、陈驰、杨宗瀚、许一舟、郑远航、张慧盟、王硕，在此一并向他们表示衷心的感谢。诚挚感谢电子工业出版社赵丽松副总编和富军、钱维扬等其他编辑及审校人员为本书出版所付出的辛勤工作。感谢长期以来对我们团队工作给予大力支持和帮助的诸位师长、同行和各界朋友们。

众所周知，语言智能处理涉及众多研究内容，限于篇幅和学识，本书无法一一涵盖，仅是抛砖引玉，希望与"为伊消得人憔悴"的同仁一起，在语言智能处理的浩瀚海洋中，共同寻求"蓦然回首，'成果'就在灯火阑珊处"的快乐。由于作者水平所限，加之时间和精力不足，书中一定存在疏漏或错误之处，衷心欢迎专家和读者给予批评指正。

编著者
2020. 10

目 录

第1章

绪论

1.1 语言智能处理简介

语言智能处理是人工智能领域的重要研究方向，涉及计算机科学、语言学、逻辑学、数理统计、认知科学等诸多学科，具有显著的跨学科特色。目前在计算机科学与人工智能领域，语言智能处理主要体现为自然语言处理（Natural Language Processing，NLP），是指利用计算机等工具分析和生成自然语言（包括文本、语音等），从而让计算机"理解"和"运用"自然语言。通过自然语言处理的一系列方法与技术，可以让人类通过自然语言的形式与计算机系统进行智能交互。

自然语言处理一般可以分为两个部分：自然语言理解（Natural Language Understanding，NLU）和自然语言生成（Natural Language Generation，NLG）。自然语言理解的目的是让计算机通过各种分析与处理，理解人类的自然语言（包括其内在含义）。自然语言生成更关注如何让计算机自动生成人类可以理解的自然语言形式或系统。自然语言处理的部分任务和应用场景如图1-1所示。

图1-1示意了自然语言处理过程所涵盖的词语、句子、篇章等多个语言层次。这些语言层次对应形态学、句法学、语义学和语用学等多个语言学分支，每个层次都具有很多典型的应用场景。事实上，自然语言处理早期也被称为计算语言学（Computational Linguistics），其研究对象几乎涉及语言学研究的所有对象：语音、形态、语法（句法）、语义、语用，研究内容包括针对这些对象的自动分析方法与技术，如词法分析、句法分析、语义分析等。自然语言生成也是计算机与人类通过自然语言进行交互的一种方式。其研究内容包括对于一个既定的形式化（语句意义）表达计算机如何产生自然语言语句这样的简单问题，也包括如何从人类大脑的意义映像出自然语言表达的复

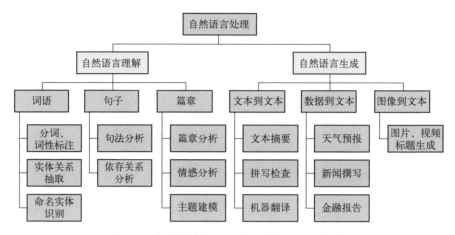

图 1-1　自然语言处理的部分任务和应用场景

杂处理过程。近年来，随着深度学习技术的快速发展和海量数据的激增，语言智能处理又进一步细化为针对文本到文本、数据到文本、图像到文本等多种模态形式的具体研究方向，其具体任务场景的实现往往是一个复杂的系统工程。

1.2　人工智能与语言智能处理

人工智能自底向上可以分为运算智能、感知智能和认知智能。运算智能是指机器的记忆、运算能力；感知智能是指机器的视觉、听觉、触觉等感知能力；认知智能包括理解、运用语言的能力，掌握知识、运用知识的能力，以及在语言和知识基础上的推理能力。

目前人工智能的发展已经基本实现了运算智能，机器存储和运算数据的能力已远远超过人类的现有水平；感知智能也取得了许多重要突破，在业界多项权威测试中，很多人工智能系统都已经达到甚至超过了人类水平，如人脸识别、语音识别等感知智能技术已广泛运用在图片处理、安防、教育、医疗等多个领域；人工智能在认知智能层面上尽管已经有所作为，但仍面临很多困难和挑战。在未来很长一段时间里，人工智能的研究工作将主要集中在认知智能层面的进一步发展和突破。

语言作为人类知识的载体和思维的工具，是人类特有的高级智力活动，承载了复杂的信息，具有高度的抽象性。认知智能的终极目标是让机器和系统理解与运用自然语言，而以自然语言处理为核心的语言智能处理是实现认知智能的重要手段和关键基础。人工智能的研究从一开始就能看到语言智能处理的身影。许多自然语言处理研究领域技术的发展甚至直接影响了人工智能的发展进程。以自然语言处理技术为核心的语言智能处理的发展和突破，必将推动认知智能和整个人工智能体系的长足发展。语言智能处理已得到了世界各国政府和产学研各界的高度重视。

1.3 基于神经网络的自然语言处理

伴随着人工智能发展历程的起起落落，自然语言处理在长达半个多世纪的发展过程中曾经历了以基于规则方法为主的理性主义与基于统计方法为主的经验主义之争，现阶段已形成了理性主义方法与经验主义技术相辅相成、互相融合发展的趋势。近年来，随着深度学习热潮的到来，强大的学习机制在一定程度上缓解了原有自然语言处理方法的数据稀疏问题，吸引了众多研究者的关注，自然语言智能处理开始进入基于深度学习的时代。图 1-2 概要展示了几十年来，自然语言处理的发展历程。

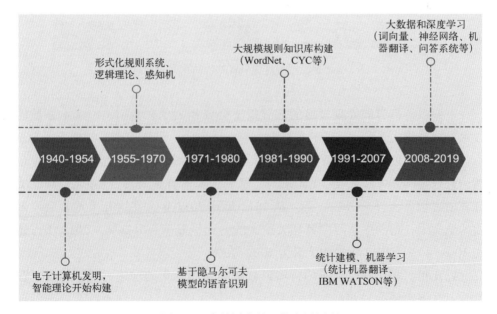

图 1-2 自然语言处理的发展历程

神经网络源自模拟类脑计算，是机器学习的重要分支，可以为语言智能处理提供强大的学习能力。神经网络模型以其自身的优越性，为语言智能处理的很多核心任务和领域带来革新性的解决方案，广泛应用于诸多任务场景，极大地促进了自然语言处理的发展，在算力、数据、技术等各种要素的支持下，语言智能处理迎来了蓬勃发展的黄金时代，基于深度学习的语言智能处理的研究取得了越来越多的可喜进展。

从图 1-3 可以看到，从 2001 年到 2018 年，基于神经网络的自然语言处理出现了包括神经网络语言模型、词向量、注意力机制和预训练语言模型等一系列具有重要影响力和代表性的里程碑式的成果。这些成果深刻影响着语言智能处理的研究方法和未来的发展方向，极大地推动了语言智能处理技术的革新和实用系统的落地。

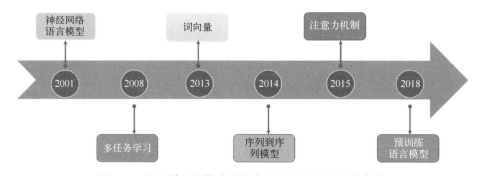

图 1-3　基于神经网络自然语言处理的重要里程碑成果

下面以语言智能处理领域的部分重要会议相关信息为引，一窥本领域的技术发展趋势。

语言智能处理领域的重要国际会议包括国际计算语言学大会（ACL）、自然语言处理实证方法大会（EMNLP）、欧洲计算语言学大会（EACL）和北美计算语言学大会（NAACL）等。从 2012 年到 2017 年，在这几个重要会议录用的论文中，与深度学习主题相关论文的占比呈显著上升态势，2012 年占比为 30%～40%，2017 年占比上升为 60%～70%。

近几年，基于深度学习的自然语言智能处理论文的增速迅猛，体现了深度学习在该领域的"热度"。

以 NLP 领域顶级的 ACL 大会为例，从 1999 年到 2019 年，ACL 大会每年的投稿数量、审稿人数量和领域主席的数量一直呈现增长趋势①。

1999 年到 2007 年，这段时间的数据变化比较平缓，投稿数量由 293 篇上升到 588 篇，审稿人数由 210 人上升到 332 人，领域主席由 6 人上升到 10 人。

2007 年到 2012 年，这段时间的数据变化开始加快，投稿数量由 588 篇上升到 940 篇，审稿人数由 332 人上升到 665 人，领域主席由 10 人上升到 20 人。

2012 年到 2019 年，这段时间的数据剧烈上升，投稿数量由 940 篇上升到 2906 篇，审稿人数由 665 人上升到 2281 人，领域主席由 20 人上升到 230 人。

特别是近年来，投稿数量激增，2019 年的投稿数量几乎是 2018 年的两倍。

从投稿领域来看，ACL 大会的投稿范围涉及理论和应用等 20 余个研究方向，每个类别几乎都涉及了深度学习和神经网络模型，反映了深度学习方法在自然语言处理中的重要性。这些研究在一定程度上代表了目前语言智能处理的热门研究方向和前沿技术发展态势。

在 ACL 2020 大会上，投稿的研究主题包括②：

- 机器学习；
- 对话和交互系统；
- 机器翻译；
- 信息抽取；
- 自然语言处理应用；
- 文本生成；
- 情感分析；
- 自动问答；
- 资源及评价；
- 自动摘要；
- 社交科学和媒体计算；
- 语义：句子级别；
- NLP 模型分析和可解释性；
- 语义：词汇级别；

① 数据来源：ACL 2019 官方博客，网址：https://acl2019pcblog.fileli.unipi.it/。
② 参见 ACL 2020 官方博客，网址：https://acl2020.org/blog/general-conference-statistics/。

- 信息检索和文本挖掘；
- 语义：文本推断和其他语义领域；
- 语言融入视觉、机器人学及其他；
- 话题模型；
- 认知模式和心理语言学；
- 语音和多模态；
- 句法：标注、词块、语法分析；
- 交叉学科；
- 话语和语用学；
- 音素学、形态学、分词；
- 伦理及 NLP。

1.4　语言智能处理的应用

语言是普通民众最为熟知的一种信息传播与知识传承的载体。语言智能处理的发展过程真实地反映了人工智能跌宕起伏的发展历程。近年来，随着世界各国政府在国家战略层面对人工智能及其核心关键技术的高度关注，产业界积极构筑 AI+多场景下的大数据与强算力平台并持续推动其发展，学术界借助深度学习技术在语言智能处理多个任务领域中不断推陈出新，使人工智能的相关产品以一种前所未有的态势"走入寻常百姓家"。

"理解能力"是目前语言智能处理应用的核心问题，其本质反映了人工智能对于"认知"类问题的解决能力。理解离不开知识，理解深度往往取决于所获取知识的深度和广度。知识的深度在狭义上可以从语言处理的层次上表现为词法、句法、语义等；知识的广度可以体现为实体类知识、常识类知识、场景知识、情感知识等。如何正确且高效地表示、分析和处理不同层次及多种类型的知识是语言智能处理能够满足真实应用需求的不可回避的技术挑战。

语言智能处理在人们的日常生活中有着广泛的应用。如今，大家似乎都可以从身边发现融合了语言智能处理技术的产品（如多语种的自动翻译机）或者服务（如自动客服）。这些产品和服务等都属于语言智能处理的具体应用，可以从不同角度对这些应用加以分类。传统的机器翻译、信息检索都是典型的基于文本的应用，尽管人们可以看到很多机器实现了口语翻译，但在具体处理流程中仍然首先要将语音转换为文本,然后通过文本处理才能完成后续的分析处理。自动问答与人机对话属于典型的基于会话的应用,根据特定的任务场景(如电商平台售前/售后的自动客服),通过文本或者语音等形式进行对话,完成多轮次的人机交互。

1.5 本书的组织结构

本书共 8 章。

第 1 章为绪论,简单介绍语言智能处理的学科定位、研究现状和发展趋势。

第 2 章为语言模型与知识表示,重点说明语言模型和知识表示方法是基于统计和深度学习的自然语言处理的基础。

第 3 章为语言分析技术。语言分析技术是语言智能处理很多任务场景和应用系统的基础性关键技术,从词法分析、句法分析到篇章分析及语义分析,由表层到深层,涵盖不同的语言层面。

第 4 章为语言情感分类。情感在人类理性行为和理性决策中起着重要的作用。本章主要介绍现有情感研究体系中情感描述的主要方法、自然语言文本情感识别模型,以及包括语音情感特征提取和情感识别模型在内的语音情感计算相关研究情况。

第 5 章为自然语言生成技术。自然语言生成是语言智能处理中非常重要的基础任务之一,越来越受到研究者的关注。本章介绍了传统自然语言生成方法,重点阐述了目前主要的基于深度神经网络的现代自然语言生成模型,包括序列到序列模型、变分自编码器、生成式对抗网络、基于预训练语言模型的生成方法等。

第 6 章为自动问答与人机对话。大规模问答和对话领域语料的积累及知识图谱的发展,使得自动问答和人机对话已经成为语言智能处理研究的前沿之一。本章介绍了基于语义解析的知识库问答、基于深度神经网络的端到端知识库问答、机器阅读理解任务的定义和主流框架,以及面向任务型的对话系统和聊天机器人的定义、主流结构和代表性系统。

第 7 章为机器翻译。机器翻译是语言智能处理典型的应用场景之一,也是目前人工智能领域的重要研究方向之一。本章介绍了机器翻译技术发展的历程，重点介绍了神经机器翻译研究的核心模型、关键技术及机器翻译评测与开源工具。

第 8 章为信息检索与信息推荐。互联网的大范围应用和信息过载给信息时代的人们带来的海量信息输入超过了个体接收和处理能力，产生了信息理解、利用和快速决策等一系列新生问题。为解决这些新生问题，信息检索与信息推荐技术应运而生。本章介绍了信息检索与信息推荐的概念及发展历程，重点阐述了信息检索与信息推荐的主要前沿技术、产业应用及发展趋势。

第 2 章

语言模型与知识表示

语言模型（Language Model）是很多自然语言处理的重要组成部分，被广泛应用于机器翻译、文本生成、语音识别等多个任务场景。从统计语言模型到神经网络语言模型，有关语言模型的研究对整个自然语言处理领域的发展产生了重要影响。

除了语言模型，词向量表示也早已成为基于深度学习的自然语言处理的标配和基础。几乎所有的任务都首先从词向量表示学习开始。由于神经网络模型严重依赖海量数据并缺乏可解释性，因此如何将多样化的外部知识（如世界知识、语言学知识等）引入先进的模型算法，形成由数据驱动和知识驱动相结合的模型是未来重要的研究方向。知识图谱是知识表示的重要手段，具有广泛的应用前景，较好地实现了技术落地。

本章将分别介绍语言模型、词向量构造方法和知识图谱表示学习。

2.1 语言模型

2.1.1 概述

语言模型通常构建为字符串 s 的概率分布 $p(s)$，反映字符串 s 作为一个句子出现的频率。语言模型可以帮助机器翻译系统选出更符合人类习惯的翻译候选，帮助语音识别系统选出可能性最高的候选词等，在自然语言处理领域有着广泛的应用和重要的地位。

本节将主要介绍目前使用广泛的两种语言模型：①基于统计方法的 n-gram 语言模型；②神经网络语言模型。

2.1.2 n-gram 语言模型

n 元文法（n-gram）指的是在给定序列中的 n 个连续元素，即给定序列

$s = w_1, w_2, \cdots, w_N$。其中，任意 n 个连续元素 $w_i, w_{i+1}, \cdots, w_{i+n-1}$（$n \geq 1, 1 \leq i \leq N$）均为 n 元文法单元（见图 2-1）。这里的序列可以是语音或文本，元素可以是发音、单词、字符等。下面将以文本作为输入序列、以单词作为序列元素，介绍 n 元文法语言模型。

图 2-1　n 元文法单元

n 元文法语言模型采用链式法则计算序列的概率，即

$$p(s) = p(w_1, w_2, \cdots, w_N)$$
$$= p(w_1)p(w_2 \mid w_1)p(w_3 \mid w_1, w_2) \cdots p(w_N \mid w_1, w_2, \cdots, w_{N-1}) \quad (2\text{-}1)$$

式（2-1）中，序列的概率为序列中各个位置 i 上的单词 w_i 在给定之前所有单词 $w_1, w_2, \cdots, w_{i-1}$ 情况下条件概率 $p(w_i \mid w_1, w_2, \cdots, w_{i-1})$ 的乘积，前 $i-1$ 个单词 $w_1, w_2, \cdots, w_{i-1}$ 被称为单词 w_i 的历史（History）。语言模型的任务被分解为预测条件概率 $p(w_i \mid w_1, w_2, \cdots, w_{i-1})$。

为了降低运算的复杂度，n 元文法语言模型将单词 w_i 的历史缩小为前 $n-1$ 个词，以 $n = 3$ 为例，即

$$p(w_i \mid w_1, w_2, \cdots, w_{i-1}) \approx p(w_i \mid w_{i-2}, w_{i-1})$$

则式（2-1）可改写为

$$p(s) = p(w_1, w_2, \cdots, w_N)$$
$$\approx p(w_1)p(w_2 \mid w_1)p(w_3 \mid w_1, w_2) \cdots p(w_N \mid w_{N-(n-1)} \cdots w_{N-1}) \quad (2\text{-}2)$$

在式（2-2）的过程中，每步计算只考虑有限的历史，这种过程被称为马尔可夫过程。该过程基于马尔可夫假设（Markov Assumption）。n 被称为马尔可夫过程的阶数（Order）。

在实际应用中，n 的取值通常与训练数据的规模相关。当训练数据的规模较大时，n 可以取较大的值。当 $n = 1$ 时，被称为一元文法（Unigram），可直接估计 $p(w_i)$，不需考虑历史；当 $n = 2$ 时，被称为二元文法（Bigram）；当

$n = 3$ 时，被称为三元文法（Trigram）。

2.1.3　估计

n 元文法语言模型通过统计训练数据中 n 元文法出现的频次，利用最大似然估计（Maximum Likelihood Estimation）来估计条件概率 $p(w_i \mid w_{i-(n-1)}, \cdots, w_{i-1})$，即

$$p(w_i \mid w_{i-(n-1)}, \cdots, w_{i-1}) = \frac{\text{count}(w_{i-(n-1)}, w_{i-(n-2)}, \cdots, w_{i-1}, w_i)}{\sum_w \text{count}(w_{i-(n-1)}, w_{i-(n-2)}, \cdots, w_{i-1}, w)} \quad (2-3)$$

以 $n = 3$ 为例，计算方法为

$$p(w_i \mid w_{i-1}, w_{i-2}) = \frac{\text{count}(w_{i-1}, w_{i-2}, w_i)}{\sum_w \text{count}(w_{i-1}, w_{i-2}, w)}$$

例如，给定三元文法"花猫 正在 睡觉"，该三元文法在训练数据中共出现 10 次，以"花猫 正在"开头的三元文法（如"花猫 正在 睡觉""花猫 正在 喝水""花猫 正在 吃饭"等）在训练数据中共出现 30 次，利用最大似然估计，条件概率为

$$p(睡觉 \mid 花猫, 正在) = \frac{\text{count}(花猫, 正在, 睡觉)}{\sum_w \text{count}(花猫, 正在, w)} = \frac{10}{30} \approx 0.33$$

2.1.4　评价指标

若假设测试数据与训练数据的概率分布一致，均为 L，则语言模型在测试数据上估计的概率分布 q 与 L 越接近，语言模型越优秀。

在实际应用中，概率分布 L 是未知的，在这种情况下，可利用交叉熵估计，即

$$H(L, q) = -\sum_{i=1}^{N} \frac{1}{N} \log_2 q(w_i) \quad (2-4)$$

其中，$q(w_i) = p_{\text{LM}}(w_i \mid w_1, \cdots, w_{i-1})$ 为语言模型对单词 w_i 的概率估计，若 $n = 3$，则 $p_{\text{LM}}(w_i \mid w_1, \cdots, w_{i-1}) = p(w_i \mid w_{i-1}, w_{i-2})$。

通常采用困惑度（Perplexity，PPL）作为语言模型的评价指标。困惑度是交叉熵的数学变换，即

$$PPL = 2^{H(T,q)} = 2^{-\sum\limits_{i=1}^{N}\frac{1}{N}\log_2 q(w_i)} \qquad (2-5)$$

由式（2-5）可知，交叉熵的数值越小，困惑度越小，语言模型估计的概率分布越接近实际的概率分布。

2.1.5　数据稀疏与齐夫定律

在现实中，无论训练数据的规模如何庞大，都只是真实世界数据中的一个子集，由于训练数据的不完整，因此计数及根据计数信息得到的最大似然估计均会与真实分布或测试数据的分布有差异。当训练数据集合上未出现或以低频出现 n 元文法时，这种问题表现得尤其突出。而事实上，训练数据中占大部分的 n 元文法均是低频的。

齐夫定律（Zipf's Law）是由哈佛大学的语言学家乔治·K. 齐夫（George K. Zipf）于 1949 年发表的实验定律，可以表述为：在自然语言的语料库里，一个单词出现的频率与其在频率表里的排名成反比。

表 2-1 为联合国平行语料库[1]里英文部分的词频分布情况。该语料库经过 Moses[2] 提供的 tokenizer.perl 进行了预处理，经预处理后的总词数为 425 529 171，词汇表规模为 859 863。

表 2-1　联合国平行语料库里英文部分的词频分布情况

出现次数 r	出现 r 次的单词数目 N_r
1	417 787
2	126 448
3	60 397
4	37 824
5	25 036
6	18 634
7	13 982
8	11 547
9	9 478
10	7 843
20	2 384
30	1 289

图 2-2 为联合国平行语料库里英文词频排序与词频的关系曲线。

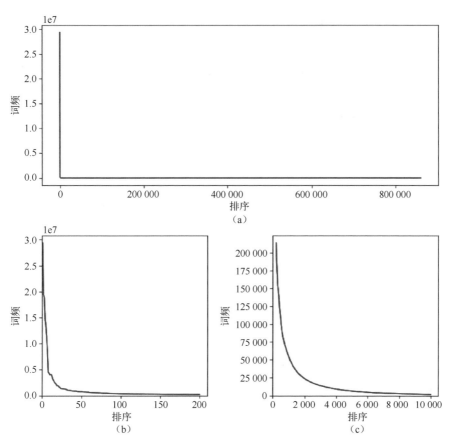

图 2-2　联合国平行语料里英文词频排序与词频的关系曲线

图 2-3 为联合国平行语料库里中文词频排序与词频的关系曲线。图中，（a）为词表中所有单词的词频分布；（b）为词表中前 200 的词频分布；（c）为词表中排名为 2 000~10 000 的词频分布。中文部分采用 LTP 工具[3] 提供的中文分词组件进行分词预处理，经预处理后，总词数为 384 697 618，词汇表规模为 1 023 162。由图 2-3 可知，齐夫定律在中文语料中同样适用。

由表 2-1、图 2-2 和图 2-3 可知，在语料中，绝大部分为低频词（或低频 n 元文法），由于低频词的计数值较小，因此造成了数据稀疏（Data Sparse）的问题，利用最大似然估计的方法估计低频词的概率往往是不准确的。

13

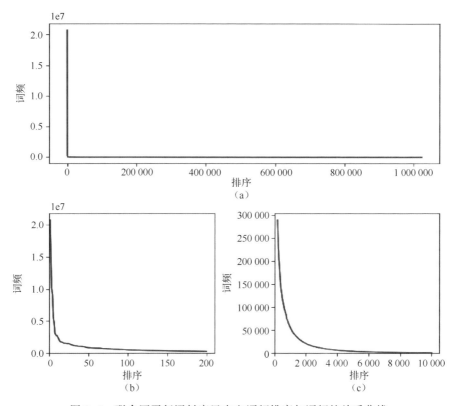

图 2-3　联合国平行语料库里中文词频排序与词频的关系曲线

2.1.6　计数平滑方法

数据稀疏问题会对语言模型的概率估计产生影响，在测试时，若出现语言模型未见过的 n 元文法，则根据最大似然估计方法的思想，其概率将被赋为 0。这显然是不合理的。

下面将介绍几种计数平滑方法用以缓解所提到的问题。

1. 加 1 平滑

为解决零概率问题，可以采用加 1 平滑的方法，即在每个项的计数值上加一个固定的数字（例如 1）。为保证概率和为 1，在进行概率估计时，要考虑所有的 n 元文法数（包括从训练数据统计得到的和额外引入的）。以三元文法为例，式（2-3）将改写为

$$p(w_i \mid w_{i-1}, w_{i-2}) = \frac{\text{count}(w_{i-1}, w_{i-2}, w_i) + 1}{\sum_w \text{count}(w_{i-1}, w_{i-2}, w) + m} \tag{2-6}$$

其中，m 为可能出现的 n 元文法的总数（本例中 $n=3$）。所有可能的 n 元文法总数 $m = |V|^n$。$|V|$ 为词表规模。若词表规模为 10^4，则 $m = 10^{12}$。假设训练数据包含的总词数为 10^8，则 m 远大于统计值，原始训练数据的最大似然概率估计值将被严重稀释。

为缓解该问题，可以将加 1 计数变为加 α 计数（$\alpha < 1$），仍以三元文法为例，式（2-6）改写为

$$p(w_i \mid w_{i-1}, w_{i-2}) = \frac{\text{count}(w_{i-1}, w_{i-2}, w_i) + \alpha}{\sum_w \text{count}(w_{i-1}, w_{i-2}, w) + \alpha m} \tag{2-7}$$

一般情况下，若令 c_w 为某 n 元文法 w 在训练语料上的计数值，C_n 为 n 元文法在训练数据上的总个数，$|V|$ 为词表规模，$m = |V|^n$ 为所有可能的 n 元文法数，则采用最大似然估计、加 1 平滑和加 α 平滑的计算方法估计的概率分别为

$$p = \frac{c_w}{C_n} \tag{2-8}$$

$$p = \frac{c_w + 1}{C_n + m} \tag{2-9}$$

$$p = \frac{c_w + \alpha}{C_n + \alpha m} \tag{2-10}$$

2. 留存估计和删除估计平滑法

若 n 元文法模型在训练时无法预知测试语料的分布情况，则可以把已知的训练集分为两部分：一部分作为训练数据；另一部分作为开发数据，用于改善在训练数据上得到的概率估计。

留存估计（Held-out Estimation）：令 r 为某 n 元文法在开发数据上的计数值；N_r 为在训练数据中出现 r 次的不同 n 元文法的总数；T_r 为在训练数据中出现 r 次的 n 元文法在开发数据中的计数之和；T 为开发数据中所有 n 元文法的总数，则

$$p = \frac{T_r}{T} \times \frac{1}{N_r} \tag{2-11}$$

15

删除估计（Deleted Estimation）：通过使两部分数据互为训练集和开发集，计算两次留存估计后的平均值作为某 n 元文法的最终计数值：①通过分割好的训练数据和开发数据得到 T_r 和 N_r；②将最初的训练数据作为本轮的开发数据，最初的开发数据作为本轮的训练数据，得到 T'_r 和 N'_r，则调整后的计数 r_{del} 为

$$r_{\mathrm{del}} = \frac{T_r + T'_r}{N_r + N'_r} \qquad (2\text{-}12)$$

这样的方法也被称为双向交叉验证（Cross Validation）。

3. 古德图灵平滑法

古德图灵（Good-Turing）平滑法：利用计数频次较高的 n 元文法的频次调整计数频次较低的 n 元文法的频次，调整后，n 元文法的计数 r^* 的计算公式为

$$r^* = (r+1)\frac{N_{r+1}}{N_r} \qquad (2\text{-}13)$$

目前，统计语言模型通过概率和分布函数来描述词、词组及句子等自然语言基本单位的性质和关系，体现了自然语言中存在的基于统计原理的生成和处理规则。其中，$n\text{-}gram$ 语言模型是应用最广泛的一种，但仍存在很多不足，主要表现如下。

（1）由于语言模型建模受到训练语料规模的限制，其分布存在一定的片面性，新词和低频词很少出现在训练文本中，因此导致数据稀疏问题。

（2）由于马尔可夫假设限制 n 的大小，因此只能对短距离的词之间的转移关系进行建模，无法体现长距离的词之间的依赖关系。

（3）训练效率低，解码时间较长，目前的语料规模巨大，因此不能满足实际要求。

（4）现有语言模型大部分只用到字、词等语法层面的简单信息，很少使用深层的语言知识，描述能力较差，不能很好地反映真实的概率分布。

2.1.7 神经网络语言模型

伴随着深度学习的发展，作为一种改进方式，神经网络被引入语言模型中。目前，神经网络语言模型被广泛使用：一方面解决了统计语言模型的限制；另一方面，神经网络语言模型可以获取词汇、句子、文档、语义、知识

等属性的分布式向量表示，可解决特定的应用任务，如情感分析、推荐系统等。神经网络语言模型克服了统计语言模型中存在的数据稀疏问题，具有更强的长距离约束能力。神经网络语言模型参数的共享更直接有效，对低频词具有天然的光滑性，在建模能力上具有显著优势，受到学术界和工业界的极大关注。

神经网络语言模型通常与词向量紧密联系在一起。词向量往往是在训练语言模型中得到的副产品，在训练语言模型的同时也学习和优化了词嵌入向量。

2.1.8 小结

本节介绍了两种现今广泛使用的语言模型：①n-gram 语言模型；②神经网络语言模型。

n-gram 语言模型的构造方法主要依赖统计计数：首先统计 n-gram 的个数以估计 n-gram 出现的概率，再依照马尔可夫链的假设，利用前 $n-1$ 个词作为条件，估计第 n 个词的概率，最后利用条件概率的连乘对完整词序列的概率进行预测。由于现实世界中语料的不完备问题，因此基于统计计数方法常会面临数据不完备和数据稀疏问题，产生零概率。针对该问题，本节介绍了多种计数平滑方法以消除零概率问题。

基于统计计数的 n-gram 语言模型无法为语义或语法功能相似的词建立联系，采用概率连乘方法预测词序列会受到序列中计数稀疏词的低概率影响。神经网络语言模型利用输入词的分布式表示可缓解该问题。词的分布式表示通过学习词与词之间、不同词在不同句子之间的共现学习。这种分布式表示可以使语法功能相似或语义相关的词具有相似的分布式表示。以这种分布式表示作为语言模型的输入可以有效缓解词稀疏问题。

评价一个语言模型好坏最直接的方法是利用困惑度（perplexity，PPL）进行测量，计算语言模型在已知文本下的困惑度，困惑度的值越低，说明语言模型越符合已知文本的分布。此外，语言模型是自然语言处理的重要应用，能为给定语言的词序列计算一个概率，用来表示词序列在给定语言中出现的可能性。这种可能性反映了词序列的流畅程度。语言模型在更高层次的自然语言处理方面有广泛的应用，如语音识别、机器翻译、信息检索等。

2.2 词向量构造方法

2.2.1 词向量（Word Embedding）构造方法概述

词向量（以下表述为 Word Embedding）构造方法是从大规模语料中自动学习词的向量表示，属于一种语料驱动的数据表示方法。好的词向量表示方法具有存储方便、携带词的语义信息等优势，可通过数学计算度量词的语义关系。Word Embedding 构造方法的理论依据是由 Warren Weaver[4] 提出的统计语义假说（Statistical Semantics Hypothesis）：人类自然语言的统计信息可以表示人类语言的语义，以及著名的分布式假说[5,6]（Distributional Hypothesis）：相似的词具有相似的上下文。在此理论基础上，Word Embedding 构造方法主要关注两个对象：词和上下文，主要研究的问题包括上下文的表示、词与上下文关系的表示、词的语义特征学习等。

本节结合目前 Word Embedding 训练方法和实际应用，概括 Word Embedding 构造和应用的过程。Word Embedding 构造和应用的基本框架如图 2-4 所示。

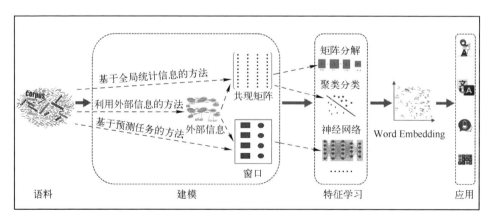

图 2-4 Word Embedding 构造和应用的基本框架

Word Embedding 构造和应用的基本框架主要包括以下部分。

（1）语料

Word Embedding 构造方法是一种语料驱动的学习方法，通过挖掘语料中词的潜在特征获取词的向量化表示。语料是 Word Embedding 构造方法的原始输入信息，是构建高质量 Word Embedding 的重要影响因素之一。这种影响一方面体现在为提升学习质量，通常需要对语料进行标准化、还原大小写、词根化处理等预处理；另一方面，Siwei Lai 等人[7]通过实验验证的方法发现语料的不同属性（例如语料规模和语料领域）对训练 Word Embedding 质量的影响规律：在语料规模方面，语料规模越大，训练结果越好；在语料领域方面，通常利用同一领域的语料训练所得到的 Word Embedding 质量更高。语料领域的影响比语料规模的影响更大。

（2）建模

语料建模是指依据语言学假说、预测任务的特点将文本处理为蕴含语义特征的数据形式。其中，语言学假说包括统计语义假说、分布式假说、扩展的分布式假说[8]、潜在联系假说[9]等；预测任务最常见的是语言模型中的下文预测任务，以及自然语言处理任务（POS、Chunking、NER、SRL）等。

原始语料无法被直接利用的主要原因是原始语料中的多种信息都可以表示词的语义特征，如上下文信息、主题、句子顺序、句内词序等。这些信息隐藏在自然语言中，具有稀疏、无结构、多形态等特点，很难被全部提取并用统一的数据形式表示。因此需要原始语料建模过程，建立映射关系，将原始语料的信息处理为可以直接利用的数据形式。常见的数据形式包括窗口、矩阵。其中，窗口是指将原始语料中与目标词紧邻的上下文看作一个窗口，通过窗口的滑动逐步向模型中输入信息；矩阵是刻画原始语料中词与其上下文共现的统计信息的数据形式，每行对应一个词，每一列对应词的上下文，矩阵元素是从原始语料中统计的二者之间的关联信息。

（3）特征学习

特征学习是指学习词语的潜在语义特征并获得 Word Embedding 的过程，是对原始语料信息的一种近似非线性转化。其模型结构决定了输入信息与输出信息之间非线性关系的描述能力。常见的特征学习模型包括受限玻耳兹曼机、神经网络、矩阵分解、聚类分类等。

在 Word Embedding 构造方法中，语料建模的数据形式直接决定了特征学习的模型，例如针对矩阵数据通常使用矩阵分解方法、针对窗口数据通常使用神经网络方法。语料建模与特征学习紧密相关，因此通过对现有 Word Embedding 构造方法进行总结，可归纳出三类方法：

① 基于全局统计信息的构造方法：将语料数据建模为矩阵的形式，利用统计的方法计算矩阵元素，特征学习方法主要是矩阵分解。

② 基于预测任务的构造方法：将语料数据建模为窗口的形式，根据预测任务设定目标函数，特征学习方法主要是神经网络。

③ 利用外部信息的构造方法：同时利用无标注的语料和语义词典、高质量结构化知识库等外部信息，在语料建模和特征学习过程中增强语义约束。

2.2.2　基于全局统计信息的 Word Embedding 构造方法

基于全局统计信息的 Word Embedding 构造方法利用统计的方法处理语料，将语料数据建模为蕴含语义特征的词–上下文的共现信息，借助数学方法（例如矩阵分解）学习 Word Embedding，实现能够从语料中自动学习词的特征表示[10]。

基于全局统计信息的 Word Embedding 构造方法基本框架如图 2–5 所示。图中，语料建模过程将语料处理为词–上下文共现矩阵，核心是上下文的选择、目标词与上下文之间关系的描述；特征学习的过程通常使用矩阵分解的方法。该方法的上下文通常选择文档、句子、模式等粒度的文本数据。整体上，上下文的全局统计信息类型分为三类：词–文档共现统计、词–词共现统计和模式对共现统计。

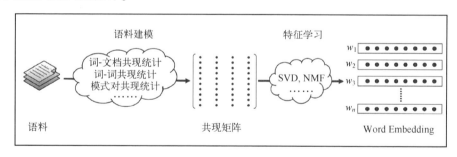

图 2–5　基于全局统计信息的 Word Embedding 构造方法基本框架

2.2.2.1　基于词–文档共现统计的方法

词–文档共现统计是将词所在的文档作为上下文，统计词与文档之间的相关性信息。这种表示方法基于词袋假说[11]（Bag of Words Hypothesis）：文档中词出现的频率反映文档与词之间的相关程度。通常，语料建模为词–文档共现矩阵，矩阵中的每一行对应一个词，每一列表示一个文档，矩阵中的每个元素都是统计语料中词和文档的共现数据。

潜在语义分析[12]（Latent Semantic Analysis，LSA）方法是一种分析词与文档相关性的方法。LSA 方法将语料构建为词–文档共现矩阵，利用矩阵分解的方法将词和文档映射到同一个低维语义空间，获得词的向量化表示。因此，LSA 方法也是一种基于全局统计信息构建词–文档共现矩阵学习 Word Embedding 的方法，将高维度的词表示映射到低维空间，通过降低向量空间的维度降低高维空间中的噪声，挖掘词的潜在语义特征。原始高维度的共现信息是对文本数据的直接统计，是一种直接的、稀疏的词表示形式，反映从语料中统计的真实的词–文档共现信息。矩阵分解的方法可构造低维语义空间，获得一种间接的、稠密的词表示形式，反映词–文档的近似共现信息。因此，最终学习得到的 Word Embedding 不是简单的词条出现频率和分布关系，而是强化语义关系的向量化表示。

在语料建模过程中，LSA 方法首先构建一个词–文档共现矩阵 X。矩阵 X 的元素是从语料中统计的 TF–IDF 值[13]。其中，TF 代表词频（Term Frequency），是词在文档中出现的频率；IDF 代表逆文档频率（Inverse Document Frequency），是一个词语普遍重要性的度量。TF–IDF 的主要思想：如果某个词在一个文档中出现的频率（TF）高，并且在其他文档中很少出现，则这个词具有很好的文档区分能力。

在矩阵分解过程中，LSA 方法对矩阵 X 采用奇异值分解（Singular Value Decomposition，SVD）的方法进行分解，将矩阵 X 分解为三个矩阵，即

$$X = U\Sigma V^{\mathrm{T}} \tag{2-14}$$

其中，U 和 V 是正交矩阵，即 $UU^{\mathrm{T}} = I$，$VV^{\mathrm{T}} = I$，矩阵 U 代表词的向量空间，矩阵 V 代表文档的向量空间；Σ 是记录矩阵 X 奇异值的对角矩阵。SVD 方法可对这三个矩阵进行降维，生成低维的近似矩阵，最小化近似矩阵与矩阵 X 的近似误差。其过程为：假设矩阵 X 的秩为 r，给定正整数 $k<r$，选取 Σ 前 k 个数据构造矩阵 Σ_k，则构造矩阵 $\hat{X}$、U_k 和 V_k 应满足

$$\hat{X} = U_k \Sigma_k V_k^{\mathrm{T}} \tag{2-15}$$

其中，U_k 可实现将词从高维空间映射到 k 维空间的潜在语义表示；V_k 可实现将文档从高维空间映射到 k 维空间的潜在特征表示。当 $\hat{X}$ 与矩阵 X 的近似误差最小（$\min \|X - \hat{X}\|_F$）时，可获得 LSA 方法的优化结果，矩阵 U_k 即代表学习获得的 Word Embedding。

为了提升学习效果，研究人员引入多种矩阵分解方法到词-文档矩阵分解过程中。例如，主题模型[14]（Topical Model）方法将矩阵 X 分解为词-主题矩阵与主题-文档矩阵；NNSE（Non-Negative Sparse Embedding）方法[15]使用非负矩阵分解[16]（Non-negative Matrix Factorisation，NMF）方法，在矩阵所有元素均为非负数的约束条件下对矩阵进行分解。

2.2.2.2　基于词-词共现统计的方法

词-词共现统计是将目标词附近的几个词作为上下文，统计目标词与上下文中各个词的相关性。这种方法基于分布式假说（Distributional Hypothesis）：相似的词具有相似的上下文。通常，语料被处理为词-词共现矩阵。其中，矩阵中的每一行对应一个目标词，矩阵中的每一列代表对应上下文中的词。

早期利用词-词共现矩阵学习 Word Embedding 的方法是 Brown Clustering 方法[17]，利用层级聚类方法构建词与其上下文之间的关系，根据两个词的公共类别判断这两个词语义的相近程度。2014 年，由 Jeffrey Pennington 等人提出 GloVe 方法[18]。该方法是目前具有代表性的基于词-词共现矩阵的 Word Embedding 构造方法。

词-词共现矩阵中的元素代表语料中两个词的关联信息：由一个词可以联想到另外一个词，说明这两个词是语义相关的；反之，为语义无关的。如何从语料中统计关联信息直接影响 Word Embedding 的质量。传统的方法是统计两个词在语料中的共现概率，对词与词之间共现关系的描述能力比较弱。GloVe 方法尽可能保存词与词之间的共现信息。词-词共现矩阵中的元素是统计语料中两个词共现次数的对数（取 log 值，即矩阵中第 i 行、第 j 列的值为词 w_i 与词 w_j 在语料中的共现次数 x_{ij} 的对数），以更好地区分语义相关和语义无关。在矩阵分解步骤中，GloVe 方法使用隐因子分解（Latent Factor Model）的方法，在计算重构误差时，只考虑共现次数非零的矩阵元素。

GloVe 方法融合了全局矩阵和局部窗口，提出了 Log BiLinear 的回归模型，利用隐因子分解的方法对矩阵进行处理。GloVe 方法的优势是在生成词-词共现矩阵的过程中，既考虑了语料全局信息，又考虑了局部上下文信息，并且矩阵元素的计算方法可以合理地区分词的语义相关程度。GloVe 方法的训练结果在词相似度、词间关系推理、NER 等任务中效果突出。

2.2.2.3 基于模式对共现统计的方法

在模式对（pair-pattern）共现统计信息中，词对（pair）代表具有联系的词，例如<钱钟书，围城>，模式（pattern）是指词对出现的上下文，如"钱钟书写了《围城》""《围城》的作者是钱钟书"。利用模式对共现统计信息 Word Embedding 构造方法的理论基础是扩展的分布式假说[19]（Extended Distributional Hypothesis）和潜在联系假说[20]（Latent Relation Hypothesis）。扩展的分布式假说是指在相似的词对中所出现的模式具有相似的含义；潜在联系假说是指在相似的模式中所包含的词对具有相似的含义。

2001 年，Lin 等人提出潜在关联分析方法（Latent Relational Analysis，LRA）[19]。LRA 方法从语料中自动提取模式信息，将语料建模生成模式对共现矩阵。利用 SVD 方法对矩阵进行分解，最终获得 Word Embedding。LRA 方法可直接统计具有关联的词对在语料中的共现信息，在关系发掘等方面效果明显。Danushka Bollegala 等人[21]提出将语义关系（Semantic Relations）作为一种模式，通过从语料中抽取语义关系并使用共现矩阵对词与词之间的语义关系进行表达，利用分类器区分语义相关和语义无关。

Yang Liu 等人[22]于 2015 年提出 Topical Word Embedding（TWE）方法，利用 LDA 方法从语料中抽取<目标词，主题>共现信息，将含有目标词的固定窗口作为对应的模式，利用单层神经网络学习获得词向量。

2.2.2.4 方法小结

基于全局统计信息的 Word Embedding 构造方法是统计语料中全局的词-上下文共现信息，在特征学习过程中挖掘词的语义特征，从而获得 Word Embedding。该类方法的语料建模方式是基于统计的方法，不同的构造方法在选择上下文、词与上下文相关性计算、学习方法等方面各有不同。表 2-2 为基于全局统计信息的 Word Embedding 构造方法比较。

表 2-2 基于全局统计信息的 Word Embedding 构造方法比较

方法名称	词-上下文	相关性计算	学习特征的方法
LSA	词-文档共现矩阵	TF-IDF	SVD
NNSE	词-文档共现矩阵	PPMI	NMF
GloVe	词-词共现矩阵	log 值	隐因子分解
LRA	pair-pattern 共现矩阵	TFIDF	SVD
TWE	pair-pattern 窗口	窗口	单层神经网络

在基于全局统计信息的 Word Embedding 构造方法中，Word Embedding 的质量与共现统计的方法密切相关。早期的 LSA 方法使用简单的 TF-IDF 统计词在文档中的共现信息，是一种弱的关联信息，信息不全面。除 TF-IDF 外，还有很多其他衡量词与上下文相关性的方法。Pavel Pecina 等人[23]采用 55 种不同的衡量方法进行二元词汇识别实验，结果表明，PMI（Pointwise Mutual Information）算法[24]是最好的衡量词汇相关度的算法之一。后续研究人员对 PMI 算法进行改进，以更好地表达词–文档、词–词共现信息，并训练出了高质量的 Word Embedding。例如，NNSE 方法利用改进的 PMI 算法描述词–上下文之间的相关性。

GloVe 方法为了更好地表示词与词之间的语义相关和语义无关，提出取 log 值的方法刻画词与上下文共现信息，由训练获得的 Word Embedding 可在词相似性、关系推理等任务中达到效果最优。

因此，基于全局统计信息的 Word Embedding 构造方法的关键是对词与上下文共现信息的描述，合理的相关性计算方法能够更好地体现词与词之间的关联，有助于学习结构提取词的潜在特征，提升 Word Embedding 语义特征的表达能力。

2.2.3 基于预测任务的 Word Embedding 构造方法

基于预测任务的 Word Embedding 构造方法通常将语料建模为窗口形式，依据实际预测任务设定学习目标，在优化过程中学习 Word Embedding[25]。常见的预测任务包括语言模型中的下文预测、自然语言处理任务（POS、Chunking、NER、SRL）等。

基于预测任务的 Word Embedding 构造方法具有两个特点：一是语料建模生成窗口信息通常选择句子或目标词前后几个词作为上下文，是一种利用局部信息的语义特征学习方法；二是神经网络结构对模型的发展具有决定性的作用，Word Embedding 通常是作为神经网络的副产品被训练获得的。

基于预测任务的 Word Embedding 构造方法基本框架如图 2-6 所示：语料建模过程可将语料处理为窗口形式，通过窗口的滑动向模型中逐步输入训练语料；特征学习根据预测任务设定目标函数，通常使用神经网络模型。

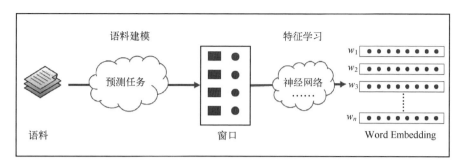

图 2-6　基于预测任务的 Word Embedding 构造方法基本框架

2.2.3.1　神经网络语言模型方法

Bengio 等人[26]于 2003 年提出神经网络语言模型（Neural Network Language Model，NNLM）。该模型是基于 n-gram 语言模型预测任务的 Word Embedding 构造方法。在语料建模过程中，NNLM 将语料中固定长度为 n 的词序构建为一个窗口，使用前 $n-1$ 个词预测第 n 个词，即任务目标是最大化文本的生成概率，特征学习的结构是多层神经网络。NNLM 的基本框架如图 2-7 所示。

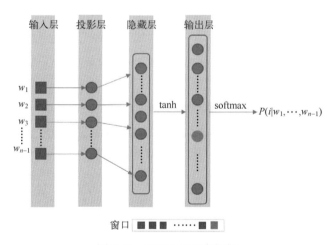

图 2-7　NNLM 的基本框架

NNLM 的原理可以形式化描述为：在语料中存在词序 $w=\{w_1,w_2,\cdots,w_{n-1}, w_n\}$，在当前 $n-1$ 个词出现的情况下，最大化第 n 个词出现的概率。目标函数 f 可以表示为

$$f=\max\ P(w_n\mid w_1,w_2,\cdots,w_{n-1}) \tag{2-16}$$

NNLM 特征学习的过程是借助神经网络，包括输入层、投影层、隐藏层、输出层。

输入层信息：窗口 w 中前 $n-1$ 个词。

投影层信息：通过查找词表获得窗口 w 中前 $n-1$ 个词的 Word Embedding 表示。

隐藏层信息：H 个隐藏结点。

输出层信息：在给定前 $n-1$ 个词的情况下，预测第 n 个词出现的概率，此处，需要对词典中每个词的出现概率进行预测。

NNLM 最后使用 softmax 函数对输出层进行归一化处理，是由于输出层为预测的词典中每个词出现的概率，根据概率原则，需要满足

$$\sum P_i(w_i \mid w_1, w_2, \cdots, w_{n-1}) = 1 \tag{2-17}$$

NNLM 的特征学习结构复杂，运算瓶颈是非线性的 tanh 函数变换过程。为提高 NNLM 的效率，Andriy Mnih 和 Geoffrey Hinton 在文献[27]中提出 HLBL（Hierarchical Log-Bilinear Language model）方法，使用树状层次结构加速，将词典中所有的词构建成一棵二叉树。词典中的词是二叉树的叶子结点，从二叉树的根结点到词的叶子结点的路径使用一个二值向量表示。假设 V 代表整个词典包含的词效，则 HLBL 可将计算一次预测概率的复杂度由 V 降至 $\ln V$。这种树状层次结构加速的方法广泛应用在其他的 Word Embedding 构造方法中，是一种比较流行的优化方法。

2.2.3.2　循环神经网络语言模型方法

Mikolov 等人在提升方法效率和效果方面的研究过程中，提出了基于循环神经网络语言模型方法（Recurrent Neural Network Language Model，RNNLM）[28,29]。RNNLM 与 NNLM 任务类似，都是基于语言模型预测任务的 Word Embedding 构造方法。二者的区别在于：RNNLM 使用循环神经网络，其隐藏层是一个自我相连的网络，可同时接收来自 t 词的输入和 $t-1$ 词的输出作为输入；相比 NNLM 只能采用上文 n 元短语作为近似，RNNLM 方法通过循环迭代使每个隐藏层实际上包含了此前所有上文的信息。因此 RNNLM 包含了更丰富的上文信息，有效提升了 Word Embedding 的质量。

2.2.3.3　Word2Vec 方法

目前，基于预测任务 Word Embedding 构造方法中最为流行的方法是于

2013 年由 Mikolov 提出的 Word2Vec 方法[30,31]。Word2Vec 方法引起了业界的高度重视，是 Word Embedding 构造方法发展过程中的里程碑式研究成果，包含 CBOW 模型和 Skip-gram 模型。两个模型在语料建模过程中都选取固定长度为 n 的词序作为窗口，窗口中心词设定为目标词，其余词为目标词的上下文。预测任务也基于语言模型：CBOW 模型的预测任务是使用上下文预测目标词；Skip-gram 模型的预测任务是使用目标词预测上下文。Word2Vec 方法在学习结构上做了多方面的改进，用于高效、高质量地训练大规模的 Word Embedding。

Word2Vec 方法的两种模型结构如图 2-8 所示。

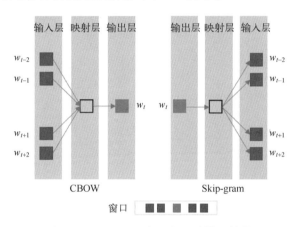

图 2-8　Word2Vec 方法的两种模型结构

Word2Vec 方法的原理与 NNLM 相似，都是利用固定长度的窗口信息，最大化文本生成概率。Word2Vec 方法在窗口信息处理、神经网络结构、方法优化等方面进行了如下改进。

（1）移除窗口内词序信息

Word2Vec 方法利用固定长度为 n 的窗口作为模型输入信息。与 NNLM 将前 $n-1$ 个词拼接的方法不同，Word2Vec 方法选取窗口的中心词作为目标词，对其余 $n-1$ 个词求平均值。因此，Word2Vec 方法不再保存词的顺序信息。

图 2-8 中，CBOW 模型使用目标词上下文预测目标词，映射层的信息是输入层的向量平均值；Skip-gram 模型利用目标词预测上下文，映射层的信息是目标词的向量。

（2）单层神经网络结构

为了进一步提升学习效率，Word2Vec 方法移除了 NNLM 中计算最复杂的非线性层，仅使用单层神经网络。

（3）优化方法

Word2Vec 方法为降低预测下一个词出现概率过程的计算复杂度，采用两种优化方法：基于哈夫曼树的层次方法（Hierarchical Softmax，HS）和负采样方法（Negative Sampling，NS）。HS 虽然利用了 HLBL 方法中的层次加速方法，但与 HLBL 方法不同。HS 将词典中所有的词构造成一棵哈夫曼树，树的每个叶子结点均代表一个词，每个词都对应一个哈夫曼编码，保证词频高的词对应短的哈夫曼编码，从而减少了预测高频词的参数，提升了模型的效率。为了进一步简化模型，NS 不再使用复杂的哈夫曼树，而是使用随机负采样的方式进一步提高了训练速度，改善词向量的质量。例如，在 CBOW 模型中，假设目标词 w_t 与其上下文 context(w_t) 的组合是一个正样本，将 w_t 换成词典中的其他词 w_i，则 context(w_t) 与目标词 w_i 的组合就是一个负样本，随机选取负样本即可组成负采样集合 NEG(w_t)。NS 的目标是在提高正样本概率的同时，降低负样本的概率。

2.2.3.4　SENNA 方法

SENNA 方法[32]是由 Ronan Collobert 和 Jason Weston 提出的一种利用局部信息学习的 Word Embedding 构造方法。SENNA 方法的预测任务是判断一个词序是否为正确的词序，即模型目标函数对句子打分，使正确句子的分数达到最大化。SENNA 方法在语料建模过程中将语料中的词序作为正确词序，使用 Pairwise Random 方法生成噪声词序。SENNA 方法的学习结构是卷积神经网络。预测任务是分别对这两类词序打分。任务目标是最大化正确词序的打分，即

$$\max(0, 1 - S(w, c) + S(w', c)) \tag{2-18}$$

其中，语料中以目标词 w_t 为中心的长度为 n 的词序列 $\{w_1, w_2, \cdots, w_t, \cdots, w_n\}$ 是一个正确的词序列，w 代表正确的目标词；c 代表目标词的上下文；正确序列的打分记作 $S(w, c)$；随机使用词 w_i 替换目标词 w_t，生成噪声序列 $\{w_1, w_2, \cdots, w_i, \cdots, w_n\}$，打分记作 $S(w', c)$。SENNA 方法的目标是极大化正确序列的打分，极小化错误序列的打分。

SENNA 方法的结构如图 2-9 所示。输入层是目标词 w_t 和上下文，在投影

层映射为 Word Embedding，通过拼接组合成上下文的向量，经过一个含有隐藏层的卷积神经网络将词序列映射为一个打分 S。

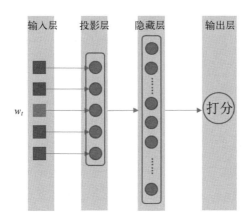

图 2-9　SENNA 方法的结构

2.2.3.5　方法小结

基于预测任务的 Word Embedding 构造方法从预测任务的角度对语料建模，特征学习通常使用神经网络。不同的构造方法在处理语料、设计目标函数、选择神经网络方面各有差异。表 2-3 为基于预测任务的 Word Embedding 构造方法比较。

表 2-3　基于预测任务的 Word Embedding 构造方法比较

方法名称	语料建模方式	目标函数	神经网络
NNLM	目标词：窗口最后一个词 上下文：目标词左侧的 $n-1$ 个词	最大化目标词出现的概率： P（目标词｜上下文）	三层神经网络
RNNLM	目标词：窗口最后一个词 上下文：目标词左侧的 $n-1$ 个词	最大化目标词出现的概率： P（目标词｜上下文）	循环神经网络
SENNA	Pair-wise：单词所在的句子	最大化正确词序分数	卷积神经网络
HLBL	目标词：窗口最后一个词 上下文：目标词左侧的 $n-1$ 个词	最大化语句出现的概率： P（目标词，上下文）	无非线性层的神经网络
CBOW-HS	目标词：窗口中心词 上下文：目标词左右两侧的词	最大化目标词出现的概率： P（目标词｜上下文）	单层神经网络

续表

方法名称	语料建模方式	目标函数	神经网络
CBOW-NS	目标词：窗口中心词 上下文：目标词左右两侧的词	最大化正确词序分数	单层神经网络
Skip-Gram-HS	目标词：窗口中心词 上下文：目标词左右两侧的词	最大化上下文出现的概率： P（上下文|目标词）	单层神经网络
Skip-Gram-NS	目标词：窗口中心词 上下文：目标词左右两侧的词	最大化正确词序分数	单层神经网络

由表 2-3 可知，基于预测任务的 Word Embedding 构造方法具有两个显著的特点：①利用局部窗口信息学习词的语义特征；②Word Embedding 是作为神经网络的副产品被训练获得的，神经网络结构对模型的发展具有决定性的作用。下面对这两个特点进行说明。

基于预测任务的 Word Embedding 构造方法将语料建模为固定或可变长度的窗口。在本质上，利用窗口信息的方法与词-词共现矩阵的方法是一致的：两种方法的理论基础都是分布式假说，选择目标词附近的 n 个词为上下文，统计目标词与上下文中词的共现信息来表示共现特征。例如，在 Word2Vec 方法中，Skip-gram 模型的窗口与词-词共现矩阵是等价的。

词-词共现矩阵需要确定矩阵的元素，即如何描述词与上下文之间的相关性。Omer Levy 和 Yoav Goldberg 证明利用 PPMI（Positive Pointwise Mutual Information）信息的词-词共现矩阵方法与 Skip-gram 在类比任务（Word Analogy Task）中的效果相似[33]。其中，PPMI 是改进的 PMI 方法。PMI 方法中的互信息（Mutual Information）是信息论中的信息度量，利用概率论和统计的方法衡量变量之间的依赖程度，将词看作可统计互信息的点，词 x、词 y 之间的点互信息的值为

$$\text{PMI}(x,y) = \log_2 \frac{P(x,y)}{P(x)P(y)} \tag{2-19}$$

$$\text{PPMI}(x,y) = \begin{cases} \text{PMI}(x,y), & \text{if PMI}(x,y) > 0 \\ 0, & \text{if PMI}(x,y) \leq 0 \end{cases} \tag{2-20}$$

其中，$p(x)$ 代表词 x 出现的频率；$p(x,y)$ 代表词 x、词 y 同时出现的频率。在概率论中，如果 x 和 y 相互独立，则 $p(x,y) = p(x)p(y)$。二者相关性越大，

$p(x,y)$ 相比 $p(x)p(y)$ 就越大。

　　Omer Levy 和 Yoav Goldberg 假设，如果 Skip-gram 模型中的向量维度允许无限大，则该模型可以看作一种改进的 PPMI 矩阵。因此，Skip-gram 模型本质上是一种隐式的矩阵分解。在此基础上，Yitan Li 等人证明了 Skip-gram 模型等价于矩阵分解[34]，并且被分解的矩阵是词–词共现矩阵，其第 i 行、第 j 列的元素代表了第 i 个和第 j 个单词在窗口内的共现词数。

　　因此，基于预测任务的 Word Embedding 构造方法是利用局部窗口信息的学习方法，并且与利用统计共现信息的方法联系密切。

　　神经网络在 Word Embedding 构造方法中的作用明显。Word Embedding 构造方法是学习词的特征表示的方法，属于机器学习领域中数据表示学习的方法。深度学习与神经网络的发展推动了机器学习效果的提升。同样，在 Word Embedding 构造方法中，神经网络可自动发现数据之间的关联，提取词的语义特征，提取的效果决定模型的效果。另外，通过简化神经网络的结构可以提升模型的效率，适用于大规模语料的处理，可更全面地表达词的特征。例如，Andriy Mnih 和 Geoffrey Hinton 提出使用层次结构组织单词，降低了模型的复杂度[27]；Mikolov 提出移除隐藏层简化神经网络[30]；Andriy Mnih[35]、Mikolov[31]使用负采样方法加速模型的训练速度。因此，神经网络的发展在一定程度上推动了基于预测任务的 Word Embedding 构造方法的改进。

2.2.4　利用外部信息的 Word Embedding 构造方法

　　由于仅利用无标注语料信息的 Word Embedding 构造方法存在数据稀疏、语义关系描述能力弱等限制，而利用外部信息的 Word Embedding 构造方法使用的是人类已经抽象好的语义关系约束语料建模和特征学习过程，因此提升了模型的表达能力，获得了更好的携带语义特征的 Word Embedding。利用外部信息的 Word Embedding 构造方法基本框架如图 2-10 所示。图中，语料建模过程是增加外部信息为语义约束；特征学习过程是根据建模的数据类型选择合适的特征学习结构，学习低维、稠密的 Word Embedding。

　　在语言学中，词在语义层面上有多方面的特征，如相似性（Similarity）和相关性（Relatedness）[36]。语义相似度是两个词在不同的上下文中可以互相替换使用而不改变文本句法语义结构的程度。语义相关是表示两个词的关联程度，即由一个词可以联想到另一个词。简单来说，词的相似性是词具有相

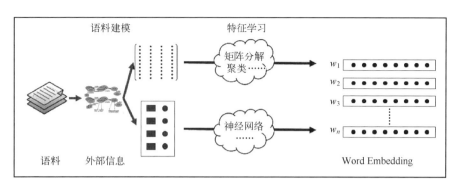

图 2-10 利用外部信息的 Word Embedding 构造方法基本框架

似的属性；词的相关性是指词与词之间具有关联；语义相似是语义相关的一种情况，例如"麦克"和"话筒"是相似的，"汽车"和"汽油"是相关的[37]。不同的任务关注词语义特征的不同方面，例如在文档检索中需要按照主题对文档进行分类，应关注词与词之间的相关性；在机器翻译中需要对应词的属性，应关注词与词之间的相似性。目前，由语料驱动的 Word Embedding 构造方法仅依赖语料中词序、词共现等信息发掘语料中潜在的词特征，相似的上下文并不能全面刻画词与词之间的相似性、相关性。

在相似性方面，虽然"汽油"和"汽车"两个词常出现在相同的上下文，但是两个词之间的相似属性很少。另外，在自然语言中存在一词多义现象，即一个词有不同的属性信息、对应不同的上下文，将不同的属性用相同的向量表示也是不合理的。

在相关性方面，同义词和反义词具有不同的语义相关。同义词是同一个语义的不同表达，由于在同一篇文章中可能只出现一种表达，因此同义词的上下文差距可能很大；反义词是相反语义的表达，可能出现在相同的上下文中，例如"我很喜欢苹果""我很讨厌苹果"，"喜欢"和"讨厌"虽然是反义关系，但是在相同的上下文中，其向量表示非常相近，从向量计算的角度无法体现两个词之间的关联信息。

近年来，为了构建携带更全面语义表示的 Word Embedding，利用外部信息构建的构造方法成为研究热点。研究人员提出，利用现有的外部信息作为一种语义约束，辅助 Word Embedding 构造方法挖掘词与词之间的语义关联。目前主要利用两个类外部信息：①来自人类总结的语义资源，如 WordNet 和 FrameNet 等，这些语义知识库按照词的意义组成词网络，含有精准的语义关联信息；②多语言语料中的语义对应关系，例如在机器翻译中，同一个语义的翻译对具有更近的向量距离。

2.2.4.1　利用语义资源的 Word Embedding 构造方法

为提升 Word Embedding 刻画词的语义关系的能力，研究人员提出在 Word Embedding 构造方法中引入由人类抽象总结出来的高质量的语义知识，如语义词典 WordNet、PPDB、FreeBase 等。

在增强同义关系的表达方面，Manaal Faruqui 等人[38]提出将词典关系作为监督信息引入 Word Embedding 构造方法，以词典中有关联的词向量距离更近为条件约束训练过程。这种引入外部词典的方法可以在学习、抽象过程中，增强词与词之间语义关系的表示。

反义关系也是组合语义的重要方面，通常具有反义关系的词具有相似的上下文，因此在基于分布式假说的 Word Embedding 构造方法中，词与词之间反义关系的刻画能力较差。针对这个问题，Quan Liu 等人[39]提出在 Word Embedding 构造方法中利用已知的关系，使同义词之间的向量相似度大于反义词之间的向量相似度，提升用训练结果判别反义词对的能力。Zhigang Chen 等人[40]提出一种不利用语料中的统计信息，仅使用 WordNet 和 The Saurus 资源的 Word Embedding 构造方法。其特征学习结构借鉴 Word2Vec 方法的结构，目标函数设计的原则是，利用由 Cohen[41]提出的 Pairwise Ranking 方法构造不同的词对，并使反义词对的距离比无关系词对的距离大，近义词对的距离比无关系词对的距离小，在由 Mohammad 提出的 GRE 数据集[42]上进行实验，并与效果最好的贝叶斯概率张量分解的方法[43]进行对比，发现了增强反义词信息的 Word Embedding 构造方法，在寻找反义词任务中的准确度可达 92%，提升了 10%，效果显著。

在自然语言中存在一词多义的现象，不同的词义对应不同的上下文。基于分布式假说的 Word Embedding 构造方法的训练结果，使用同一个向量表示词的不同词义。为解决这个问题，研究人员通过向模型中引入 WordNet、维基百科知识库等语义资源，辅助实现向量空间中的词义消歧。典型的研究工作是由 Sascha Roth 提出的 AutoExtend 方法[44]，即在现有的 Word Embedding 构造方法中增加词典资源的约束，将词、词义、同义词在同一个向量空间进行表示，设计了三个约束条件：每个词是由多个词义组成的，词的向量是不同词义的向量和；同义词集合也是由多个词义组成的；同义词组中相关联的词向量距离小。除增加约束外，还利用了稀疏特性加速求解。AutoExtend 方法在词的相似度测量和词义消歧任务中具有良好的效果。

AutoExtend 方法将词、词义在同一个向量空间进行表示，词的向量是词义向量的和，仍使用一个向量表示同一个词的不同词义。由 Ignacio Iacobacci 等人提出的 SensEmbed 方法[45]，在词义层次上进行向量化表示，不需要手动匹配词义和向量。SensEmbed 方法使用 BabelNet[46]建立语义词典，利用由 Andrea Moro 提出的 Babelfy 语义消歧方法[47]对语料进行消歧，将语料标注为多语义的语料。对语料词义消歧后，SensEmbed 方法可利用 CBOW 模型训练得到词义层次的向量。每个词的不同词义对应同一个向量。

2.2.4.2　基于多语言语料的 Word Embedding 构造方法

机器翻译的语料是以双语翻译对的形式出现的。在双语语料中，模型的输入信息是完全相同语义的不同表达；在单语语料中，模型的输入信息是语义相关的数据。因此，双语语料的文本数据语义相关性强、噪声小，是一种高质量的输入信息。另外，在翻译对中，词汇语法的作用更为明显有效，方便模型挖掘词在语义上的关联。因此，基于多语言语料的 Word Embedding 构造方法可以减少与学习语义特征无关的因素，提高 Word Embedding 的效果。

在多语言语料中，不同语言中相同语义的两个词可在相同句义的语境中出现。据此，Faruqui 等人[48]提出将两种语言的词向量转换到一个向量空间中，使其能够在各自的空间保持词与词之间的联系。这种方法要求两种语言在词层次上的数据具有一致性。在词相似性的任务评测中，Faruqui 方法比基于单语语料词向量的效果更好。Hermann 等人[49]提出使用多语言的分布式词向量表示语义信息，通过实验证明，继续增加不同语言的语料，可以进一步提升词语义表示的效果。Felix Hill 等人[50]通过实验说明，利用多语言语料获得的语义特征，除能够很好地表征语义句法信息外，在刻画概念的相似度（Conceptual Similarity）方面效果更为明显。

基于多语言语料的 Word Embedding 构造方法利用任务本身的数据和资源提升 Word Embedding 的质量，可以训练更贴近任务的 Word Embedding，更好地支持机器翻译等任务。

2.2.4.3　方法小结

利用外部信息方法训练 Word Embedding，效果有明显的提升。一方面，借助由人类抽象总结的语义资源作为约束，学习获得更全面语义的 Word Embedding，在词相似性、词关系推理等任务中效果显著。另一方面，利用多语言语料，更加关注词与词之间语义的对应关系，利用自然语言处理任务中的约束特征学习结构，提升 Word Embedding 的质量。整体来说，利用外部资源的 Word Embedding 构造方法与仅依赖单语语料的方法相比，能更全面地挖掘词与词之间的语义关系，训练效果提升明显。

与前两类方法相比，利用外部信息的 Word Embedding 构造方法在效果上具有优势。目前流行的 Word2Vec 方法具有模型简洁、训练速度快等特点，在学术界和工业界应用广泛。相比而言，利用外部信息的 Word Embedding 构造方法在模型结构上没有实质性的改进，简化外部知识利用是 Word Embedding 构造方法亟待解决的问题。

2.2.5　方法评价

为了比较不同 Word Embedding 构造方法的性能，学术界提出多种评价方法以便对由训练得到的 Word Embedding 质量进行比较[51,52]。目前，评价方法主要分为两类：①语言学评价；②任务评价。

（1）语言学评价

语言学评价主要是对由训练得到的 Word Embedding 在语言学词汇语义层面上的表达能力进行评价，如测试词相似度、词义消歧和同义/反义词、复数形式判定、不同语种形式判定等。

一种非常流行的方法是由 Mikolov 提出的由词与词之间的类比关系来评测词向量之间的联系[30,31]，如图 2-11 所示。图中，$v_{(king)} - v_{(queen)} \approx v_{(man)} - v_{(woman)}$，与向量 $v_{(king)} - v_{(man)} + v_{(woman)}$ 距离最近的向量是 $v_{(queen)}$。目前，这种基于类比关系的方法在评价 Word Embedding 构造方法中被广泛应用。Mikolov 使用的类比关系还包括名词单-复数（apple-apples：banana-bananas）、动词第三人称单数（run-runs：watch-watches）、形容词比较级-最高级（good-better：rough-rougher）和语义关系（clothing-shirt：dish-bowl）。

（2）任务评价

在自然语言处理任务中使用不同 Word Embedding 的表现，能够间接地评价 Word Embedding 的质量。常见的任务有词性标注、语义角色标注、短语识别、命名实体识别等。

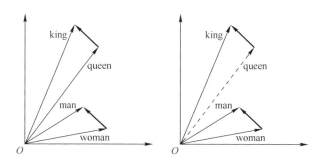

图 2-11　由 Mikolov 提出的词与词之间的类比关系测试示意图

　　笔者对六种 Word Embedding 构造方法进行实验，从时间、相似度、准确性等方面对比效果，实验选用的语料是 Word2Vec 方法中提供的语料，即英文维基百科语料。不同 Word Embedding 构造方法的模型训练时间对比见表 2-4。表 2-4 中，从上到下，网络结构越来越复杂，训练时间越来越长。Word2Vec 方法使用了单层神经网络，结构简单，训练效率高。由于 CBOW 模型使用上下文预测目标词，Skip-gram 模型使用目标词预测上下文，每个目标词都需要进行 ($n-1$) 次预测，因此 CBOW 模型比 Skip-gram 模型的训练速度更快。NNLM 模型使用三层神经网络。SENNA 模型采用卷积神经网络，网络结构复杂，训练速度慢。

表 2-4　不同 Word Embedding 构造方法的模型训练时间对比

模　　型	训练时间（秒）
CBOW	1.26E+09
Skip-gram	6.59E+09
GloVe	1.39E+10
NNLM	3.48E+11
LBL	3.59E+11
SENNA	4.56E+11

　　对上述方法训练的 Word Embedding 结果进行语言学上的对比评价，使用词相似度指标对训练结果进行评价，用 WS 表示词相似度（Word Similarity）。选取 WordSim353 数据集中词对之间的人工打分 X 衡量词的语义相似性，词对之间向量中的余弦距离作为 Word Embedding 构造方法中的打分 Y，通过计算两个打分之间的 Spearman 相关系数来判断人工打分与模型打分之间的相关

性，即

$$\rho_{(X,Y)} = \frac{\text{cov}(X,Y)}{\sigma_X \sigma_Y} \qquad (2-21)$$

表 2-5 为词相似度测量任务结果。由表 2-5 可以看出，在 WS 指标中，Word2Vec 方法的 CBOW 模型效果最好，由于该模型的预测任务基于语言模型，并利用学习词与词之间的关联训练 Word Embedding，因此词与词之间的语义关系刻画得更加紧密，在词的相似度测量任务中准确率较高；效果较差的 SENNA 方法是以句子为单位的，通过对句子打分预测任务，正确的句子来自语料，错误的句子来自随机替换句子中的目标词，由于语料建模方式对词与词之间紧密性的描述能力较弱，因此在词的相似度测量任务中效果不佳。

表 2-5　词相似度测量任务结果

模　　型	WS（词相似度）
CBOW	**66.54**
Skip-gram	63.52
GloVe	43.22
NNLM	40.69
LBL	49.89
SENNA	41.96

2.2.6　Word Embedding 的应用

Word Embedding 在自然语言处理任务中被广泛应用，效果明显。例如，在情感分析任务中，针对情感词的识别问题，传统的方法是借助外部语义资源获取词与词之间的语义关系，由于外部语义资源没有相应的新词，因此很难获取新词的词义信息；若使用 Word Embedding 构造方法，通过向量表示词与词之间的语义相似性，则可摆脱对外部语义资源的依赖，解决发现情感新词的问题，提升任务效果；在命名实体识别任务中，引入 Word Embedding 构造方法，利用词与词之间的语义关联，可以解决缺乏标注数据领域的命名实体识别问题。

为介绍 Word Embedding 在自然语言处理任务中的应用，本节将选取问答系统、机器翻译和信息检索三个典型任务，详细介绍 Word Embedding 在实际任务中的应用，以期为读者使用 Word Embedding 提供借鉴。

2.2.6.1 问答系统

问答系统的问题检索任务存在词汇空缺的挑战，相似的问题有不同的表述方式。Guangyou Zhou 等人[53,54]提出了一种结合 Word Embedding 和词袋模型的方法 Bag-of-Embedded-Words（BoEW）对问句进行向量化表示，将句子相似度的计算问题转化为向量线性运算。由于句子长度不同，因此 BoEW 通过 Fisher Kernel 方法将不同长度的向量转化为固定长度的向量，通过计算问句间的向量距离完成问题的检索任务。此外，BoEW 还利用问答系统中的元数据（Metadata）作为约束条件，以相同类别问题中的词间向量距离小为原则，设计训练 Word Embedding 模型 M-Net。实验证明，在问题检索过程中，增加元数据约束的 M-Net 模型效果比普通的 Word Embedding 构造方法好。M-Net 模型利用问答系统领域的数据作为语料，利用任务中的规则约束学习过程，学习高质量的 Word Embedding，提高任务的完成效果，是目前应用 Word Embedding 的一种流行模式。

Min-Chul Yang 等人[55]提出利用问答系统中词和问题类别数据训练的 Word Embedding 建立检索模型，提升问答系统检索问题的完成效果。Kai Zhang 等人[56]将问答系统中的词和问题类别映射到同一个向量空间，使用向量线性点乘变换计算问题的相似度。这些方法都在检索模型中使用 Word Embedding 辅助计算问句的相似度，以解决问答系统的词汇空缺现象。

当问答系统出现新的问题时，问答系统需要推荐回答新的问题的最佳用户。Hualei Dong 等人[57]基于问答系统本身的数据训练 Word Embedding，在训练模型中同时支持主题词、用户信息等数据的向量化表示。该方法根据用户回答问题的历史记录数据生成用户预置文件，建立包含用户预置文件和问题信息的文档向量，当问答系统中出现新的问题时，计算用户的活跃度和权威度，合理推荐解答给用户。

2.2.6.2 机器翻译

在实际应用中，机器翻译一直是关注的热点。2013 年，Mikolov 等人[58]将 Word Embedding 用于机器翻译任务中，开发了一种词典和术语表的自动生成机器翻译方法，利用两种语言 Word Embedding 之间的线性向量计算实现机器翻译。

Mikolov 利用 Word Embedding 实现的机器翻译示意图如图 2-12 所示：首先构建两种语言向量空间，在单一语言语料上分别训练 Word Embedding；然后利用小规模的双语言字典学习不同语言的线性映射关系，关联不同语言中相同语义的词，实现一个向量空间向另一个向量空间的映射和转换。这种方法是利用单语言语料和小规模双语对照词典实现机器翻译模型的。这种模型可以实现高质量的词、短语翻译，使英语和西班牙语之间的翻译准确率高达 90%。

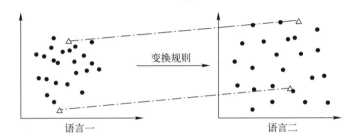

图 2-12　Mikolov 利用 Word Embedding 实现的机器翻译示意图

传统的统计机器翻译模型基于翻译的一些概率原则，首先解析要翻译的句子，然后生成翻译结果句子。若利用 Word Embedding 的机器翻译模型，则将机器翻译中的短语用向量表示，利用向量进行机器翻译。Jiajun Zhang[59] 等人提出一种 BRAE（Bilingually-constrained Recursive Auto-encoders）的方法自动对短语的语义进行向量表示，实现在向量空间区分不同语义的短语。BRAE 的方法是利用神经网络语言模型预处理词向量的，可将正确翻译的短语对之间的距离最小化，使错误翻译的短语对之间的距离最大化，并通过训练得到两种语言的短语向量和基于向量进行翻译的规则。

2.2.6.3　信息检索

信息检索领域需要表示长度不固定的文本数据，如词组、句子、文档等。Quoc V. Le 和 Tomas Mikolov 提出的 Paragrahp Vector（PV）方法[60]，可以使用长度固定的向量来表示不固定长度的句子、文档等文本，通过向量之间的线性计算衡量文本之间语义的相似度。PV 方法是改进 Word2Vec 方法的模型，在单层神经网络的输入层中增加句子、文档等文本的信息，在预测任务中优化向量表示，将句子、文档等不固定长度的文本信息表示为携带语义的向量，在文档检索等任务中通过向量的线性计算衡量文档的相关程度。

信息检索过程通常需要计算两个文档之间的距离。Matt J. Kusner 等人[61]提出的 Word Mover's Distance（WMD）方法利用 Word Embedding 和 Earth Mover's Distance 方法，计算词向量空间两个文档的距离。在 WMD 方法中，两个文档之间的距离通过将一个文档中的词移动到另一个文档所需要的最小距离来表示。其中，词移动的距离是两个词的向量距离。WMD 方法利用 Word Embedding 解决文档中的语义空缺问题，在文档检索、网页搜索等任务中效果明显。

在查询扩展方面，利用 Word Embedding 从语义层面将查询词扩展，提取与查询词语义相似、语义相关的词，可实现对查询词的语义扩展，改善信息检索的准确率。Alessandro Sordoni 等人[62]提出将词和文档在同一向量空间表示，并学习获得潜在概念的向量表示（Latent Concept Embedding），结合 Quantum Entropy Minimization 方法对查询词进行扩展。Xiaohua Liu 等人[63]提出 Compact Aspect Embedding 方法，在语义空间表示查询词的不同方面属性，并设计贪婪选择策略获得查询词的扩展，使扩展后的词更符合查询需求。

2.2.7　研究展望

Word Embedding 构造方法能解决自然语言处理领域词的表示、存储等需求，近年来，相关研究及其应用都取得了很大进展，但还面临一些挑战。

（1）大规模并行训练 Word Embedding

Word Embedding 的每一维均代表词的直接或潜在的特征。这种特征不具有解释性，尤其是利用神经网络进行特征学习的方法所获得的向量，难以类比人类所熟知的词法或语法。与之相比，利用全局共现矩阵和 NMF 分解的 Word Embedding 模型的训练结果更具有解释性，但在训练过程中需要构建矩阵，在训练效率上表现差，难以处理大规模语料。针对这一问题，大规模并行训练方法学习可解释的 Word Embedding 是未来的研究热点。目前，Hongyin Luo 和 Zhiyuan Liu 等人[64]提出在线可解释的 Word Embedding 构造方法（Online Interpretable Word Embedding，OIWE），利用神经网络学习可解释的 Word Embedding。如何大规模在线并行训练和提升结果的可解释性兼具学术价值和工业价值，是当今 Word Embedding 相关研究的热点和难点。

（2）引入注意力模型（Attention-based Model）

基于分布式假说的 Word Embedding 构造方法使用上下文信息来描述目标

词的特征，对上下文中的词不进行区分，仅仅通过拼接、求和、求均值等方法表示上下文信息。由于上下文中不同词的信息并不是等价的，这种统一压缩的方式会丢失上下文中的信息。因此在 Word Embedding 构造方法中引入注意力模型，在训练过程中加入关注区域的移动、缩放机制，可以更好地保存上下文信息。如何引入注意力模型并更好地表示上下文信息，是提升 Word Embedding 质量的研究方向之一。

（3）多模、跨语言的 Word Embedding 构造方法

Word Embedding 构造方法是一种语料驱动的学习方法，训练效果依赖原始语料的丰富性和多样性。在一些领域中，由于资源有限、信息不对等、信息表达方式多样等因素的限制，很难获取高质量的原始语料，缺失原始语料时很难获得高质量的 Word Embedding。为解决文本数据资源不足的情况，研究人员通常利用领域内的高质量知识库、本体等资源[65,66]，这些资源具有多来源、跨语言、多形态等特点。在未来的研究过程中，若设计多模、跨语言的 Word Embedding 构造方法将不同形式的输入数据映射到统一的语义空间，则可以缓解语料缺失的问题，实现利用多源信息学习 Word Embedding。

（4）不同语种的 Word Embedding 构造方法

按照语系划分，不同语言之间存在不同的性质，在形态学、句法学、语义学和语用学等方面存在巨大的差异，例如英文句子结构多为从句、中文多为分句。近年来，对结合语种特点的 Word Embedding 构造方法的研究不断深入，以中文 Word Embedding 构造方法研究为例，Liner Yang 等人[67]利用组成词的每个字的语义知识，Yaming Sun 等人[68]考虑中文文字的部首信息。结合语种的特点改进模型有利于提升 Word Embedding 的语义表达能力。

（5）利用语料中的多种信息

目前，Word Embedding 构造方法主要依赖上下文信息学习词的特征表示。词的形态学信息、词性变化关系、组合信息、词序信息、句子成分信息等都蕴含丰富的词的特征。这些信息均来自语料，可代表不同角度的词的特征。未来的研究一方面需要探讨如何对语料建模才能利用这些信息，另一方面需要研究针对语料建模方式的特征学习方法，提升 Word Embedding 的质量。

（6）应用扩展

Word Embedding 构造方法在本质上是一种数据表示方法，成功证明了使

用分布式向量表示语义的可行性。在自然语言处理中，不同层次的数据均需要向量表示，例如常见的关系、句子、文档、知识等。对于文档检索、问句匹配等自然语言处理领域的实际任务，仅使用词的语义表示不足以有效地完成这些任务，还需要学习文档、句子级别的语义表示。由于文档的多样性，因此当直接使用分布式假说构建文档的语义向量表示时，会遇到严重的数据稀疏问题。主流的神经网络语义组合方法包括递归神经网络方法、循环神经网络方法和卷积神经网络方法。这些方法分别采用了不同的组合方式，包括词级别的语义组合方式、句子和文档级别的组合方式。Word Embedding 构造方法向不同粒度文本数据的扩展是未来研究的方向之一。

2.3　知识图谱表示学习

知识图谱（Knowledge Graph，KG）旨在描述客观世界的概念、实体、事件及其之间的关系。其中，概念是指人们在认识世界的过程中所形成的对客观事物的概念化表示，如人、动物、组织机构等；实体是客观世界中的具体事物，如篮球运动员姚明、互联网公司腾讯等；事件是客观事件的活动，如地震、买卖行为等；关系用于描述概念、实体、事件之间客观存在的关联关系，如毕业院校描述了一个人与其学习期间所在学校之间的关联关系等。知识图谱中的知识通常用三元组（实体1，关系，实体2）表示，对应知识图谱网络结构中的两个顶点及一条边，使整个知识图谱呈现出复杂的网络结构。这种表示方法给知识图谱的应用带来了很多挑战：①计算效率较低，要利用网络结构的知识，一般需设计专门的图算法，图算法存在计算复杂度高、可扩展性差、运算时效性差等问题；②数据稀疏，大规模知识图谱遵循长尾分布，处于长尾部分的实体和关系面临严重的数据稀疏问题，涉及的实体和关系的计算往往准确率极低。

随着深度学习技术的发展，对知识图谱表示学习的研究也取得了长足的进步。表示学习旨在将知识图谱中的实体、关系表示为低维稠密向量，可以在低维空间高效计算实体和关系之间的语义联系，有效解决知识图谱数据稀疏问题，避免采用传统的特征工程等方法所带来的误差与运算负担，增强知识图谱应用的灵活性。

2.3.1　表示学习的基本概念

表示学习所得到的低维向量表示是一种分布式表示（Distributed Representation）。之所以如此命名，是因为孤立地看向量中的每一维都没有明确的含义。若综合各维度形成一个向量，则能够表示对应对象的语义信息。例如，将知识图谱中实体 e 和关系 r 表示为低维向量 l_e 和 l_r，在此基础上，可以通过欧氏距离或余弦距离计算任意两个对象之间的相似度。

2.3.2　表示学习的典型应用

通过将知识图谱中的实体或关系投影到低维向量空间，能够实现对实体和关系的语义信息表示，高效地计算实体、关系及其之间的复杂语义关联，对知识图谱的构建、推理与应用有重要意义。

由知识表示学习得到的分布式表示有以下重要应用：

① 相似度计算。利用实体的分布式表示，可以快速计算实体之间的语义相似度，对自然语言处理和信息检索中的很多任务都具有重要意义。

② 知识图谱补全。构建大规模知识图谱，需要不断地补充实体之间的关系。利用知识图谱表示学习模型可以预测两个实体之间的关系，一般称其为链接预测（Link Prediction），又称其为知识图谱补全（Knowledge Graph Completion）。

③ 其他应用。知识图谱表示学习已经广泛应用在关系抽取、自动问答、实体链接等任务中，并展现出了巨大的应用潜力。表示学习所得到的低维向量可以应用到很多深度学习模型中。

2.3.3　表示学习的主要优点

知识表示学习实现了实体和关系的分布式表示，主要具备以下优点：

① 显著提升计算效率。传统的三元组形式的知识图谱表示方法必须设计专门的图算法来计算实体之间的语义联系及关系推理，计算复杂度高、可扩展性差。知识表示学习所得到的分布式表示，能够高效地实现语义相似度计算等操作，可显著提升计算效率。

② 有效缓解数据稀疏。由于知识表示学习将实体和关系投影到低维向量

空间，使得每一个对象对应一个稠密向量，从而有效缓解了数据稀疏的问题，主要体现在两个方面：第一，每一个对象对应的向量都是稠密且有具体数值的，可以度量任意两个对象之间的语义相似度；第二，在将大量对象投影到低维空间的过程中，高频对象的语义信息会对低频对象的语义信息有所帮助，从而可提升低频对象表示的准确性。

③ 实现异质信息融合。不同来源的异质信息需要融合为整体才能得到有效的利用，例如需要计算词、句子、文档与知识图谱中实体、关系之间的关联。知识表示学习可以将异质信息表示到统一的向量空间，实现异质信息之间的关联性计算。

2.3.4 表示学习的典型方法

2.3.4.1 距离模型

结构表示（Structured Embedding，SE）是较早的知识表示方法之一。在 SE 中，每个实体均用 d 维向量表示，所有的实体都被投影到同一个 d 维向量空间；SE 为每个关系 r 定义两个矩阵 $M_{r,1}$，$M_{r,2} \in R^{d \times d}$，用于三元组中头实体和尾实体的投影操作；SE 为每个三元组 (h,r,t) 定义损失函数为

$$f_r(h,t) = \left| M_{r,1}l_h - M_{r,2}l_t \right|_{L_1}$$

SE 将头实体向量 l_h 和尾实体向量 l_t 通过关系 r 的两个矩阵投影到 r 的对应空间后，在该空间计算两个投影向量的距离。这个距离反映了两个实体在关系 r 下的语义相关度，距离越小，语义相关度越高。

2.3.4.2 翻译模型

受词向量模型的启发，Bordes 等人提出了 TransE 模型[69]，将知识图谱中的关系看作实体之间的某种平移向量。对于每个三元组 (h,r,t)，TransE 模型用关系 r 的向量 l_r 作为头实体向量 l_h 和尾实体向量 l_t 之间的平移，也可以将 l_r 看作 l_h 和 l_t 之间的翻译。因此，TransE 模型也被称为翻译模型，即

$$l_h + l_r \approx l_t$$

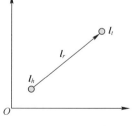

图 2-13 TransE 模型

TransE 模型如图 2-13 所示。对于每个三元组 (h,r,t)，TransE 模型定义损失函数为

$$f_r(h,t) = \left| l_h + l_r - l_t \right|_{L_1 L_2}$$

$f_r(h, t)$ 表示向量 $\boldsymbol{l}_h + \boldsymbol{l}_r$ 和 $\boldsymbol{l}_t$ 之间的距离 L_1 或 L_2。

2.3.4.3　深度神经网络模型

深度学习技术在知识表示学习中取得了长足的发展。Tim Dettmers 提出了 ConvE 模型[70]，使用 2 维卷积神经网络提取头实体向量 $\boldsymbol{l}_h$ 和关系向量 $\boldsymbol{l}_r$ 的特征，并将特征提取之后的结果连接一个多分类网络，将知识图谱中三元组之间的关系视作一个全实体空间的多分类问题。ConvE 模型如图 2-14 所示。

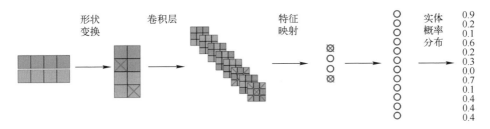

图 2-14　ConvE 模型

总体来说，知识图谱表示学习具有重要意义。现有知识图谱的构建与应用主要依赖于离散符号表示。分布式表示学习为实体与关系语义信息的统一精确表示提供了可行方案。分布式表示学习将极大地推动知识的自动获取、融合与推理能力，从而实现知识图谱更加广泛而深入的应用。

参考文献

［1］ Ziemski M, Junczys-Dowmunt M, Pouliquen B. The United Nations Parallel Corpus v1.0 ［C］ //Proceedings of LREC. 2016.

［2］ Koehn P, Hoang H, Birch A, et al. Moses: Open source toolkit for statistical machine translation ［C］ //Proceedings of the 45th annual meeting of the ACL on interactive poster and demonstration sessions. Association for Computational Linguistics, 2007: 177-180.

［3］ Che W, Li Z, Liu T. LTP: A Chinese language technology platform ［C］ //Proceedings of the 23rd International Conference on Computational Linguistics: Demonstrations. Association for Computational Linguistics, 2010: 13-16.

［4］ Weaver W. Translation, Milestones in Machine Translation ［M］ //Locke W N, Booth A D. (eds). Machine Translation of Languages: fourteen essays. Cambridge, Massachusetts: MIT Press, 1955: 15-23.

［5］ Harris Z. Distributional structure ［J］. Word, 1954, 10 (23): 146-162.

［6］ Firth J R. A synopsis of linguistic theory 1930-1955 ［J］. Studies in Linguistic Analysis (Oxford: Philological Society）：1-32.

［7］ Lai S W, Liu K, Xu L H, et al. How to generate a good word embedding? ［J］. IEEE Intelligent Systems, 2016, 31（6）：5-14.

［8］ Lin D K, Pantel P. DIRT, discovery of inference rules from text ［C］ //Proceedings of Knowledge Discovery and Data Mining, 2001：323-328.

［9］ Turney P D. The latent relation mapping engine：algorithm and experiments ［J］. Journal of Artificial Intelligence Research, 2008, 33：615-655.

［10］ Turney P D, Pantel P. From frequency to meaning：wector space models of semantics ［J］. Journal of Artificial Intelligence Research, 2010, 37：141-188.

［11］ Salton G, Wong A, Yang C S. A vector space model for automatic indexing ［J］. Communications of the ACM, 1975, 18（11）：613-620.

［12］ Deerwester S, Dumais S, Landauer T, et al. Harshman. Indexing by latent semantic analysis ［J］. Journal of the American Society for Information Science, 1990 41（6）：391-407.

［13］ Sparck-Jones K. A statistical interpretation of term specificity and its application in retrieval ［J］. Journal of Documentation, 1972, 28（1）：11-21.

［14］ Blei D M, Ng A Y, Jordan M I. Latent dirichlet allocation ［J］. Journal of Machine Learning Research, 2003, 3：993-1022.

［15］ Murphy B, Talukdar P, Mitchell T. Learning effective and interpretable semantic models using non-negative sparse embedding ［C］ //Proceedings of International Conference on Computational Linguistics, 2012：1933-1950.

［16］ Lee DD, Seung S. Learning the parts of objects by nonnegative matrix factorization ［J］. Nature, 1999, 401：788-791.

［17］ Brown P, Vincent J, Pietra D, et al. Class-based n-gram models of natural language ［J］. Computational Linguistics, 1992, 18（4）：467-479.

［18］ Pennington J, Socher R, Manning C. Glove：global vectors for word representation ［C］. // Proceedings of Empirical Methods in Natural Language Processing, 2014：1532-1543.

［19］ Lin D, Pantel P. DIRT, discovery of inference rules from text ［C］ //Proceedings of Knowledge Discovery and Data Mining, 2001：323-328.

［20］ Turney PD. The latent relation mapping engine：algorithm and experiments ［J］. Journal of Artificial Intelligence Research, 2008, 33：615-655.

［21］ Bollegala D, Maehara T, Kawarabayashi K. Embedding semantic relations into word representations ［C］ //Proceedings of International Joint Conference on Artificial Intelligence, 2015：1222-1228.

［22］ Liu Y, Liu Z Y, Chua T S, et al. Topical word embeddings ［C］ //Proceedings of Association for the Advancement of Artificial Intelligence, 2015：2418-2424.

［23］ Pecina P, Schlesinger P. Combining association measures for collocation extraction ［C］ //Proceedings of Meeting of the Association for Computational Linguistics, 2006：651-658.

［24］ Church K, Hanks P. Word association norms, mutual information, and lexicography ［C］ // Proceedings of the 27th Annual Conference of the Association of Computational Linguistics, 1989：76-83.

［25］ Turian J P, Ratinov L A, Bengio Y. Word representations：a simple and general method for semi-supervised learning ［C］ //Proceedings of Meeting of the Association for Computational Linguistics, 2010：

384-394.

[26] Bengio Y, Ducharme R, Vincent P, et al. A neural probabilistic language model [J]. Journal of Machine Learning Research, 2003, 3: 1137-1155.

[27] Mnih A, Hinton G E. A scalable hierarchical distributed language model [C] //Proceedings of Neural Information Processing Systems, 2008: 1081-1088.

[28] Mikolov T, Kombrink S, Burget L, et al. Extensions of recurrent neural network language model [C] //Proceedings of International Conference on Acoustics, Speech, and Signal Processing, 2011: 5528-5531.

[29] Mikolov T, Zweig G. Context dependent recurrent neural network language model [C] //Proceedings of Spoken Language Technology Workshop, 2012: 234-239.

[30] Mikolov T, Sutskever I, Chen K, et al. Distributed representations of words and phrases and their compositionality [C]. Proceedings of Neural Information Processing Systems, 2013: 3111-3119.

[31] Mikolov T, Chen K, Corrado G, et al. Efficient estimation of word representations in vector space [J]. The Computing Research Repository, 2013: 1301.3781.

[32] Collobert R, Weston J. Fast semantic extraction using a novel neural network architecture [C] //Proceedings of Meeting of the Association for Computational Linguistics, 2007.

[33] Levy O, Goldberg Y. Linguistic regularities in sparse and explicit word representations [J]. Computational Natural Language Learning, 2014: 171-180.

[34] Li Y T, Xu L I, Tian F, et al. Word embedding revisited: a new representation learning and explicit matrix factorization perspective [C] //Proceedings of International Joint Conference on Artificial Intelligence, 2015: 3650-3656.

[35] Mnih A, Kavukcuoglu K. Learning word embeddings efficiently with noise-contrastive estimation [C] //Proceedings of Neural Information Processing Systems, 2013: 2265-2273.

[36] Tversky A. Features of similarity [J]. Psychological Review, 1977, 84 (4).

[37] Kiela D, Hill F, Clark S. Specializing word embeddings for similarity or relatedness [C] // Proceedings of Empirical Methods in Natural Language Processing, 2015: 2044-2048.

[38] Faruqui M, Dodge J, Jauhar K S, et al. Retrofitting word vectors to semantic lexicons [C] // Proceedings of North American Chapter of the Association for Computational Linguistics, 2015: 1606-1615.

[39] Liu Q, Jiang H, Wei S, et al. Learning semantic word embeddings based on ordinal knowledge constraints [C] // Proceedings of Meeting of the Association for Computational Linguistics, 2015: 1501-1511.

[40] Chen Z G, Lin W, Chen Q, et al. Revisiting word embedding for contrasting meaning [C] // Proceedings of Meeting of the Association for Computational Linguistics, 2015: 106-115.

[41] Cohen W W, Schapire R E, Singer Y. Learning to order things [C] // Proceedings of Neural Information Processing Systems, 1997: 451-457.

[42] Mohammad S, Dorr B J, Hirst G. Computing word-pair antonymy [C] // Proceedings of Empirical Methods in Natural Language Processing, 2008: 982-991.

[43] Zhang J W, Salwen J, Glass M R, et al. Word semantic representations using bayesian probabilistic tensor factorization [C] // Proceedings of Empirical Methods in Natural Language Processing, 2014: 1522-1531.

[44] Rothe S, Schütze H. AutoExtend: extending word embeddings to embeddings for synsets and lexemes

［C］// Proceedings of Meeting of the Association for Computational Linguistics, 2015, 1：1793-1803.

［45］ Iacobacci I, Pilehvar M T, Navigli R. Sensembed：Learning sense embeddings for word and relational similarity ［C］// Proceedings of Meeting of the Association for Computational Linguistics, 2015：95 -105.

［46］ Navigli R, Ponzetto S P. BabelNet：the automatic construction, evaluation and application of a wide-coverage multilingual semantic network ［J］. Artificial Intelligence, 2012, 193：217-250.

［47］ Moro A, Raganato A, Navigli R. Entity linking meets word sense disambiguation：a unified approach ［J］. Transactions of the Association for Computational Linguistics, 2014, 2：231-244.

［48］ Faruqui M, Dyer C. Improving Vector Space Word Representations Using Multilingual Correlation ［C］// Proceedings of Conference of the European Chapter of the Association for Computational Linguistics, 2014：462-471.

［49］ Hermann K M, Blunsom P. Multilingual Distributed Representations without Word Alignment ［DB/OL］. ［2019-09-24］. http：// arxiv. org/pdf/1312. 6173. pdf.

［50］ Hill F, Cho K, Jean S, et al. Embedding Word Similarity with Neural Machine Translation ［J］. The Computing Research Repository, 2014, 1412. 6448.

［51］ Schnabel T, Labutov I, Mimno D M, et al. Evaluation methods for unsupervised word embeddings ［C］// Proceedings of Empirical Methods in Natural Language Processing, 2015：298-307.

［52］ Köhn A. What's in an embedding? analyzing word embeddings through multilingual evaluation ［C］// Proceedings of Empirical Methods in Natural Language Processing, 2015：2067-2073.

［53］ Zhou G Y, He TT, Zhao J, et al. Learning Continuous Word Embedding with Metadata for Question Retrieval in Community Question Answering ［C］// Proceedings of Meeting of the Association for Computational Linguistics, 2015, 1：250-259.

［54］ Zhou G Y, Zhou Y, He T T, et al. Learning semantic representation with neural networks for community question answering retrieval ［J］. Knowledge-Based Systems. 2015, 93：75-83.

［55］ Yang M C, Lee D J, Park S Y, et al. Knowledge-based question answering using the semantic embedding space ［J］. Expert Systems with Applications, 2015, 42（23）：9086-9104.

［56］ Zhang K, Wu W, Wang F, et al. Learning Distributed representations of data in community question answering for question retrieval ［J］. Web Search and Data Mining, 2016：533-542.

［57］ Dong H L, Wang J, Lin H F, et al. Predicting best answerers for new questions：an approach leveraging distributed representations of words in community question answering ［J］. Frontier of Computer Science and Technology, 2015：13-18.

［58］ Mikolov T, Le Q V, Sutskever I. Exploiting similarities among languages for machine translation ［J］. The Computing Research Repository, 2013, 1309. 4168 .

［59］ Zhang J J, Liu S J, Li M, et al. Bilingually-constrained phrase embeddings for machine translation ［C］// Proceedings of Meeting of the Association for Computational Linguistics, 2014, 1：111-121.

［60］ Le Q V, Mikolov T. Distributed representations of sentences and documents ［C］// Proceedings of International Conference on Machine Learning, 2014, 1188-1196.

［61］ Kusner M J, Sun Y, Kolkin N I, et al. From word embeddings to document distances ［C］// Proceedings of International Conference on Machine Learning, 2015：957-966.

［62］ Sordoni A, Bengio Y, Nie J Y. Learning concept embeddings for query expansion by quantum entropy minimization ［C］// Proceedings of Association for the Advancement of Artificial Intelligence，2014：1586-1592.

［63］ Liu X H，Bouchoucha A，Sordoni A，et al. Compact aspect embedding for diversified query expansions ［C］// Proceedings of Association for the Advancement of Artificial Intelligence，2014：115-121.

［64］ Luo H Y，Liu Z Y，Luan H B，et al. Online learning of interpretable word embeddings ［C］// Proceedings of Empirical Methods in Natural Language Processing，2015：1687-1692.

［65］ Zhang W，Zhang K，Gu P，et al. Multi-view embedding learning for incompletely labeled data ［C］// Proceedings of International Joint Conference on Artificial Intelligence，2013：1910-1916.

［66］ Hyland S L，Karaletsos T，Rätsch G. A generative model of words and relationships from multiple sources ［C］// Proceedings of Association for the Advancement of Artificial Intelligence，2016：2622-2629.

［67］ Yang L，Sun M S. Improved learning of Chinese word embeddings with semantic knowledge ［J］. Chinese Computational Linguistics，2015：15-25.

［68］ Sun Y，Lin L，Yang N，et al. Radical-enhanced Chinese character embedding ［C］// Proceedings of International Conference on Neural Information Processing，2014：279-286.

［69］ Bordes A，Usunier N，Garcia-Duran A，et al. Translating embeddings for modeling multi-relational data ［C］// Proceedings of NIPS. 2013：2787-2795.

［70］ Dettmers T，Minervini P，Stenetorp P，et al. Convolutional 2D Knowledge Graph Embeddings ［C］// Proceedings of national conference on artificial intelligence，2018：1811-1818.

49

第 3 章

语言分析技术

语言分析是自然语言处理的核心基础环节，是根据不同的任务需求，对语言进行不同层次的分析处理，可以实现语言理解和语言生成等目标。本章将从词法分析、句法分析、篇章分析和语义分析等不同层次对自然语言处理所涉及的主要语言分析技术进行介绍。

3.1 词法分析

3.1.1 概述

词法分析（Lexical Analysis）是自然语言处理中的关键基础技术之一，主要是指利用计算机程序将输入的句子从字符序列转换为单词和词性序列的过程。

不同于英语等西方语言，汉语书面语没有明显的空格标记，词是最小的能够独立运用的语言单位，文本中的句子以字符串的形式出现。因此，汉语自然语言处理的首要工作就是确定字符串的分隔边界，将字符串切分为单独的词语，完成句子的切分，并在此基础上进行其他更深层次的语言分析（如句法分析等）和语言工程应用（如情感分析等）。词法分析主要包括自动分词和词性标注。

3.1.2 自动分词

从 20 世纪 80 年代开始，汉语分词研究就已经开始并延续至今。在研究过程中，先后出现的主要分词方法包括基于词典的分词方法、基于统计模型的分词方法和基于神经网络的分词方法等。下面将对这几种代表性的分词方法逐一进行介绍。

3.1.2.1　基于词典的分词方法

基于词典的分词方法又称为机械分词方法。该方法按照一定的策略将待分析的文本（如汉语字符串序列）与一个分词词典（机器词典）中的词条进行匹配，若在词典中找到了字符串，则匹配成功（成功识别出一个词），依次识别出所有的词，即完成了分词任务。基于词典的分词方法一般有三个要素：分词词典、匹配原则、文本分析时的扫描顺序。字符串匹配分词方法按照匹配方向可以分为正向匹配和逆向匹配，以及从两个方向同时进行的双向匹配；按照不同长度优先匹配的情况，可以分为最大（最长）匹配和最小（最短）匹配等。

下面以正向最大匹配为例，简单说明该方法的主要处理步骤。所谓最大匹配，就是优先匹配最长的词，即要求每一句分词结果中词的总量最少。正向最大匹配分词方法在具体实现上还可以进一步分为增字方式和减字方式。

例如：以"奥巴马是美利坚合众国的首位黑人总统。"作为待分词的字符串文本，给定分词词典，且规定词典中最长的词为 6 个字符。在分词过程中，首先从左往右扫描 6 个字符，即"奥巴马是美利"，如果该字符串未在词典中，则去掉最右侧的一个字符，检查剩余字符串"奥巴马是美"是否出现在词典中，依次类推，直到与词典中的词匹配，如"奥巴马"。在该词的后面添加切分标识后，从下一个字符开始再扫描长度为 6 的字符串，即"是美利坚合众"。依次执行相同步骤，直到按照分词词典将所有的词都切分出来。最终可以得到分词结果："奥巴马/是/美利坚合众国/的/首位/黑人/总统/。"

基于词典匹配的分词方法奠定了汉语分词研究的基础，方法简单可行，操作性强，仅依赖一部词典即可实现分词任务。该方法的缺点是对歧义字符串的消解能力较差，容易产生分词歧义。对于同一个字符串，如果从不同方向进行切分，则得到的分词结果可能并不完全相同。同时，在此方法中分词词典扮演着重要角色，词典中词的规模、完整性，词的使用频率，索引结构，词条的长度，新词的更新等均会对分词算法及分词性能产生显著影响。

3.1.2.2　基于统计模型的分词方法

从 20 世纪 90 年代开始，随着统计方法的发展，基于统计模型的分词方法出现。其基本思想是根据文本中的字符串在语料库中出现的统计频率来决定其是否构成词。一般认为词是字的组合，相邻的字同时出现的次数越多，就越有可能构成一个词。因此，字与字相邻共现的频率或概率能够反映它们成为词的可信度。究其语言学规律，可以认为在大多数语言现象中，词代表着"稳定组合"，这一组合规律反映到统计意义下就是以"稳定性"来衡量的基于统计模型的分词方法。

基于统计模型的分词方法可以形式化地描述为

给定待切分字符串 $S = S_1, S_2, \cdots, S_n$

分词后的词串 $W = W_1, W_2, \cdots, W_n$

定义 $P(W|S)$ 为字符串切分为词串的概率。其中，W 可以存在 $W_a, W_b, \cdots, W_k$ 等多种切分方案，最终需要找到其中一种分词模型，使得 $P(W|S)$ 最大，即 $P(W|S) = \max[P(W_a|S), P(W_b|S), \cdots, P(W_k|S)]$。其具体实现过程一般包含建立统计模型和分词判定两个主要步骤。

下面简要介绍几种具有代表性的基于统计模型的分词方法。

（1）基于 *n*-gram 语言模型的分词方法

基于 *n*-gram 语言模型的分词方法是统计分词方法的代表。其基本思想是，首先根据词典（可以是从训练语料中抽取出来的词典，也可以是外部词典）对句子进行简单匹配，找出所有可能的词典词，然后将它们和所有的单个字符作为结点，构造 *n* 元切分词图，图中的结点表示可能的词候选，边表示路径，边上的 *n* 元概率表示代价。基于 *n*-gram 语言模型的分词方法示例如图 3-1 所示。

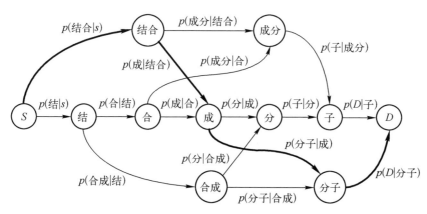

图 3-1　基于 *n*-gram 语言模型的分词方法示例

基于 n-gram 语言模型的分词方法假设第 n 个词出现的概率只与前面 $n-1$ 个词相关，因此，整个字符串被切分成词的概率是各个词出现概率的乘积。在求解最大分词概率时，$P(W \mid S) = \mathrm{argmax}P(W) \times P(S \mid W)$，利用相关搜索算法（如 Viterbi 算法），可以从图 3-1 中找到代价最小的路径（如图中粗体箭头所示）作为最后的分词结果[1]。

基于 n-gram 语言模型的分词方法在训练语料规模足够大和覆盖领域范围足够广时，能够获得较高的切分正确率。但该模型对于训练语料的规模和质量的依赖较大，计算成本相对较高，而且依然基于已有词典，因此很难发现未登录词和新词，针对新词的切分能力相对较弱。

（2）基于隐马尔可夫模型的分词方法

隐马尔可夫模型（Hidden Markov Model，HMM）是一种有向图模型，属于马尔可夫链。与马尔可夫模型不同的是，隐马尔可夫模型的状态序列是不能直接被观察到的，只能通过观察序列预测出来，故称为隐马尔可夫模型。HMM 结构示意图如图 3-2 所示。

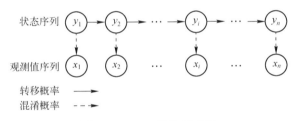

图 3-2　HMM 结构示意图

若将 HMM 应用到分词场景，则观测值序列为前面提到的字符串序列 $S = S_1, S_2, \cdots, S_n$，也就是图 3-2 中的 x 序列，状态序列就是分词后的词串序列 $W = W_1, W_2, \cdots, W_n$，对应图 3-2 中的 y 序列。

一般地，HMM 可以记作一个五元组 $u = \{S, K, A, B, \pi\}$。其中，S 是状态集合；K 是输出符号，也就是观测值集合；A 是状态转移概率；B 是符号发射概率；π 是初始状态的概率分布。

HMM 主要用于解决三个基本问题。

① 估计问题：给定一个观测值序列 $O = O_1, O_2, O_3, \cdots, O_t$ 和模型 $u = (A, B, \pi)$，计算观测值序列的概率。

② 序列问题：给定一个观测值序列 $O = O_1, O_2, O_3, \cdots, O_t$ 和模型 $\mu = (A, B,$

π），计算最优的状态序列 $Q=q_1,q_2,q_3,\cdots,q_t$。

③ 参数估计问题：给定一个观测值序列 $O=O_1,O_2,O_3,\cdots,O_t$，如何调节模型 $\mu=(A,B,\pi)$ 的参数，使得 $P(O\mid\mu)$ 最大。

HMM 可解决的三个基本问题分别对应分词中的几个关键步骤。参数估计问题即是分词的学习阶段，通过海量数据语料学习归纳出分词模型的各个参数。序列问题是分词的执行阶段，通过观察变量（待分词句子的序列）预测出最优的状态序列（分词结构）。

设定状态值集合 $S=\{B,M,E,S\}$，其中的参数分别代表该字符在词中的位置：B 代表该字符是词中的起始字符；M 代表该字符是词中的中间字符；E 代表该字符是词中的结束字符；S 代表单字成词。观测值集合 $K=\{$所有的汉字$\}$。汉语分词问题就是通过观测值序列来预测出最优状态序列的。

（3）基于条件随机场的分词方法

条件随机场（Conditional Random Field，CRF）是一种判别式无向图模型。与隐马尔可夫模型通过联合分布进行建模不同，条件随机场试图对多个变量在给定观测值后的条件概率下进行建模。

CRF 模型既具有判别式模型的优点，又兼顾产生式模型所考虑的上下文标记间的转移概率。以序列化形式进行全局参数优化和解码，解决了其他判别式模型难以避免的标记偏差（tagging bias）问题，可以对所有的特征进行全局归一化操作，从而达到全局最优效果。基于 CRF 的分词方法通常具有更好的准确率和分词效果，是目前较为常用的分词方法。

与 HMM 一样，CRF 模型同样可以采用常见的 $B\text{-}M\text{-}E\text{-}S$ 表示位置状态，通过定义每个字符在词中的位置来确定词的序列预测。

基于 CRF 的分词模型可以通过 CRF 工具包实现。其中最著名的是 CRF++ 开源工具包，是目前综合性能最佳的 CRF 工具之一[①]。

3.1.2.3　基于神经网络的分词方法

随着深度学习的兴起，近年来出现了基于不同神经网络架构的分词方法，引起了国内外诸多研究者的关注。基于神经网络的分词方法为汉语分词提供了全新的思路。神经网络结构包括基于卷积神经网络（Convolutional Neural Network，CNN）、长短时记忆网络（Long-Short Term Memory，LSTM）、门控

---

① 参见 https://taku910.github.io/crfpp/。

循环单元（Gated Recurrent Unit，GRU）及将神经网络和 CRF 融合（如双向LSTM+CRF）等。

基于神经网络的分词器基本架构如图 3-3 所示。

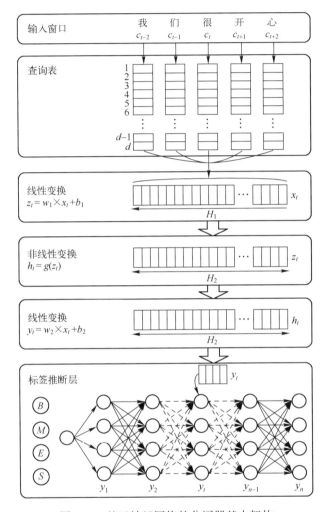

图 3-3　基于神经网络的分词器基本架构

下面简要介绍几种基于神经网络的分词方法。

（1）基于字序列标注的神经网络分词方法

基于字序列标注的神经网络分词方法是目前常用且有效的一种分词方法。其主要思想是在假设一个字的标注极大依赖于相邻位置的字的前提下，基于一个局部滑动窗口来完成分词工作。给定长度为 n 的文本序列

$C^{(1:n)}$，大小为 k 的窗口从文本序列的第一个字滑动至最后一个字。例如图 3-3 中，窗口大小为 5，前后 5 个字会被送入查询表中，得到相应的字向量，将它们拼接为一个向量并作为神经网络下一层的输入，经过线性变换后，由激活函数激活，根据给定的标注集，经过一个相似的线性变换，获得每个可能标签（包括图 3-3 中的 B、M、E、S 四种标签）的得分向量。为了对标签间的依赖关系建模，在以往的神经网络模型中引入转移得分向量 A_{ij}，以衡量从标签 i 跳转到标签 j 的概率。对于输入的文本序列 $C^{(1:n)}$，其标签序列为 $y^{(1:n)}$，序列的得分（记作 S）是标签转移得分和网络标注得分的总和，即

$$S(C^{(1:n)}, y^{(1:n)}) = \sum_{t=1}^{n} (A_{y(t-1)y(t)} + y_{y(t)}^{(t)})$$

（2）基于转移的神经网络分词方法

基于转移的神经网络分词方法借鉴了基于转移的依存句法分析的思路，利用转移系统（包括一个堆栈式的缓冲器 buffer 和一个队列）从左到右扫描句子中的每一个字，将分词过程转化为一个动作 {append, separate} 序列，使用柱搜索获得最优动作序列。其中，append（APP）动作从队列中移出第一个汉字，并追加到缓冲器的最后一个汉字的后面；separate（SEP）动作从队列中移出第一个汉字到缓冲器，并将其作为一个单独的汉字。基于转移的神经网络分词方法就是利用神经网络模型替换线性模型，用于对转移动作序列进行打分，并采取相应的 APP 或 SEP 动作[2]。基于转移的神经网络汉语分词模型如图 3-4 所示。

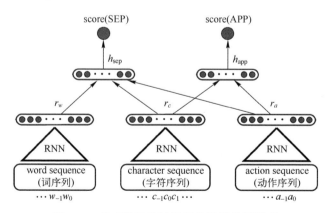

图 3-4　基于转移的神经网络汉语分词模型

下面以例句"北京是中国的首都"进行说明，表3-1展示了字符串的分词过程。

表3-1　字符串的分词过程

步　骤	动　作	缓　冲　区	队　列
0	—	*Φ*	北京是中国的首都
1	SEP	北	京是中国的首都
2	APP	北京	是中国的首都
3	SEP	北京是	中国的首都
4	SEP	北京是中	国的首都
5	APP	北京是中国	的首都
6	SEP	北京是中国的	首都
7	SEP	北京是中国的首	都
8	APP	北京是中国的首都	*Φ*

（3）基于 DAG-LSTM 的分词方法

基于 DAG-LSTM 的分词方法是由 Chen 等人[3]提出的一种基于有向无环图（Directed Acyclic Graph，DAG）的 LSTM 汉语分词方法。该方法虽然属于基于字符的分词方法，但通过 DAG 结构有效地融合了字和词级别的上下文信息，DAG 的每条边都被赋予词表中的一个词，从而实现了理想的分词效果。基于 DAG-LSTM 分词方法的汉语分词模型示意图如图 3-5 所示。

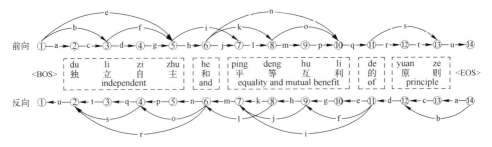

图 3-5　基于 DAG-LSTM 分词方法的汉语分词模型示意图

3.1.2.4　常用分词工具

分词方法的多样性促进了分词工具的产生与发展。下面列举了一些较为常用的、具有代表性的分词工具：

① 中科院计算所 NLPIR 工具：http://ictclas. nlpir. org/nlpir/。

② 哈尔滨工业大学 LTP 平台：https://github. com/HIT-SCIR/ltp。

③ 清华大学分词器 THULAC：https://github. com/thunlp/THULAC。

④ 斯坦福大学分词器：https://nlp. stanford. edu/software/segmenter. shtml。

⑤ Hanlp 分词器：https://github. com/hankcs/HanLP。

⑥ 结巴分词：https://github. com/yanyiwu/cppjieba。

3.1.3　词性标注

3.1.3.1　概述

词性自动标注（Part-of-Speech Tagging）是自然语言处理的一项基础任务。若给定一个已分词的句子，则词性标注的目的就是给每一个词赋予一个类别（词性标记），如名词、动词、形容词或其他词性。词性标注任务的难点在于兼类词的自动词类歧义消歧。词性兼类在中英文的文本处理中非常普遍，常见的词性兼类表现为多种形式，不同词性兼类的比例不甚相同。曾有学者统计，中文词的动词/名词词性兼类占全部词性兼类的比例接近 50%，如果连同形容词/副词词性兼类，则所占比例将超过 60%。

例 1：Time［/名词/动词］ flies［/动词/名词］ like［/介词/动词］ an［/冠词］ arrow［/名词］.

句子中，Time、flies 和 like 的词性均有两种可能（每一个词的斜线后是该词的词性）：Time 可为名词（时间）或动词（计时）；flies 可为动词（飞）或名词（苍蝇）；like 可为介词（像）或动词（喜欢）。

词性标注的任务就是通过学习使得计算机能够根据上下文自动地识别出带歧义的词的词性。例 1 中，词性标注应当给句子中的每个词都标注词性，即

例 2：Time［/名词］ flies［/动词］ like［/介词］ an［/冠词］ arrow［/名词］.

完成词性标注任务的前提是已经具有一个合理的、完整的标注集。英语中常用的标注集有布朗语料库标注集（Brown Corpus tagset）和宾州树库标注

集（Penn Treebank tagset）等。前者具有 87 个标注标签；后者具有 45 个标注标签。汉语中常用的标注集包括北京大学《人民日报》语料库词性标注集、中科院计算所汉语词性标注集等。

下面简要介绍几类常见的词性标注方法。

3.1.3.2　基于规则的词性标注方法

基于规则的词性标注方法是较早提出的一种方法。其基本思想是按兼类词的搭配关系（一般是由语言学家总结出来的兼类词判定规则）和上下文语境人工构建的各种词类消歧规则，能够准确地描述词性搭配之间的确定现象，表达清晰，易于实现，在中英文处理中都曾经非常盛行。

显而易见，基于规则的词性标注方法的规则集的精确程度和规模直接影响词性标注的性能。由于规则的语言覆盖面有限，因此庞大规则库的编写和维护工作日益繁重，且规则之间的优先级和冲突问题也难以很好地解决。

随着语料库规模的增大，人工提取规则的方法逐渐无法满足真实需求，基于机器学习的规则自动提取方法[4]应运而生。该方法的基本思想是，首先通过初始状态标注器对未标注的文本进行初步标注，产生标注文本；然后将其与正确的标注文本进行比较，学习器可以从错误中学习到一些规则，从而形成一个排序的规则集，使其能够修正已标注的文本，使标注的结果更接近参考答案。在所有学习到的可能规则中，搜索那些使已标注文本中的错误数减少最多的规则并加入规则集，将该规则用于调整已标注的文本，进而对已标注的语料重新打分（统计错误数）。不断重复该过程，直到没有新的规则能够使已标注的语料错误数减少。最终的规则集就是学习到的规则结果。基于规则的错误驱动的机器学习方法示意图如图 3-6 所示。

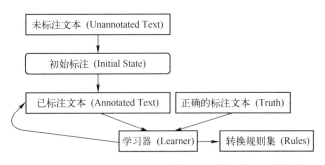

图 3-6　基于规则的错误驱动的机器学习方法示意图

3.1.3.3　基于隐马尔可夫模型（HMM）的词性标注方法

从 20 世纪 90 年代开始，自然语言处理领域逐渐开始采用基于统计的方法进行研究，对词性标注的研究也不例外。在基于统计的词性标注方法中，如果采用的统计模型不同，则所表现出来的标注准确性也有所不同。常见的统计模型有 n-gram 模型、HMM 等。

基于 HMM 的词性标注方法是较为典型的一种方法。HMM 的描述场景与词性标注任务存在相似性。词性标注也可以看作两个随机过程：一个是可观测的词汇序列 $W = W_1, W_2, \cdots, W_n$；另一个是不可观测、待预测的隐藏词性标注序列 $T = T_1, T_2, \cdots, T_n$。利用 HMM 对词性标注任务进行建模，可以将具体任务定义为：给定可观测的词汇序列 W，确定一个最佳的词性标注序列 T，并使 $P(T \mid W)$ 最大。基于 HMM 的词性标注示例如图 3-7 所示。

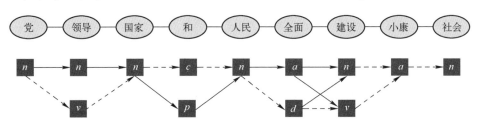

图 3-7　基于 HMM 的词性标注示例（采用北京大学词性标注集）

利用 HMM 处理词性标注问题，恰好可以对应 HMM 的三个基本问题：

① 估计模型参数。

② 对于给定的可观测值序列（词汇序列）和模型，确定最有可能的输出序列（词性标注序列）。

③ 选择最优的状态序列，使其最好地解释可观测值序列。

利用 HMM 进行词性标注，需要获得转移概率和发射概率。转移概率是指估计事件序列之间的概率关系。图 3-7 中，转移概率为 $p(n \mid v)$、$p(v \mid d)$ 等，即在已知当前词性的前提下，确定下一个词性的概率。通过大规模训练集，可以得到概率转移矩阵。发射概率是指隐藏序列和可观测值序列之间的概率关系。图 3-7 中，发射概率为 $p(领导 \mid v)$、$p(和 \mid p)$ 等，表示词"领导"为动词的概率、"和"为介词的概率。通过大规模训练语料，同样可以通过训练得到概率转移矩阵。

根据转移概率和发射概率，通过穷举方式计算每种可能的词性标注序列的概率值，概率最大的一个即为最优的词性标注序列。

仍以图 3-7 进行说明，图中的虚线箭头表示最优的词性标注序列，即

$$P(T\mid W)=P(党\mid n)\times P(领导\mid v)\times P(国家\mid n)\times\cdots$$
$$\times P(社会\mid n)\times P(v\mid n)\times P(n\mid v)\times P(c\mid n)\times\cdots$$
$$\times P(n\mid a)$$

为了提高算法的效率，可以采用维特比（Veterbi）解码算法进行优化，更高效地计算出最后的概率结果。

3.1.3.4　基于条件随机场（CRF）的词性标注方法

CRF 模型同样可以用于词性标注任务。由于词性标注和分词都可以看作序列标注问题，因此一般地，在面向汉语的自然语言处理中，分词和词性标注可以同时进行，也可以根据具体需要分别单独实现其中的一个任务。

前面已经介绍了基于 CRF 模型的分词方法，基于 CRF 模型的词性标注步骤与其相似，此处不再赘述，有兴趣的读者可以自行参阅相关文献。

3.1.3.5　基于神经网络的词性标注方法

随着深度学习的广泛应用，基于神经网络的词性标注也成为近年来的流行方法。其中应用较为广泛的是基于卷积神经网络（CNN）和长短时记忆网络（LSTM）及混合神经网络的词性标注。CNN 利用滑动窗口，可以很好地解决词的组合特征及一定程度上的依赖问题，表达句子之间的关系较为自然，由于参数共享，因此计算量较小，计算速度较快。在词性标注过程中，对每个元素的标注在很大程度上可能都会依赖前面的标注信息，LSTM 适合处理序列问题，可以保存较长时间的序列信息，从而对序列元素进行标注。

为了进一步提高词性标注的准确性，可以将神经网络模型与 CRF 模型融合，将 CRF 放置在神经网络的输出层之上，得到最后的词性标注序列。

图 3-8 给出了一种基于字序列的双向 GRU+CRF 分词和词性标注的过程示意图。

由图 3-8 可知，神经网络与 CRF 融合后的词性标注模型主要包括三个部分：第一部分是字符序列的向量表示，可以把离散的汉字符号转化为具有固定维度的连续的向量表示，假定包含训练集中汉字的字典为 D，汉字的向量表示存放在矩阵 $M(d\times\mid D\mid)$ 中。其中：d 是特征向量的维度；$\mid D\mid$ 是字典的大小；第二部分是标准的双向 GRU 结构，分别从正向和反向抽取有助于训练的

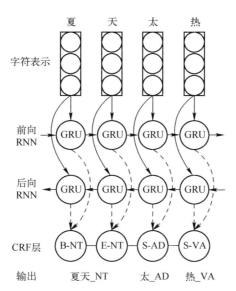

图 3-8 一种基于字序列的双向 GRU+CRF 分词和词性标注的过程示意图

特征；第三部分是位于 GRU 之上的 CRF 词性标注推理层，根据神经网络训练得到的特征，获得每个字的词性标注打分矩阵，并根据矩阵利用 Viterbi 算法计算出最适合每个字符的词性标注。

3.1.4 分词和词性标注的联合模型

分词和词性标注作为自然语言处理的两个基础任务，在传统上被看作相互独立的任务，一般采用基于管道的方法（pipeline-based），也就是先分词，再进行词性标注。但基于管道的方法容易造成误差传递，汉语分词的错误会在词性标注任务中被放大，严重影响词性标注的准确率，降低实现效率。

由于分词和词性标注二者之间具有很高的关联性，研究者很早就尝试将二者联合起来进行训练。联合模型的优点是可以同步处理多项任务，使各任务的中间结果可以相互利用，性能得到提升。

在深度学习和神经网络模型的框架下，研究者继续开展相关工作。Qiu 等人[5]采用多任务学习模型，在多个数据语料库的基础上进行分词和词性标注。为了解决模型复杂度高和长依存问题，Chen 等人[6]采用融合丰富特征的卷积神经网络架构实现分词和词性标注的联合模型。Zhang 等人[7]提出了一个基于 Seq2Seq 的联合模型，首先利用单字符和双字符特征对输入句子编码，然后在解码端对分词和词性标注序列进行预测。该模型在多个通用测试集上都取得了很好的效果。

3.2　句法分析

3.2.1　概述

句法分析（syntactic parsing）是自然语言处理中的基础关键技术之一。其基本任务是确定句子的句法结构（syntactic structure）或句子中词之间的依存关系。句法分析虽然不是自然语言处理任务的最终目标，但往往是实现最终目标的关键环节，与很多后续任务和真实应用密切相关。

句法分析一般分为句法结构分析（syntactic structure parsing）和依存关系分析（dependency parsing）。

3.2.2　句法结构分析

句法结构分析是指对输入的单词序列（一般为句子）判断其构成是否合乎给定的语法，分析合乎语法的句子的句法结构。句法结构一般用树状数据结构表示，通常被称为句法分析树（syntactic parsing tree），简称分析树（parsing tree）。

句法结构分析又称为成分结构分析（constituent structure parsing）或短语结构分析（phrase structure parsing）。以获取整个句子的句法结构为目的的句法分析被称为完全句法分析（full syntactic parsing），以获得局部成分为目的的句法分析被称为局部分析（partial parsing）或浅层分析（shallow parsing）。

常见的句法结构分析方法可以分为基于规则的句法结构分析方法和基于统计的句法结构分析方法两大类。

3.2.2.1　基于规则的句法结构分析方法

基于规则的句法结构分析方法的基本思路是，由人工编写语法规则，建立语法知识库，通过条件约束和检查机制来实现句法结构歧义的消除。根据句法分析树状成方向的不同，通常将句法结构分析方法划分为三种类型，即自顶向下的分析方法、自底向上的分析方法及两者相结合的分析方法。自顶向下分析方法实现的是规则推导的过程，分析树从根结点开始不断生长，最后形成分析句子的叶结点。自底向上分析方法的实现过程恰好相反，从句子符号串开始，执行不断归约的过程，最后形成根结点。

下面通过一个简单的例句说明句法结构分析的过程。

在例句 The product can improve the efficiency. 中，假定已知例句中每个单词的词性信息，分别为 art/n/aux/v/art/n，同时给定如下句法规则，即

$$S \rightarrow NP\ VP$$

$$NP \rightarrow art\ n$$

$$VP \rightarrow aux\ VP$$

$$VP \rightarrow VP\ NP$$

$$VP \rightarrow v$$

则可以根据上述句法规则构造出例句的句法分析树。句法分析树示例如图 3-9 所示。

基于规则的句法结构分析可以利用手工编写的规则分析出输入句子所有可能的句法结构，对于特定领域和应用需求，利用有针对性的规则能够较好地处理句子中的部分歧义和一些超语法（extra-grammatical）的语言现象。基于规则的句法结构分析也存在很多缺陷和不足，如句法规则通常是针对特定领域的文本进行抽取和定制的，难以覆盖所有自然语言的句法结

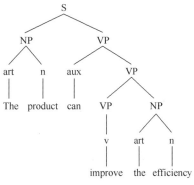

图 3-9　句法分析树示例

构，可移植性较差；句法规则的制定通常由人工完成，具有一定的主观性，并且人工编写规则会耗费大量的时间和人力成本。

3.2.2.2　基于统计的句法结构分析方法

考虑到基于规则句法结构分析方法的局限性，20 世纪 80 年代开始出现了基于统计的句法结构分析方法的研究。其中最具代表性的方法是基于概率的上下文无关文法（Probabilistic Context-Free Grammar，PCFG）。

PCFG 是 CFG（Context Free Grammar，上下文无关文法）的扩展，规则表示形式为 $A \rightarrow a[p]$，也就是在每条 CFG 规则的后面加上成立的概率。其中，A 为非终结符；p 为 A 推导出 a 的概率，即 $p = P(A \rightarrow a)$，其分布必须满足如下

条件，即

$$\sum_a P(A \rightarrow a) = 1$$

也就是说，相同左部的产生式概率分布满足归一化条件。下面通过一个具体示例进行说明。

给定例句 Ted saw Jim with a telescope. 其相应的 PCFG 规则如下：

S→NP VP	1.0		NP→NP PP	0.4
PP→P NP	1.0		NP→Ted	0.2
VP→V NP	0.65		NP→Jim	0.06
VP→VP PP	0.35		NP→a telescope	0.16
P→with	1.0		NP→books	0.18
V→saw	1.0			

根据以上规则可以推导出例句具有两种可能的 PCFG 句法结构树，如图 3-10 所示。

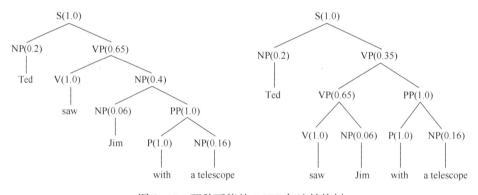

图 3-10　两种可能的 PCFG 句法结构树

同时可以计算出每种句法结构树的概率，即

$P(t_1) = 1.0 \times 0.2 \times 0.65 \times 1.0 \times 0.4 \times 0.06 \times 1.0 \times 1.0 \times 0.16 = 0.0004992$

$P(t_2) = 1.0 \times 0.2 \times 0.35 \times 0.65 \times 1.0 \times 0.06 \times 1.0 \times 1.0 \times 0.16 = 0.0004368$

3.2.3　依存关系分析

句法结构分析通常以整个句子为分析单位，但在一些任务场景中，并不需要分析整个句子的句法结构，仅需要分析出句子中某些词语之间的依赖关系。在自然语言处理中，将用词与词之间的依存关系来描述语言结构的框架称为依存语法（dependence grammar），又称从属关系语法。利用依存语法进行句法分析也是语言智能处理的重要技术之一。

在依存语法理论中，依存就是指词与词之间支配与被支配的关系。这种关系不是对等的，而是有方向性的。处于支配地位的成分被称为支配者（governor，regent，head）；处于被支配地位的成分被称为从属者（modifier，subordinate，dependency）。依存语法认为谓语中的动词是一个句子的中心，其他成分与动词直接或间接地产生联系。三种常见的依存句法结构树如图 3-11 所示。

图 3-11　三种常见的依存句法结构树

图 3-11（a）中，有向图用带有方向的弧（或称边，edge）来表示两个成分之间的依存关系，支配者在有向弧的发出端，被支配者在箭头端，说明被支配者依存于支配者。图 3-11（b）中采用树结构表示依存结构，树中的子结点依存于父结点。图 3-11（c）是带有投射线的树结构：实线表示依存连接关系，位置低的成分依存于位置高的成分；虚线为投射线。一个依存关系连接着两个词，分别是核心词（head）和依存词（dependent）。依存关系可以细分为不同的类型，表示两个词之间的具体句法关系。

由图和符号表示的依存结构形式是连接依存语法和依存句法分析算法的媒介。它将形式化的语法规则和约束表述为由边连接的点及其所携带的信息，将句子的依存分析转化为寻找该句子的一个空间连通结构或一组依存对的问题。

依存语法与短语结构语法相比的最大优势是直接按照词语之间的依存关系。依存语法几乎不适用于词性和短语类等句法语义范畴，几乎所有的语言知识都体现在词典中。由于依存树比短语结构分析树更直接，且具有更高的分析效率，因此目前已经成为主要的句法分析方法。

一棵句法结构树可以转化为依存关系分析树，反之则不然。因为一棵依存句法树可能对应多个句法树。将短语句法结构树转换为依存树主要包括三

67

个步骤：

① 定义中心词抽取规则，产生中心词表；

② 根据中心词表，为句法结构树中的每个结点选择中心子结点；

③ 同一层内将非中心子结点的中心词依存到中心子结点的中心词上，下一层的中心词依存到上一层的中心词上，从而得到相应的依存结构。

3.2.3.1　传统依存分析技术

早期的依存分析方法主要是基于规则的分析方法，包括类似 CYK 算法（Cocke-Younger-Kasami 算法）的动态规划算法、基于约束满足的方法和确定性分析策略等。随着基于统计自然语言处理技术的兴起，出现了在形式化依存语法体系中融入基于语料库统计知识的依存句法分析方法，主要包括生成式依存分析方法、判别式依存分析方法和确定性依存分析方法等。

生成式依存分析方法首先采用联合概率模型生成一系列依存树并赋予其概率值，然后采用相关算法将获得最高概率打分的分析结果作为最终输出结果。生成式依存分析模型使用简单便捷，在参数训练时只需要在训练集中寻找相关成分的计数，计算出先验概率。生成式依存分析方法采用联合概率模型，在概率乘积分解时进行近似性假设和估计。由于采用全局搜索，因此其算法的复杂度较高，效率相对较低，在准确率上具有优势，同时生成式依存分析方法处理非投射性问题能力不足。

判别式依存分析方法则采用条件概率模型，避开了联合概率模型所要求的独立性假设，训练过程就是寻找使目标函数（训练样本生成概率）最大的参数 θ（类似 Logistic 回归分析和 CRF 模型）。判别式依存分析方法不仅在推理时进行穷尽搜索，同时在训练算法上也具有全局最优性，需要在训练实例上重复句法分析过程来迭代参数，训练过程也是推理过程，训练和分析的时间复杂度一致。

确定性依存分析方法以特定的方向逐次取一个待分析的词，为每次输入的词产生一个单一的分析结果，直至序列的最后一个词。

3.2.3.2　通用依存分析技术

通用依存句法分析（Universal Dependency）是为多种语言开发的具有跨语言一致性的树库标注项目[①]，目的是促进多语言句法分析器的开发、跨语言

[①]　树库标注项目主页：http://universaldependencies.org/。

学习及从语言类型学角度开展的句法分析研究等。其基本理念是提供一个通用的类别和指南清单，以促进跨语言类似结构的一致性标注，同时在必要时允许特定语言的扩展。目前已公开发布了涵盖 70 多种语言的 120 多个树库，在自然语言处理领域产生了较大的影响。

图 3-12 是通用依存句法分析在英语、保加利亚语、捷克语和瑞典语中的分析示例，展示了被动语态的动词及其主语和宾语的依存关系。

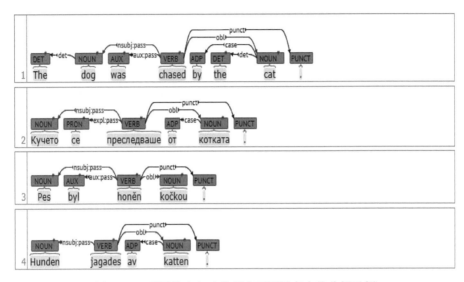

图 3-12 通用依存句法分析在不同语言中的分析示例

通用依存句法分析的标注规范是基于斯坦福大学开发的句法分析器、Google 的通用句法标记集和中间语言形态句法学的标记集。2013 年，通用句法树库项目（Universal Dependency Treebank，UDT）[8]首次将斯坦福句法分析器和 Google 通用句法标记集结合在一起，并发布了 6 种语言的树库。后续又补充加入了形态学特征和词性标记集，于 2014 年发布了新的标注规范。新通用版本的目标是增加或改进关系，以更好地适应不同语言的语法结构，并清理了原始版本中的一些特征。

自然语言处理领域重要的国际会议 CoNLL（Conference on Natural Language Learning，自然语言学习会议）在 2017 年和 2018 年的评测项目中均开展了面向生文本的多语言通用依存分析（Multilingual Parsing from Raw Text to Universal Dependencies）。评测内容从生文本出发，需要进行分句、分词、形态学分析、词性标注、依存句法分析等。评测指标包括三个依存句法分析中常用的指标：带标签依存关系准确率 LAS（labeled attachment score）；形态学标记正确前提下的 LAS，即 MLAS（morphology-aware labeled attachment score）；内容词词形还原正确前提下的 LAS，即 BLEX（bi-lexical dependency score）。该评测吸引了全球多家研究机构参与，进一步促进了通用依存句法分析的发展。

有关通用依存句法分析的更多信息和相关研究文献，有兴趣的读者可以自行访问对应的官方网站。

3.2.3.3　基于神经网络的依存句法分析

基于神经网络依存句法分析领域的两大主流方法分别是基于转移（Transition-based）和基于图（Graph-based）的依存句法分析方法。基于转移的依存句法分析方法是构建一条从初始转移状态到终结状态的转移动作序列，在构建过程中逐步生成依存树。其依存句法分析模型的目标是得到一个能够准确预测下一步转移动作的分类器。基于图的依存句法分析方法将依存句法分析转换为在有向完全图中求解最大生成树的问题，是基于动态规划的一种图搜索算法。

两种方法都需要依赖传统模型依靠人工设计的特征模板提取特征，因此存在明显不足：特征提取过程受限于固定的特征模板，难以获取真正实际有效的特征；特征模板的设计依赖于多领域的知识，只有通过特征工程进行不断的实验选择才能提升准确率；所提取的特征数据稀疏且不完整。

近年来的研究多将深度神经网络（Deep Neural Network，DNN）应用到依存句法分析中，采用分布式词向量作为输入，利用 DNN 根据少量的核心特征（词和词性）自动提取复杂的特征组合，减少了人工参与的特征设计，使依存句法分析在性能上有了较大提升，取得了比传统模型更好的效果。

下面介绍神经网络依存句法分析模型的两种主要方法。

（1）基于转移的神经网络依存句法分析

基于转移的神经网络依存句法分析模型[8]最早由斯坦福大学的研究人员于 2014 年提出。该模型使用低维向量表示词语，同时将词性及依存标注也映射到一个与词向量的维度相同的低维空间，使用前馈神经网络来提取输入特征之间的深层次交互特征，在依存句法分析的每一步，神经网络都会赋予基于转移的依存分析器采取每个动作的概率。研究中，在基于转移的依存分析器 arc-standard 系统中加入了神经网络结构，解决了传统依存句法分析中面临的主要问题，在英汉宾州树库上取得了不错的实验效果。

此后的诸多进展都是在此研究基础上提出的改进，先后尝试采用不同结构的神经网络，同时应用到基于转移和基于图的依存句法分析方法中，使得分析效果进一步得到改善。

目前一种比较热门的研究是由双向长短期记忆网络（Bi-LSTM）导出特征表示用于依存句法分析。该网络能够捕获长距离信息，不需要复杂的模型就能达到理想的依存句法分析性能。在这种情况下，Shi 等人[9]通过将基于转移的依存分析器的动态编程实现与最少的双向 LSTM 功能集相结合，获得了英语和汉语依存解析的最新结果，但其结果仅限于投影分析。Gómez-Rodríguez 等人[10]将该方法扩展到轻度非投影分析，是对基于非投影过渡的依存分析器进行精确解码的首次尝试。

（2）基于图的神经网络依存句法分析

基于图的神经网络依存句法分析方法将依存句法分析问题看成从一个完全有向图中寻找最大生成树的问题。其中结点是句子中的单词，边是单词之间的依存关系。一棵依存树的分值由构成依存树的几种子树的分值累加得到。根据依存树分值中包含的子树的复杂度，基于图的依存句法分析模型可以简单区分为一阶模型和高阶模型。高阶模型可以使用更加复杂的子树特征，因此分析准确率更高，但是解码算法的效率会有所下降。

基于图的神经网络依存句法分析方法通常采用基于动态规划的解码算法，也有研究者采用柱搜索（beam search）来提高效率，在学习特征权重时，通常采用在线训练算法，如平均感知器（averaged perception）。现有的大多数基于图的依存句法分析模型都依赖于数百万量级的人工制定特征，限制了模型的泛化能力，减慢了分析速度。Pei 等人[11]提出了一种通用有效的基于图的依存句法分析的神经网络模型。通过利用新的激活函数 tanh-cube，该模型可以自动学习高阶特征组合，但仍需要大量的原子特征，且需要依赖于高阶分解策略来进一步提高准确性。Wang 等人[12]提出了一种基于 LSTM 的依赖关系分析模型，旨在使用 LSTM 网络捕获更丰富的上下文信息以支持解析决策，而不是采用高阶分解，减轻了 Pei 等人提出方法面临的特征工程的负担。Ji 等人[13]研究了将高阶特征有效融合到基于神经图的依存句法分析中的问题，开发了一种更强大的依存树结点表示形式，使用图神经网络（GNN）学习表示形式，可以简捷高效地捕获高阶信息。该方法在不使用任何外部资源的情况下，在宾州树库 3.0 上取得了最佳表现。

类似于前面介绍的对分词和词性标注的联合模型的研究工作，也产生了将分词、词性标注与依存句法分析的联合模型的研究工作[14,15]。其基本技术路线都是首先利用分词和词性标注等信息，将其转换为向量表示，然后作为输入和辅助信息，用于后续的分析任务。

3.3 篇章分析

3.3.1 概述

篇章（discourse），又可以称为语篇或话语，是由子句（clause）、句子（sentence）、段落（paragraph）等组成单位，通过多种关系组合而成的相对完整的语言整体。胡壮麟[16]指出，"语篇是指任何不完全受句子语法约束的在一定语境下表示完整语义的自然语言"。根据结构，篇章是大于句子的语言单位，当对语言的研究超出了句法所能解释的范畴时，就进入了对篇章的研究范围。也就是说，根据功能，篇章是使用中的语言[17]。由此看来，从语言学角度，能够影响句子形式或意义的句子以外的因素和手段都是篇章语言学的研究内容；从自然语言处理角度，当歧义无法在句子层面排除时，就可能涉及篇章级的处理任务。

1952 年，美国结构主义语言学家 Zellig Harris 在 Language（《语言》）杂志上发表题为 Discourse Analysis（《篇章分析》）的论文，篇章分析这个术语逐渐为人们所熟知。Zellig Harris 虽然提出了篇章分析这一术语，但所研究的并不是篇章的结构和功能，而是形容词与名词的搭配分布，并以此来发现篇章中句子成分的重现情况。后来的学者对篇章分析的含义和范畴也都做过系统或细致的论述[18-22]。本节所讨论的篇章分析，主要沿袭自然语言处理中词法、句法和语义分析的概念范畴和研究方法，将重点集中在可以通过计算机和信息智能处理手段实现的分析问题上。也就是说，篇章分析就是要分解出篇章的各种层次结构及其各组成成分之间的语义关系，从而在整体上理解篇章（内容）。

在介绍篇章分析理论和方法之前，首先引入 Halliday 等人对篇章衔接和连贯的论述，以求更好地理解篇章问题和篇章分析的对象。

3.3.1.1　篇章的衔接

Halliday 和 Hasan 指出，当对篇章中某一成分的解释需要由另一成分支撑，或者说只有另一成分的预示，某一成分才能得到有效、正确的理解时，就发生了衔接[23]。衔接是一种语义关系，可以通过各种语言手段来实现。Halliday 和 Hasan 提出了五种衔接手段：指代（reference）、替换（substitution）、省略（ellipsis）、连接（conjunction）和词汇衔接（lexical cohesion）。

指代指的是为使表达更为简洁或富有变化，用代词等形式表示（称为指代语，anaphora）篇章中提到的某个实体（称为指称对象，entity，也即 referent）。

指代的形式一般包含人称代词指代、指示代词指代、有定描述等，如下面例子所示（加粗表示的指代语指代中括号中标识的指称对象）。

① 人称代词指代：［孔子］在年轻时就有远大的志向，但**他**一生受尽挫折。

② 指示代词指代：[人人都希望过上幸福美好的生活]，**这**本无可厚非。

③ 有定描述：下一步，就是［一致性的协调问题］，**这个问题**不是那么好解决的。

在 Halliday 和 Hasan 的研究中，替换指英语中的少量语言形式，其功能是替代上文中的某些词语，但二者不存在认同的一致关系，例如：

Above is an example. Let's give you another one.

该例是通常所说的 one-anaphora（名词替换的一种），第二句中的 one 替代第一句中的 example，但不指向同一个实体。

省略指某些结构中未出现的词语，可以从语篇的其他小句或句子中找回。Halliday 和 Hasan 把它解释为"零替换（zero substitution）"，代词省略的情况通常被称作"零指代（zero anaphora）"。零指代现象在汉语中非常常见（在下面的例子中，人称代词有两处省略，由 * pro * 代替）：

翠翠明白那些捐钱人的怜悯与同情意思，* pro * 心理酸酸的，* pro * 忙把身子背过去拉船。(沈从文《边城》)

篇章中的连接指相邻小句、句子、句群之间的连接关系，表征句子之间的语义联系。这种联系一般通过连接性词语，如连词、副词或介词和名词短语等来体现。连接发生在何种粒度的篇章成分之间，不同学者有不同的看法，也体现在不同的篇章标注体系中。

胡壮麟指出，词汇衔接指语篇中出现的一部分词汇相互之间存在语义上的联系或重复，或由其他词语替代，或共同出现。只有词汇的相对集中，才能保证语篇的主题和语义场取得统一。具有篇章衔接力的词语，不需要形式上相同，只需语义上相同、相似、相关，甚至互为搭配。

指代、替换、省略、连接和词汇衔接是重要且主要的篇章衔接手段。其中，替换和省略与指代的衔接方式更为接近，处理方法也可相互借鉴；连接和词汇衔接是篇章连贯的一种重要表现形式；词汇衔接虽是篇章连贯的必要条件，但与连接相比，更侧重从意图（intention）角度诠释篇章的连贯。

3.3.1.2 篇章的连贯

整体上，篇章的连贯可以看作文字片段之所以是篇章而不是非篇章的标志。它与词汇衔接的关系基本上有以下几点：

① 一个连贯的有意义的篇章通常体现了某种程度的词汇衔接，从而使说话人在交际过程中所要表达的意图贯穿整个篇章；

② 有时语言表层的衔接或衔接手段的实现，并不能获得一个连贯的篇章；

③ 一个连贯篇章的词汇衔接关系反而可能没有那么明显。

例如，

① 国防部新增一位发言人。言论自由是一种基本人权。几年后，他的生活又基本上恢复了原来的样子。蜡梅原来不是梅花。

② A：How did you like the performance?

  B：It was a nice theatre.

上面例句的第 1 个通过词"发言人"–"言论"–"基本"–"基本"–"原来"–"原来"实现了 4 个句子在一定程度上的词汇衔接，但整个篇章意义并不连贯。第 2 个例句中，B 的回答虽然看似答非所问，但 A 能明白 B 明褒实贬的用意。可见，连贯更像是衔接与听话人的语用知识、听/说话人的共同基础和语境信息共同作用下的一个结果。

以上理论说明，连贯不仅包括篇章内在语言上的连贯（interiorly），而且包括与外界在语义上和语用上的连贯（exteriorly）[24]。篇章内在语言上的连贯又表现为两种方式：一种是形式上的，由连接词来表达的句子、子句及其他语言单位之间的连贯关系，被称为显式的（explicit）连贯，表现为显式的篇章关系（discourse relation）（上面例句中的第 1 个）。五种衔接手段之一的连接，体现的就是这种篇章关系。另一种是隐含的，没有显式的连接词来表达语言单位之间的连贯关系，被称为隐式的（implicit）连贯，表现为隐式的篇章关系（下面例句中的第 2 个）。

① a：尽管房改的步伐在加快。

　　b：但福利分房的老办法仍未突破。

② a：I took my umbrella this morning.

　　b：The forecast was rain in the afternoon.

篇章连贯性涉及的语言学知识较多，研究层次也比较深。由抽象出来的篇章关系分析，即显式或隐式篇章关系的判别，成为篇章分析的一个重要研究内容。

3.3.2　篇章分析相关理论及标注语料库

篇章语言学在 50 多年的发展过程中，出现了系统功能语言学、语类分析理论、批评语篇分析理论、评价理论、多模态语篇分析等多种语言学理论。其中一些理论具有较高的形式化程度，被用来指导篇章级语料的标注并进一步用于自动的篇章分析。本节将介绍部分此类篇章理论及相应的标注语料库。

3.3.2.1　中心理论

中心理论（centering theory）由 Grosz 和 Sidner 于 1986 年提出[25]。他们通过模型化篇章的关注中心（attention center）来研究篇章的意图。关注中心通常表现为由实体表示的篇章谈论的主体，包括三种，即回看中心（backward-looking center）、前看中心（forward-looking center）和优先中心（preferred center）。中心理论为篇章谈论中心的过渡规律建立规则模型，成为一种篇章衔接研究特别是指代消解的实用化方法。

中心理论通过代词对实体的指代及二者的衔接描述了篇章的局部连贯问题，并不能直接刻画全局连贯问题，对中心转移约束条件的使用也存在一定的制约。另外，中心理论对汉语这样频繁使用零指代的语言很难操作。即使是这样，中心理论依然是最重要的篇章指代理论，刻画了篇章中的代词指代结构。基于这一理论，可以利用各类中心的转移规则实现指代消解。

指代问题在实际篇章文本中的表现形式较为简单，可操作性强，是较早基于标注语料库开展统计学习研究的篇章分析问题之一。下面介绍主要的指代消解语料资源。

指代消解语料资源

文本理解会议（Message Understanding Conference，MUC）和自动内容抽取会议（Automatic Content Extraction，ACE）都曾将指代消解作为其主要评测任务之一。这些评测不仅推动了指代消解研究，而且由其所提供的评测语料也成为相当长一段时间内开展指代消解研究不可或缺的宝贵资源。

从 2011 年开始，自然语言学习会议（CoNLL）连续两年将指代消解作为评测任务，进一步推动了指代消解及其相关研究工作。特别是 2012 年的多语指代消解任务，其数据来自最新发布的 OntoNote v5.0①，不仅突破了单一实体类型共指的限制，而且将评测语种扩展到了英语、汉语和阿拉伯语三种语言。

OntoNotes 项目旨在构建一个跨领域的、涵盖多种体裁（新闻、电话会话、博客、新闻组、广播、脱口秀等）的大规模语料库。该语料在英语、汉语和阿拉伯语上标注了句法信息和浅层语义信息，除实体共指外，还标注了事件共指信息。与 MUC、ACE 等语料相比，OntoNotes 语料库规模更大，领域更广，而且对事件指代所需要的动词做了详细标注。自 2012 年以后，指代消解特别是事件指代消解的研究多以 OntoNotes 为实验数据和评价基准。

3.3.2.2 修辞结构理论及 RST-DT

修辞结构理论（Rhetorical Structure Theory，RST）由 Mann 和 Thompson 等人于 1986—1987 年提出[26,27]，是对篇章语言学研究特别是篇章结构分析影响最大的理论之一。

简单讲，修辞结构理论认为文本可以看作由一组修辞上关联的关系组成，每个修辞关系通常由一个中心（nucleus）结构和一个或多个辅助（satellite）结构组成。这些结构被称为结构段（text span）。每个结构段由一个或若干个篇章单元（Elementary Discourse Unit，EDU）组成。这里的篇章单元通常是一个小句。每个关系中的中心不可少，但辅助部分全部可选。图 3-13 显示的是由图式表示一个修辞结构[28]，也称修辞结构树。树的最上层体现的就是由小句 1~3 组成的 span1 对由小句 4~7 组成的 span2 构成的背景修饰关系。

修辞结构理论所定义的篇章修辞结构是一种可操作性非常强的篇章结构描述形式，便于作为一种篇章标注理论并形成可计算的大规模语料库，为计算机进行篇章结构分析提供框架和依据。

---

① 参见 https://catalog.ldc.upenn.edu/LDC2013T19。

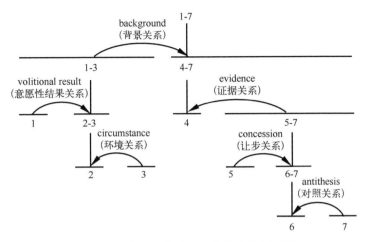

图 3-13　由图示表示一个修辞结构树示例

RST 篇章树库（RST Discourse TreeBank，RST-DT）

基于 RST，有研究者选用宾州树库（Penn TreeBank，PTB）[29]中华尔街日报（Wall Street Journal，WSJ）上的文章，以小句为 EDU 构建二叉修辞结构树，完成了 385 篇文章的标注，于 2002 年公布后①供学术团体使用。

在 RST 中，小句（clause）被认为是 EDU，不管其是否有语法或词汇标注。在对 RST-DT 的标注实施中，规定主语或宾语的从句不属于 EDU；所有词汇或用于句法标注的起状语作用的小句都属于 EDU，包括起状语作用的非谓语动词词组。RST-DT 共包含 53 种单核（mononuclear）关系和 25 种多核（multinuclear）关系。所有的 78 种关系类型可归为 16 类更高层次的逻辑关系。

在 RST-DT 所标注的 385 篇财经文档中，347 篇被划分为训练集，38 篇被划分为测试集。标注者在整个语料中划分出 21 789 个 EDU，平均每篇文档57 个。EDU 的平均长度为 8.1 个词。

3.3.2.3　篇章词汇化邻接语法及 PDTB

对近几年篇章分析的研究起巨大推动作用的，当属 Rashmi Prasad 等人在PDTB（Penn Discourse TreeBank，宾州篇章树库）中所做的工作。PDTB 的目标是开发一个标注了篇章结构信息的大规模语料库。其标注模式是在早期篇

---

①　参见 https://catalog.ldc.upenn.edu/LDC2002T07。

章词汇化树邻接语法（Discourse Lexicalized Tree - Adjoining Grammar，D - LTAG）[30,31,32]的基础上建立起来的。

D-LTAG 是传统的词汇化树邻接语法（LTAG）在篇章层面的扩展。LTAG 以词汇化的句法结构树为基本元素来组织语言知识，描述句子结构。其描述体系及操作方式能够引入更丰富的上下文语境，比上下文无关文法有更强的约束能力，可降低结构推导的复杂度，并排除部分不合法现象。LTAG 的形式化体系包括两种基本树（初始树和辅助树）和两种操作（替换和插接）。D-LTAG 借用该体系，将 LTAG 中的词汇锚点替换为篇章连接词，将部分辅助树替换为初始树来描述篇章结构。

基于 D-LTAG 以篇章连接词为锚点的树结构描述方式，Bonnie Webber 等人提出了类似语义角色标注中谓词-论元（predicate-argument）结构的浅层篇章结构标注体系：将连接词看作二元篇章关系中的谓词，将篇章关系最终表示为由连接词连接的两个"论元"之间的关系，标注在按关系分离开的原始句子上。连接词的语义及其他一些属性以特征形式标注。PDTB 的 2.0 版本于2008 年发布①，最终标注了 40 600 个篇章关系，其中 85% 为显式关系和隐式关系：45.5% 为显式关系，39.5% 为隐式关系。除显式关系和隐式关系外，由词汇衔接构成的连贯关系（alternative lexicalization，简称为 AltLex）和对实体的进一步解释构成的衔接关系（entity relation，简称为 EntRel）也有体现。隐式关系和 AltLex、EntRel 关系统称为非显式关系。

PDTB 是目前规模最大的英语篇章结构语料库，虽以 D-LTAG 为研究基础，但最终的标注模式却是与理论无关的，适用于各种理论所指导的篇章结构计算方法，迎合了目前使用数据驱动的机器学习方法进行篇章分析的需求。

3.3.3 篇章分析方法

本节重点介绍针对指代结构和逻辑语义结构的篇章分析方法，包括指代消解方法、RST 模式下篇章分析方法和 PDTB 模式下篇章分析方法。

3.3.3.1 指代消解方法

指代消解简单地讲是将代词与其先行词，即其所指代的篇章实体绑定的过程，是篇章衔接性研究的关键问题，也是最早开展计算机处理的篇章分析

---

① 参见 https://catalog.ldc.upenn.edu/LDC2008T05。

问题之一。

在多种篇章理论指导下，早期指代消解多采用规则的方法，例如基于中心理论等设计约束规则以选择符合约束的先行词作为消解的结果。随着大规模标注语料的构建和普及，指代消解越来越倾向于用统计学习的方法来解决，即转化为一个分类问题。文献[33，34]等对统计指代消解方法进行了概括性的描述，可供读者参考。除二分类方法外，聚类和基于图模型的全局优化方法也用来进行指代消解，特别是事件指代消歧。结构化信息、语义信息的有效挖掘，指称项特别是事件指称项的识别，正负样本不平衡，篇章信息运用及全局优化能力均是制约指代消解系统性能的主要因素。

针对这些问题，近年来出现了一批新的指代消解方法。

Fernandes 等人[35]希望全局优化共指集合，并指出直接在集合上优化是一个 NP-hard 问题，提出了共指树的概念，作为一种潜在结构（latent structure）来表示一个共指集合：树上的结点表示指称项，边表示两个指称项的共指关系，将优化目标变成打分最高的共指树的预测问题，利用大间隔结构感知机算法求解。同样利用潜在结构，文献[36]提出 L3M 模型，将文本中所有指称项都指向左边分数最高的先行语来训练模型；文献[37]构造图模型，统一描述指称对的潜在共指结构，并利用线性判别模型求解。

经典共指消解方法可判断两个指称项之间是否存在共指关系，这种方法只是利用了指称项与指称项之间的特征信息，其结论并不具有传递性。Björkelund 和 Farkas[38]设计了一个新颖的求解器 AMP，可将指称项和其前面已预测出来的共指集合进行比较，指称项和共指集合之间的打分是该指称项和共指集合中的所有指称项分值的几何平均。Durrett 等人[39]设计了一个端到端的判别式模型，可以利用实体级别的信息进行高效的共指推测，将共指集合中指称项的某些特征拼接起来作为集合特征，即实体级别信息。Clark 和 Manning[40,41]利用实体级信息构建 entity-centric 模型（指向同一实体的集合才能合并），搭建 mention-pair 和 cluster-pair 之间的桥梁。这一桥梁在文献[41]中是以表示学习来完成的。

指代消解特别是共指消解任务的主要目的是将篇章文本中指向同一个篇章实体的指称项及代词聚合在一起，形成指代链。纵观指代消解方法的演变，基本上是一个从 mention-mention（指称-指称）到 mention-cluster（指称-簇）再到 cluster-cluster（簇-簇）建模的过程，从局部到全局糅合多种特征、约束及优化算法，进而引入表示学习，以提升消解的准确率。借助深度学习来实现指称项和共指集合的表示，以挖掘更有效的特征和更深层次的语义，是目前指代消解的研究热点之一。

3.3.3.2　RST 模式下篇章分析方法

RST 的关系性和层次性使其标注形式——修辞结构树呈现出类似句法树的构造形态。因此，在 RST 模式下，篇章结构分析问题可看作句法结构分析问题，并借用句法结构分析方法来预测篇章结构。

文献[42]和文献[43]分别将基于转移的（Transition Based）句法分析模型和基于最大生成树（Maximum Spanning Tree，MST）的句法分析模型用于 RST 结构的推导。其中，文献[43]还利用 MST 句法分析方法能够处理非投射（non-projective）结构的特点来解决 RST 结构中的"非投射"现象。

Joty 等人[44]认为，RST 结构中句内（intra-sentential）和句间/多句间（multi-sentential）逻辑关系的分布是不一样的，用于关系分类的有效特征也不完全一致。他们分别对句内和句间关系建立独立的基于动态条件随机场（Dynamic Conditional Random Field，DCRF）的标注模型。

RST 模式下的篇章结构分析除了对完整篇章结构树进行规划，还要具体落实到每两个 EDU 之间的逻辑关系，就是一个单纯的分类或标注问题，与 PDTB 模式下的关系判别没有本质上的区别。Ji 和 Eisenstein 认为[42]，仅用表层的和句法的特征不足以捕捉到文本本质上的语义差别，特别是在当前标注语料相对匮乏的情况下。他们在每一个特定转换状态下进行篇章关系判别时均采用表示学习——将表层特征映射为更适合篇章结构预测的向量表示。

3.3.3.3　PDTB 模式下篇章分析方法

PDTB 模式下篇章分析方法主要集中在逻辑语义关系的推断上。文献[45]给出了一个完整的 PDTB 模式下篇章分析流程：连接词识别→论元位置识别→论元边界识别→显式关系分类→非显式关系分类→属性标注。与篇章分析相关的是显式关系分析（包括连接词识别、论元位置识别和论元边界识别及关系分类）和非显式关系分析（包括隐式篇章关系和 AltLex、EntRel 关系的分类）两大任务。其中，隐式篇章关系分析是典型的深层次的语义分类问题，是篇章分析研究的难点和热点。下面将重点介绍概率统计方法和深度神经网络方法。

（1）概率统计方法

Pitler 等人[46]首次专门针对 PDTB 模式下的隐式篇章关系进行分类，提取句子中的情感词极性、动词短语、句子首尾单词等特征，最终的结论显示，论元之间的词汇共现，也就是词对特征对于隐式篇章关系分类精度有较为显著的提升。文献[47，48]将视角由词法特征转向句法结构：前者细化上下文、句法树和依存树，对隐式关系的 Type 层进行分类，并最终达到了 40.2%的准确率；后者基于树核函数的方法来扩充句法结构特征。与此同时，Zhou 等人[49]更是将统计语言模型应用于隐式论元对间的连接词预测，使用三元语法模型预测共现概率最高的显式连接词，利用多种语言学特征并辅以预测的连接词特征推理隐式篇章关系类别。

篇章包含的语言现象和语言知识复杂，这一阶段的隐式篇章关系识别工作，几乎都是从如何挖掘更有效的特征入手的。但因为标注语料的匮乏，所以最终的判别效果仍不尽如人意。

半监督学习方法缓解了无监督学习预测正确率不高及有监督学习语料匮乏两方面问题，成为隐式篇章关系分析的主流方法之一。此外，研究者将其他领域和任务的相关解决方法引入隐式篇章关系分类，并提出了更多的解决思路。譬如文献[50]结合文本分类方法优化论元特征，将原有的高维语言学特征聚合为低维篇章连接词特征，缓和了数据稀疏所带来的影响。文献[51]将待分析篇章结构化为隐马尔可夫模型，利用篇章关系间可能存在的关系转移，提升隐式篇章关系分类的正确率。

显式篇章关系的存在给隐式篇章关系分析带来了另一种可能的解决途径。2012 年，Hong 等人[52]利用文本的相似性，在大规模未标注语料中寻找与待分析隐式篇章关系相似的显式篇章关系文本，并利用该文本中的显式连接词推断篇章关系作为隐式篇章分析的结论。另一项值得一提的工作是 Lan 等人[53]使用的多任务学习（multi-task learning）框架。虽然在通过剔除显式连接词构造的隐式篇章关系伪数据上训练的判别模型不能很好地适应真实数据，但在显式篇章关系文本中仍然有可为隐式篇章分析所利用的信息：在很多情况下，无论存在不存在连接词，它们都表达了相似的意思，利用多任务学习，将隐式篇章关系分类作为主任务，显式篇章关系分类作为辅助任务，学习二者之间相似的部分，忽略不相似的部分。最终，隐式篇章关系分析精度比仅使用 PDTB 隐式篇章关系标注语料的分析精度在二分类实验上高出 3%~9%。

隐式篇章关系分析的性能远不如人意的另一方面原因，是文本表层特征难以正确估计隐式篇章关系的分布，无法有效表征深层语义。深度学习模型具有强大的特征选择和复杂模型的建模能力，让研究者不得不对利用深度神经网络解决诸如篇章结构理解类语义问题充满希望。

（2）深度神经网络方法

针对隐式篇章关系分析这样饱受数据稀疏问题困扰的任务，首当其冲是采用低维（稠密）词向量表示。Brown[54]词聚类表示方法首先被用于隐式篇章关系的判别。Braud 和 Denis[55]细致比较了不同词向量表示方法及构成词对特征时词向量间不同组合方式在隐式篇章关系分析中的性能差异，指出：先进行一定的词向量表示学习获得低维词向量，再构造特征进行传统的隐式篇章关系判别，能够获得更好的判别性能，甚至能够涵盖其他语义、句法特征所能表达的有用信息。在语言分析、机器翻译等任务中，比词粒度更小的字/字母（character）信息常被用来缓解词汇稀疏、引入形态特征等。隐式篇章关系分析同样可以进行字母级编码，并与通用词汇一起构成输入表示，通过形态信息能够更准确地进行语义理解[56]。同样是关注词汇的表示学习，Braud 和 Denis[57]假设词汇在"修辞"上下文中将拥有"修辞"语义（rhetorical meanings），并以篇章连接词表征该"修辞"上下文，学习与任务（篇章关系分析）相关的词向量表示。

相比简单升级词汇级特征，更高级的方法是整体采用深度神经网络对隐式篇章关系判别建模。2016 年，CoNLL 会议的共享任务（Shared Task）评测结果显示，基于卷积神经网络（Convolutional Neural Network，CNN）和循环神经网络（Recurrent Neural Network，RNN）的端到端隐式篇章分析方法明显优于基于特征工程的其他分析方法[58]。其模型结构如图 3-14 所示，利用 CNN 或 RNN 分别对论元进行表示学习，获得的论元表示经拼接后送入输出层。

更进一步，隐式篇章关系判别作为双序列分类问题，很多工作是考虑其表示学习过程中两个论元间的语义相互作用（interaction）。例如，Chen 等人[59]首先将论元的词汇表示用 GRN（Gated Relevance Network，是一种合成函数，把线性组合和非线性组合通过一个门函数组合起来，从而更有效地表征语义信息）进行组合，得到表征词与词之间关系的关系矩阵，然后使用池化得到一个向量，把该向量输入多层感知机得到分类标签。此外，为了根据上下文信息获得更准确的词汇表示，构造 LSTM 为输入句子建模。

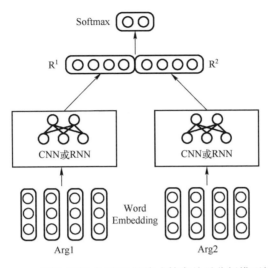

图 3-14　基于 CNN 或 RNN 的隐式篇章关系分析模型结构

注意力（attention）模型是近年来自然语言处理领域的重要研究成果之一，可帮助模型在生成表示时关注更重要的成分。对于隐式篇章关系分析，注意力机制可以用来聚焦对关系判别更为关键的文本内容。Lan 等人[60]将提取的每个论元的状态信息输入另一个论元作为注意力信息，实现论元语义的交互。更复杂的，Liu 和 Li[61]提出重复阅读（repeated reading）策略——第一次阅读（表示学习）获得论元的通用语义，后继多次阅读（表示学习）以对关键内容实施关注。

在深度学习范式下，隐式篇章关系分析的半监督、无监督方法进一步得到发扬光大[60,62,63]。关注最多的依然是多任务学习框架。为了充分利用现有标注数据，文献[62]综合 RST-DT、PDTB、NYT Corpus 三个语料上的四种篇章关系分析任务构成多任务框架，利用 CNN 学习任务相关的文本表示和多任务共享的文本表示。相比英语，作为意合语言的汉语在篇章组织时较少地使用表示连接的连词或副词。因此，汉语端的隐式篇章关系在对照的英语文本中可能是显式篇章关系。考虑到这一点，文献[63]将对照获得的英语显式连接词作为汉语隐式篇章关系的伪标注，并把这一"汉语""显式"关系分类作为辅助任务与主任务——汉语隐式篇章关系分类构成多任务学习框架。文献[60]不仅在单个任务论元表示层实现状态的交互，在多个任务之间也设计了交互机制，除了参数和隐层的共享，创新性地提出了基于 Sigmoid 函数的

"表示"共享。该机制相当于学习一个"门"来决定不同任务间信息（学习到的表示）交互的量。

基于深度神经网络的隐式篇章关系分析方法还有两项工作非常有特点，值得借鉴。

（1）Ji 等人[64]提出一种引入隐变量的 RNN 语言模型，把两个论元之间的篇章关系作为隐变量，用于预测后一个论元内的词语出现概率，在训练语言模型的同时可以得到一个篇章关系预测模型，通过将概率图模型和深度神经网络相结合获得的联合模型，一方面可以基于文本表示推断篇章关系，另一方面在文本生成时可以考虑相邻句子间的逻辑语义关系，在一定程度上实现篇章级生成。

（2）PDTB 在标注隐式篇章关系类型的同时会指派一个能表达当前隐式篇章关系的连接词作为虚拟连接词。为了利用这一信息，Qin 等人[65]设计对抗机制，建立判别器，尽可能区分原始论元表示（arguments representation）和带有虚拟连接词的论元表示（connective-augmented representation），同时训练分类器和表示学习模型尽可能正确分类，并且让原始论元表示尽量接近带有虚拟连接词的论元表示，最终提升特征表示的有效性和分类的正确率。

综上所述，与其他语言分析任务类似，对篇章分析的概率统计模型，研究者在高区分度特征的发掘上下了很大功夫，而深度神经网络模型恰恰在对特征的自动抽取和表示学习方面具有优势，因此成为更适合篇章关系，特别是隐式篇章关系判别的方法。这一点从分析精度的大幅提升便可以看出。作为双序列分类问题，篇章关系分析更应注重两个论元文本之间语义的相互作用，可以设计更精巧有效的网络结构。另外，由于篇章结构主要体现为篇章单元之间的逻辑关系，因此可以将擅长推理的逻辑符号系统、能够对随机变量灵活建模和推导的概率图模型与深度学习技术深入结合。

3.4 语义分析

3.4.1 概述

语义分析（Semantic Analysis）指运用各种技术手段，如机器学习方法，学习与理解一段文本所表示的语义"含义"。根据理解对象的语言单位不同，语义分析又可进一步分解为词汇级语义分析、句子级语义分析及篇章级语义分析。一般来说，词汇级语义分析关注的是如何获取或区别单词的语义；句子级语义分析试图分析整个句子所表达的语义；篇章级语义分析旨在研究自然语言文本的内在结构，并理解文本单元（可以是句子、从句或段落）间的语义关系。语义分析的目标是通过建立有效的模型和系统，实现各个语言单位（包括词汇、句子和篇章等）的自动语义分析，从而实现理解整个文本所表达的真实语义。

开展语义分析研究具有重要的理论和应用意义。从理论上讲，语义分析涉及语言学、计算语言学、认知智能、机器学习等多个学科，是一个典型的多学科交叉研究课题，开展这项研究有利于推动相关学科的发展，揭示人脑实现语言理解的奥秘。

在应用层面，语义分析一直是自然语言处理的核心问题，有助于促进机器翻译、语义搜索、自动文摘等其他自然语言处理任务的快速发展。语义分析同时还是实现大数据的理解与价值发现的有效手段。大数据为语义分析的发展提供了契机，离开语义分析，基于大数据的信息获取、挖掘、分析和决策等其他应用都将变得"步履维艰"。

目前，语义分析技术尚不完善，特别是句子级语义分析和篇章级语义分析，仍面临很多具体的问题和困难。本节将分别从词汇级语义分析、句子级语义分析和篇章级语义分析三个层次对传统语义分析技术进行回顾，并集中介绍目前比较流行的神经网络模型在语义分析中的研究进展，以及全球范围内语义分析的主要评测任务，最后对语义分析的未来发展趋势进行展望。

3.4.2 词汇级语义分析

词汇层面上的语义分析主要体现在如何理解词汇的含义，主要包含两个方面：词义消歧、词义表示和学习。

3.4.2.1 词义消歧

在自然语言中，一个词具有两种或更多含义的现象非常普遍。在"信息爆炸"的互联网时代，词汇的歧义问题尤为严重。如何确定一个多义词在特定自然语言上下文中的确切意义是一项重要的工作，这个工作的过程称为词义消歧（Word Sense Disambiguation，WSD）。词义消歧是自然语言处理的基础步骤，其性能的优劣往往直接影响真实语言场景下智能处理应用的水平，其技术的发展也极大地促进了机器翻译、信息检索等相关领域的发展。

20 世纪 50 年代，在探讨机器翻译的研究中，将词义消歧形式化为一个可计算的问题，"词义消歧"的概念首次被提出。到了 20 世纪 60 年代初，学者们开始利用人工智能的方法解决词义消歧问题，主要采用的方法包括基于语义网络的方法、基于实例的方法和启发式推理等。随着字典等机器可读资源的出现，从字典中自动抽取消歧知识的词义消歧方法被广泛使用。20 世纪 90 年代之后，基于语料库的有监督/半监督/无监督消歧方法占据主流。下面简要介绍几类词义消歧的方法。

（1）基于词典的词义消歧方法

顾名思义，基于词典的词义消歧通常需要（语义）机器可读词典的支持，词典中描述了词语的各种不同义项。Lesk[66]首次提出了利用词典进行词义消歧的方法。其基本思路是，对于给定的某个待消歧词及其上下文，计算词典中各个词义的定义与上下文之间的重复度，选择重复度最大义项作为待消歧词的正确词义，在特定词语上能获得 70% 的消歧准确率。但是由于词典中词义的定义往往是由语言学家总结归纳产生的，经常会出现现有义项与实际复杂语言场景不吻合的情况，即不存在某个歧义词的定义。因此，这种方法受限于字典的词条覆盖率。单纯依赖词典信息无法获取高质量的、稳定的消歧性能。在后期的一些研究中，词典中不仅包含词语的不同义项描述，同时也包含某种语言学搭配规则（类比关系、共现关系等），来限制特定上下文中歧义词词义的选择。由于这类方法具有数据稀疏等问题，因此逐渐被后来的技术方法所取代。

（2）有监督词义消歧方法

有监督词义消歧方法根据已标注实例的语料库来获取词义的特征属性，利用不同的机器学习方法生成分类器或分类规则对新实例进行词义判定。有监督词义消歧方法需要借助大规模的人工标注语料，通过词义标注语料来建立消歧模型，把词义消歧任务看作一个分类任务，判断词义所属分类。有监督词义消歧方法属于基于语料库的消歧方法，其研究的重点在于获取词义的特征属性。常见的特征包括：词汇特征，即待消歧词上下文（窗口）内出现的词及其词性等；句法特征，即待消歧词所在上下文的句法关系特征（动宾关系、是否带主/宾语、主/宾语组块类型、主/宾语中心词等）；语义特征，即句法关系基础上的语义类特征（如主/宾语中心词的语义类）或浅层语义角色标注信息等。

常见的有监督词义消歧方法包括基于最大熵的词义消歧方法、基于决策树的词义消歧方法、基于贝叶斯分类器的词义消歧方法以及基于支持向量机的词义消歧方法等。有监督词义消歧方法虽然可以借助高质量的大规模语料（知识）库取得较好的消歧性能，但语料库标注的人工成本很高。

（3）无监督/半监督词义消歧方法

为了避免对大规模语料的依赖，无监督/半监督词义消歧方法仅借助少量人工标注语料，甚至完全不使用人工标注语料。无监督词义消歧方法直接从原始数据集中获取词义的相关特征，从而对新实例进行词义判定。无监督词义消歧方法仅从未标注实例的语料库中自动获取词义判别知识（也被称作词义判别，即 word sense discrimination）。无监督词义消歧方法需要利用字典知识库，才能将判别出来的词义聚类，映射到字典中歧义词的词义上，完成词义消歧。例如，Yarowsky[67]仅基于少量人工标注语料将自学习（self-training）算法应用到词义消歧研究中，基于词的不同歧义往往也体现在句法搭配上的差异这一语言学假设，通过计算"语义优选强度"和"选择关联度"，对小规模标注语料进行反复迭代，并对未标注语料进行分类，将高置信度的语料加入标注语料库中，先在大规模语料中自动获取句法结构的语义优选，然后进行词义消歧。常见的无监督词义消歧方法还有基于上下文聚类的方法、基于共现图的词义判别方法等。

半监督词义消歧方法所利用的训练语料规模介于有监督和无监督的方法之间，在一定程度上缓解了训练语料不足的困境。常见的半监督词义消歧方法有基于自举的词义消歧方法、基于类别传播的词义消歧方法等。

3.4.2.2　词义表示和学习

目前，自然语言处理领域表示词义的常用方法包括 one-hot 方法和词向量（Wording Embedding）方法等。有关词义表示和学习的介绍已在第 2 章"词向量"部分进行过详细论述，此处不再赘述。

3.4.3　句子级语义分析

句子级语义分析是指通过句子的句法结构和句中所包含的词语的词义等

信息，推导出反映句子含义的某种形式化表示，一般可以进一步分为浅层语义分析和深层语义分析。

3.4.3.1 浅层语义分析

在目前的研究中，浅层语义分析主要围绕句子中的谓词，为每个谓词找到相应的语义角色。语义角色标注（Semantic Role Labeling，SRL）是一种浅层语义分析方法，以句子为单位，不对句子所包含的语义信息进行深入分析，只是分析句子的"谓词（Predicate）-论元（Argument）"结构，其理论基础源自 Fillmore 提出的格语法[68]。谓词用于指出"做什么"、"是什么"或"怎么样；论元是与谓词进行搭配的名词。语义角色是指论元在动词所指事件中担任的角色类别，如施事者（Agent）、受事者（Patient）、客体（Theme）、受益者（Beneficiary）、工具（Instrument）、处所（Location）、目标（Goal）和来源（Source）等。一个论元结构中可以有多少论元以及可以有什么样的论元，均是由谓词的语义性质决定的。对于一个给定句子，语义角色分析的主要任务是找到该句中给定谓词相应核心语义角色（施事者、受事者等）和附属语义角色（时间、地点等）。

下面句子中标注了谓词与施事者、受事者、时间、处所等论元的语义角色属性。

[库克]$_{Agent}$ [上午]$_{Time}$ 在 [乔布斯剧院]$_{Location}$ [发布]$_{Predicate}$ 了 [新的手机产品]$_{Patient}$。

目前，语义角色标注方法对于句子中给定的谓词，寻找论元及确定相应论元角色的处理一般都是基于句法分析的结果。完全句法分析需要确定句子中包含的全部句法信息及句中各成分间的确定关系，是一个极具挑战性的难题。目前完全句法分析的准确率并不高。一个降低问题复杂度的折中方案是进行部分句法分析（Partial Parsing），仅识别给定句子中诸如动词短语结构等相对简单的独立成分。

以宾州树库为例，语义角色标注的每一个论元都对应于句法树上的某个结点；句法分析包括短语结构分析、浅层句法分析和依存关系分析，相应的语义角色标注往往与句法分析相关，基本流程包括以下主要步骤：

（1）角色剪枝（候选论元剪枝）：这个步骤的目的是通过制定启发式规则，剔除不可能充当角色的候选论元项。

（2）论元识别：在角色剪枝的基础上，通过二元分类器，识别其是否为给定谓词的语义角色。

（3）论元角色分类：对属于语义角色的那些成分，通过多元分类器，判别其角色类别。

需要注意的一点是，如果角色标注系统不是借助已有的句法分析结果，那么就需要先完成构建句法树（比如通过依存句法分析先得到的一棵句法树）和识别给定谓词候选论元这两个步骤，才能进行上述角色剪枝等操作。一些语义角色标注系统还会在得到了语义角色标签的后处理阶段，进行重复语义角色论元删除等操作。

语义角色标注往往是基于句法分析的结果，因此其性能严重依赖于句法分析的质量，句法分析阶段的细微错误在语义角色标注阶段都会被放大，产生严重错误。另外，领域依赖也是语义角色标注的一个技术挑战。常用的语义角色标注资源包括：英文的 FrameNet[①] 和 PropBank[②]、中文的 Chinese Proposition Bank（CPB）[③] 等。

3.4.3.2　深层语义分析

深层语义分析（Semantic Parsing）不是以谓词为中心，而是将整个句子转化为某种形式化表达，如谓词逻辑表达式（如 lambda 演算表达式）、基于依存的组合式语义表达式（Dependency-based Compositional Semantic Representation）等。

语义的表示形式具有多样性，根据语义表示所使用的不同资源类型，语义分析方法分为以下三类：

① 基于知识库的语义分析：仅利用知识库（如 DBpedia、Freebase、Yoga 等）资源，没有人工标注的语义分析语料。

② 有监督语义分析：需要人工标注的语义分析语料支持。在人工标注的语义分析语料中，为每个自然语言句子人工标注了其语义表达式。

③ 半监督或无监督语义分析：不使用人工标注的语义分析语料，对于知识库的利用也仅限于实体名/关系名等，不利用知识库中记录的事实信息。

近几年来，基于图结构的句法分析开始出现并日益流行。主要的基于图结构的句法分析有布拉格语义依存树（Prague Semantic Dependencies，PSD）、

---

① 参见 http://framenet.icsi.berkeley.edu/。

② 参见 https://github.com/propbank/propbank-release。

③ 参见 http://verbs.colorado.edu/chinese/cpb/。

基本依存结构（Elementary Dependency Structures，EDS）、通用概念认知标注（Universal Conceptual Cognitive Annotation，UCCA）、抽象语义表示（Abstract Meaning Representation，AMR）等。前三种表示方法示意图分别如图 3–15 ~ 图 3–17 所示。

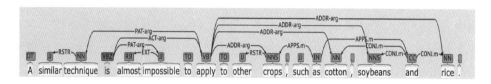

图 3–15　PSD 示意图

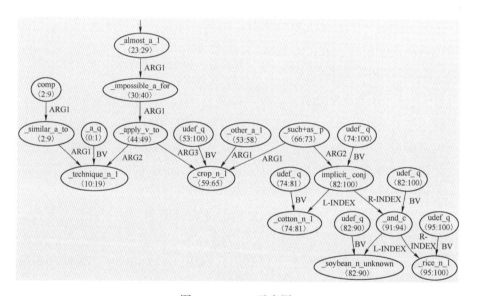

图 3–16　EDS 示意图

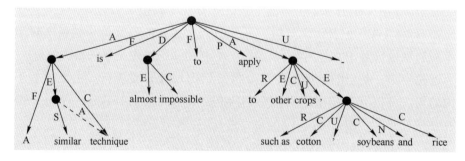

图 3–17　UCCA 示意图

下面以 AMR 为例，简要介绍图结构语义分析表示方法。

AMR（抽象语义表示）是一种新型的句子语义表示方式，由美国宾夕法尼亚大学的语言数据联盟（LDC）、南加州大学、科罗拉多大学等科研机构的多位学者共同提出[69]。与传统的基于树的句子语义表示方法不同，AMR 使用单根有向无环图来表示一个句子的语义。在这个语义图中，句子中的实词抽象为概念结点，实词间的关系抽象为带有语义关系标签的有向弧，同时忽略虚词和形态变化体现的较虚的语义。

图 3-18 是一个英文例句 He tries to affect a British accent. 的 AMR 示意图。

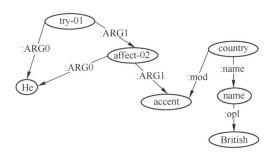

图 3-18　一个英文例句的 AMR 示意图

这种表示方法相比树结构具有较大的优势：第一，单根结构保持了句子的树状主干；第二，有向无环图使用图结构可以较好地描写一个名词由多个谓词支配所形成的论元共享（argument sharing）等现象；第三，AMR 还允许补充句子中隐含或省略的成分，以还原出较为完整的句子语义[70]。

AMR 理论的优势引起了研究者的广泛关注。研究者基于 AMR 理论构建了英语数据资源，如 LDC 发布了多个 AMR 语料库，包括英文版 The Little Prince（小王子），并支持相关的评测活动。根据汉语特点，国内研究人员提出了中文 AMR 的表示方法和标注规范，构建了中文 AMR 语料库，研究了汉语复句等语言学现象，产生了比较重要的影响[71]。

相比其他自然语言处理技术，语义理解与分析一直是尚未解决的难题之一。深层语义分析目前主要面临如下两个关键挑战。

（1）普通文本到实体/关系谓词之间的映射。自然语言的一个主要特点在于其表达形式的丰富多样性，对同样的表达意思（如某个语义表达式），可以使用不同的语言来表达。如何建立普通文本到实体/关系谓词之间的映射是一个关键问题。

（2）面向开放领域的语义分析。受标注语料的限制，目前的很多语义分析研究都限于某一特定领域。随着面向开放领域知识库的构建和完善，如Freebase等，人工大规模标注涉及各领域的语义表达式显得费时费力，因此需要探索基于半监督或无监督的语义分析研究。

3.4.4 篇章级语义分析

篇章级语义分析是超越单个句子范围的分析，包括句子（语段）之间的关系及关系类型的划分、段落之间的关系判断、跨越单个句子的词与词之间的关系分析、话题的继承与变迁、指代消解等。

关于篇章级语义分析的具体细节，请阅读 3.3 节的有关内容，在此不再赘述。

3.4.5 基于神经网络模型的语义分析

随着深度学习在自然语言处理领域的应用，基于深度学习和神经网络模型的方法也开始出现在语义分析的相关任务中。深度学习算法自动地提取分类所需的低层次或者高层次特征，减少了很多特征工程方面的工作量。词义消歧和语义角色标注都是序列标注的典型任务，适合利用神经网络进行建模处理。下面简要介绍神经网络在词义消歧和语义角色标注中的一些研究。

在词义消歧上，研究者利用卷积神经网络（CNN）和各种循环神经网络（RNN）训练神经网络模型、语言模型及词语和语境向量（如 2018 年出现并流行的基于语境的深度词表示模型 ELMo，其全称为 Embeddings from Language Models）来预测相关词语的含义，也有一些研究将条件随机场方法融合进来，希望提升性能[72,73]。基于神经网络模型的语义角色标注架构如图 3-19 所示。

在语义角色标注等任务上，语义角色标注通常严重依赖句法分析的结果。神经网络 SRL 模型在一定程度上摆脱了对句法分析的依赖，并取得了不错的效果。近年来，先后有不少研究针对语义角色标注的特点改进神经网络模型的架构，或者将其与条件随机场方法等结合在一起，力图进一步提升标注的准确性和质量。目前最新的方法可以使标注的 F1 值（综合评价指标）达到85%左右[74-77]。

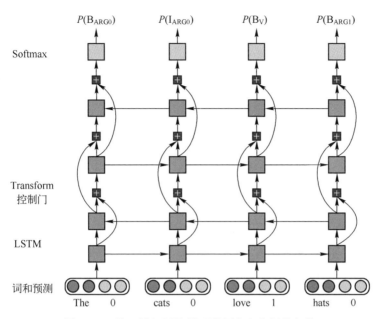

图 3-19　基于神经网络模型的语义角色标注架构

3.4.6　语义分析评测任务

自然语言处理领域存在很多评测，语义分析相关的任务也一直重视开展国际性的评测，通过评测任务能够有效地推动技术交流与进步。尤其是最近几年，随着自然语言处理技术的发展和人们对于人工智能各项需求的提升，语义理解和分析计算愈加受到国内外研究者的重视，相关机构开展了不同层次、不同类型的语义评测任务。目前主要集中在自然语言学习会议开展的 CoNLL 评测任务和国际语义评测比赛开展的 SemEval 评测任务等方面。表 3-2 是语义评测任务一览表。

表 3-2　语义评测任务一览表

CoNLL 评测任务	
年　份	评测任务
2004 年，2005 年	语义角色标注（SRL）
2008 年，2009 年	句法和语义依存分析（syntactic & semantic dependency parsing）
2011 年，2012 年	非限定性共指建模（modelling unrestricted coreference）
2019 年	跨框架语义表示分析（cross-framework meaning representation parsing）

续表

SemEval 评测任务	
年　　份	评　测　任　务
1998 年，2001 年，2004 年，2007 年，2010 年，2013 年，2015 年	词义消歧（WSD）
2004 年，2007 年	语义角色标注（SRL）
2012—2017 年	语义分析（semantic parsing）
2018 年	共指任务（coreference）
2019 年	框架语义学和语义分析（frame semantics & semantics parsing）

语义分析评测常用的数据集列表参见 http://nlpprogress.com/english/semantic_parsing.html。

紧跟国际研究趋势，国内自然语言处理相关的学术会议一直都在举办评测活动，其中也包括一些语义评测任务，如 2019 年 10 月举行的自然语言处理与中文计算国际会议（Natural Language Processing and Chinese Computing，NLPCC）就开展了开放领域语义分析的评测任务。

3.4.7　未来发展趋势

通过对不同层次语义分析的梳理，可以看出语义分析和计算在目前一直吸引着国内外学界和业界的广泛关注，同时存在很多尚未解决或系统性能不尽如人意的挑战和困难，未来仍将是研究重点和热点。语义分析的发展趋势大致体现在以下几个方面。

（1）短语、句子甚至篇章等语言单位的向量表示学习

随着词向量表示在自然语言处理领域的广泛应用，更大粒度语言单位的向量表示成为当前及未来的研究热点。短语和句子包含更多、更复杂的语义信息，获取高质量的不同层次语言单位的语义向量表示，挖掘深层次的语义信息，对诸多下游任务和性能具有重要影响。

（2）基于句子级语义分析的篇章融合

目前，语义分析都是以句子为基本单位的，但很多语义信息通常是跨越句子的界限，分布在上下文中的。以语义角色标注为例，由于缺省（特别是中文）现象，很多时候，谓词角色并没有出现在谓词所在的句子中，而是位于前面的句子中。此外，指代消解从篇章的角色串起了一个序列实体，如何融合指代消解的识别结果和语义角色标注的识别结果来展现篇章的语义，或将成为篇章级语义分析的一个值得关注的研究方向。

（3）汉语篇章分析

受制于多种因素，目前汉语篇章分析的研究成果不多，理论基础相对薄弱。由于中文与英文的差异性，汉语篇章分析不能完全套用英文篇章分析的方法。在未来，一方面，随着汉语篇章分析语料的发布和不断累加，另一方面，随着中文基础研究技术的成熟，汉语篇章分析将会取得新的进展。

（4）非规范文本的语义分析

微博、Twitter、Facebook 等社交媒体网站不断产生大量的口语化、弱规范甚至不规范的短文本。这些具有实时性、数量众多的大数据短文本具有重要的研究和应用价值，被广泛用于情感分析和事件发现等任务中。目前的语义分析技术几乎都面向规范化的文本，直接应用于非规范文本上将不可避免地导致低性能问题。因此，如何针对非规范文本开展有效的语义分析也必将成为未来的研究重点。

参考文献

［1］宗成庆 . 统计自然语言处理（第 2 版）［M］. 北京：清华大学出版社，2013.

［2］Zhang M, Zhang Y, Fu G. Transition－Based Neural Word Segmentation ［C］// Proceedings of the 54th Annual Meeting of the Association for Computational Linguistics, 2016, 421－431.

［3］Chen X, Shi Z, Qiu X, et al. DAG－based Long Short－Term Memory for Neural Word Segmentation ［DB/OL］［2019－09－12］. http://arxiv. org/1707. 00248. pdf.

［4］Brill E. A Simple Rule－Based Part of Speech Tagger ［C］// Proceedings of the DARPA Speech and Natural Language Workshop. 1992, 112－116.

［5］Qiu X, Zhao J, Huang X. Joint Chinese Word Segmentation and POS Tagging on Heterogeneous Annotated Corpora with Multiple Task Learning ［C］// Proceedings of EMNLP 2013.

［6］Chen X, Qiu X, Huang X. A Feature－Enriched Neural Model for Joint Chinese Word Segmentation and Part－of－Speech Tagging ［C］// Proceedings of IJCAI, 2017.

［7］Zhang M, Yu N, Fu G. A Simple and Effective Neural Model for Joint Word Segmentation and POS Tagging ［J］. IEEE/ACM Transactions on Audio, Speech, and Language Processing, 2018, 26（9）: 1528－1538.

［8］McDonald R, Nivre J, Quirmbach－Brundage Y, et al. Universal Dependency Annotation for Multilingual Parsing ［C］//Proceedings of ACL, 2013.

［9］Shi T, Huang L, Lee L. Fast（er）exact decoding and global training for transition－based dependency parsing via a minimal feature set［C］//Proceedings of the 2017 Conference on Empirical Methods in Natural Language Processing（EMNLP），2017：12－23.

［10］ Gómez-Rodríguez C，Shi T，Lee L. Global Transition-based Non-projective Dependency Parsing［C］// Proceedings of EMNLP. 2018：2664－2675.

［11］ Pei W，Ge T，Chang B. An Effective Neural Network Model for Graph-based Dependency Parsing［C］// Proceedings of ACL，2015：313－322.

［12］ Wang W，Chang B. Graph-based Dependency Parsing with Bidirectional LSTM［C］// Proceedings of ACL，2016：2306－2315.

［13］ Ji T，Wu Y，Lan M. Graph-based Dependency Parsing with Graph Neural Networks［C］// Proceedings of ACL，2019：2475－2485.

［14］ Chen D，Manning C. A Fast and Accurate Dependency Parser using Neural Networks［C］// Proceedings of EMNLP，2014.

［15］ Abeillé A. Treebanks：Building and Using Parsed Corpora［M］. Dordrecht：Kluwer Academic Publishers，2003.

［16］ 胡壮麟. 语篇的衔接与连贯［M］. 上海：上海外语教育出版社，1994.

［17］ 黄国文. 语篇分析的理论与实践——广告语篇研究［M］. 上海：外语教育出版社，2001.

［18］ 黄国文. 语篇分析概要［M］. 长沙：湖南教育出版社，1988.

［19］ 廖秋忠. 篇章与语用和句法研究［J］. 语言教学与研究，1991，（4）：16－44.

［20］ McArthur T. The Oxford Companion to the English Language［M］. Oxford：Oxford University Press，1992.

［21］ 胡曙中. 语篇语言学导论［M］. 上海：上海外国语教育出版社，2012.

［22］ 张德禄. 语篇分析理论的发展及应用［M］. 北京：外语教育与研究出版社，2012.

［23］ Halliday M A K，Hasan R. Cohesion in English［M］. London：Longman Group Ltd. ，1976.

［24］ 胡曙中. 英语语篇语言学研究［M］. 上海：上海外语教育出版社，2005.

［25］ Grosz B J，Sidner C. Attention，intention，and the structure of discourse［C］. Computational Linguistics，1986，12（3）：175－204.

［26］ Mann W C，Thompson S A. Rhetorical structure theory：description and construction of text structures［C］// Proceedings of the Third International Workshop on Text Generation，1986.

［27］ Mann W C，Thompson S A. Relational propositions in discourse［J］. Discourse Processes，1986，9（1）：5－90.

［28］ Mann W C，Matthiessen C. Functions of language in two frameworks［J］. Word，1990，42（3）：231－249.

［29］ Marcus M，Santorini B，Marcinkiewicz M. Building a large annotated corpus of English：The Penn Treebank［J］. Computational Linguistics，1993，19（2）：313－330.

［30］ Webber B，Joshi A. Anchoring a lexicalized tree-adjoining grammar for discourse［C］//Coling-ACL Workshop on Discourse Relations and Discourse Markers，1998：86－92.

［31］ Webber B. D-LTAG：extending lexicalized TAG to discourse［J］. Cognitive Science，2004，28（5）：751－779.

［32］ Webber B，Joshi A，Stone M，et al. Anaphora and discourse structure［J］. Computational linguistics，2003，29（4）：545－587.

［33］ 孔芳，周国栋，朱巧明，等. 指代消解综述［J］. 计算机工程，2010，36（8）：33－36.

［34］宗成庆，夏睿，张家俊．文本数据挖掘［M］．北京：清华大学出版社，2019.

［35］Fernandes E R, Santos C N, Milidiu R L. Latent structure perceptron with feature induction for unre-stricted coreference resolution［C］// Proceedings of the Joint Conference on EMNLP and CoNLL: Shared Task, 2012: 41-48.

［36］Chang K, Samdani R, Roth D. A constrained latent variable model for coreference resolution［C］// Pro-ceedings of EMNLP, 2013: 601-612.

［37］Martschat S, Strube M. Latent structures for coreference resolution［J］. Transactions of the Association for Computational Linguistics, 2015（3）: 405-418.

［38］Björkelund A. and Farkas R. Data-driven multilingual coreference resolution using resolver stacking ［C］// Proceedings of the Joint Conference on EMNLP and CoNLL: Shared Task, 2012: 49-55.

［39］Durrett G, Hall D, Klein D. Decentralized Entity-Level modeling for coreference resolution［C］// Pro-ceedings of ACL, 2013: 114-124.

［40］Clark K, Manning C D. Entity-centric coreference resolution with model stacking［C］// Proceedings of ACL, 2015: 1405-1415.

［41］Clark K, Manning C D. Improving coreference resolution by learning entity-Level distributed representa-tions［C］// Proceedings of ACL, 2016: 643-653.

［42］Ji Y, Eisenstein J. Representation learning for text-level discourse parsing［C］// Proceedings of ACL, 2014: 13-24.

［43］Li S, Wang L, Cao Z, et al. Text-level discourse dependency parsing［C］// Proceedings of ACL, 2014: 25-35.

［44］Joty S, Carenini G, Ng R, et al. Combining intra- and multi-sentential rhetorical parsing for document-level discourse analysis［C］// Proceedings of ACL, 2013: 486-496.

［45］Lin Z, Ng H, Kan M. A PDTB-styled end-to-end discourse parser［R］. Technical Report TRB8/10. School of Computing, National University of Singapore, 2011.

［46］Pitler E, Louis A, Nenkova A. Automatic sense prediction for implicit discourse relations in text［C］// Proceedings of ACL and IJCNLP, 2009: 683-691.

［47］Lin Z, Kan M, Ng H. Recognizing implicit discourse relations in the Penn Discourse Treebank［C］// Proceedings of EMNLP, 2009: 343-351.

［48］Wang W, Su J, Tan C. Kernel based discourse relation recognition with temporal［C］// Proceedings of ACL, 2010: 710-719.

［49］Zhou Z, Xu Y, Niu Z, et al. Predicting discourse connectives for implicit discourse relation recognition ［C］// Proceedings of COLING, 2010: 1507-1514.

［50］Biran O, McKeown K. Aggregated word pair features for implicit discourse relation disambiguation［C］// Proceedings of ACL, 2013: 69-73.

［51］Fisher R, Simmons R. Spectral semi-supervised discourse relation classification［C］// Proceedings of ACL and IJCNLP, 2015: 89-93.

［52］Hong Y, Zhou X, Che T, et al. Cross-argument inference for implicit discourse relation recognition ［C］// Proceedings of CIKM, 2012: 295-304.

［53］Lan M, Xu Y, Niu Z. Leveraging synthetic discourse data via multi-task learning for implicit discourse relation recognition［C］// Proceedings of ACL, 2013: 476-485.

［54］Rutherford A T, Xue N. Discovering implicit discourse relations through brown cluster pair representation and coreference patterns〔C〕// Proceedings of EACL, 2014：645-654.

［55］Braud C, Denis P. Comparing word representations for implicit discourse relation classification〔C〕// Proceedings of EMNLP, 2015：2201-2211.

［56］Qin L, Zhang Z, Zhao H. Implicit discourse relation recognition with context aware character-enhanced embeddings〔C〕// Proceedings of Coling：Technical Papers, 2016：1914-1924.

［57］Braud C, Denis P. Learning connective-based word representations for implicit discourse relation identification〔C〕// Proceedings of EMNLP, 2016：203-213.

［58］Xue N, Ng H T, Pradhan S, et al. CoNLL 2016 Shared Task on multilingual shallow discourse parsing〔C〕// Proceeding of CoNLL：Shared Task, 2016：1-19.

［59］Chen J, Zhang Q, Liu P, et al. Implicit discourse relation detection via a deep architecture with gated relevance network〔C〕// Proceedings of ACL, 2016：1726-1735.

［60］Lan M, Wang J, Wu Y, et al. Multi-task attention-based neural networks for implicit discourse relationship representation and identification〔C〕// Proceedings of EMNLP, 2017：1310-1319.

［61］Liu Y, Li S. Recognizing implicit discourse relations via repeated reading：Neural networks with multilevel attention〔C〕// Proceedings of EMNLP, 2016：1224-1233.

［62］Liu Y, Li S, Zhang X, et al. Implicit discourse relation classification via multi-task neural networks〔C〕// Proceedings of AAAI, 2016：2750-2756.

［63］Wu C, Shi X, Chen Y, et al. Bilingually constrained synthetic data for implicit discourse relation recognition〔C〕// Proceedings of EMNLP, 2016：2306-2312.

［64］Ji Y, Haffari G, Eisenstein J. A latent variable recurrent neural network for discourse-driven language models〔C〕// Proceedings of NAACL-HLT, 2016：332-342.

［65］Qin L, Zhang Z, Zhao H, et al. Adversarial connective-exploiting networks for implicit discourse relation classification〔C〕// Proceedings of ACL, 2017：1006-1017.

［66］Lesk M. Automatic sense disambiguation using machine readable dictionaries：how to tell a pine cone from an ice cream cone〔C〕// Proceedings of 5th Annual International Conference on Systems Documentation, 1986：24-26.

［67］Yarowsky D. Unsupervised Word Sense Disambiguation Rivaling Supervised Methods〔C〕//Proceedings of ACL, 1995：189-196.

［68］Fillmore C. The Case for Case〔M〕//Bach E, Harms R（eds）. Universals in Linguistic Theory. NewYork：Holt, Rinehart and Winston, 1968.

［69］Banarescu L, Bonial C, Cai S, et al. Abstract Meaning Representation for Sembanking〔C〕// Proceedings of the 7th Linguistic Annotation Workshop, Sophia, Bulgaria, 2013.

［70］曲维光，周俊生，吴晓东，等. 自然语言句子抽象语义表示 AMR 研究综述〔J〕. 数据采集与处理，2017, 32（1）：26-36.

［71］李斌，闻媛，宋丽，等. 融合概念对齐信息的中文 AMR 语料库的构建〔J〕. 中文信息学报，2017, 31（06）：93-102.

［72］Raganato A, Bovi CD, Navigli R. Neural sequence learning models for word sense disambiguation〔C〕// Proceedings of EMNLP, 2017：1156-1167.

［73］Melamud O, Goldberger J, Dagan I. context2vec：Learning generic context embedding with bidirectional LSTM〔C〕// Proceedings of 20th SIGNLL Conference on Computational Natural Language Learning, 2016：51-61.

［74］Foland W，Martin J. Dependency‐based semantic role labeling using convolutional neural networks［C］// Proceedings of Joint Conference on Lexical and Computational Semantics，2015：279‐288.

［75］Marcheggiani D，Titov I. Encoding sentences with graph convolutional networks for semantic role labeling［C］// Proceedings of the 2017 Conference on Empirical Methods in Natural Language Processing（EMNLP），Copenhagen，Denmark，2017：1506‐1515.

［76］He L，Lee K，Lewis M，et al. Deep semantic role labeling：What works and what's next［C］// Proceedings of the 55th Annual Meeting of the Association for Computational Linguistics（ACL）. 2017：473‐483.

［77］He S，Li Z，Zhao H，et al. Syntax for Semantic Role Labeling，To Be，Or Not to Be［C］// Proceedings of the 56th Annual Meeting of the Association for Computational Linguistics，2018：2061‐2071.

第 4 章

语言情感分类

情感在人类理性行为和理性决策中起重要作用。随着互联网的发展，情感不仅在人与人面对面的交流时传递，还在网络空间表达。基于互联网数据的语言情感计算工作具有重要意义，可以理解互联网数据中用户表达的情感，促进互联网数据在情感语义中的检索推荐和计算机更加人性化的应答，使人机交互过程更加和谐自然[1,2]。

4.1 情感描述的主要方法

在现有情感研究体系中，对情感描述的主要方法有两种：①情感的类别表示法；②情感的维度表示法。两种情感表示法分别对应于类别标注法和维度标注法，它们在情感研究中都有着广泛的应用和各自的特点。

4.1.1 情感的类别表示法

情感的类别表示法以离散的、形容词标签的形式描述情感[3]，如美国心理学家 Paul Ekman 等人[4]给出了最广为认可的六类基本情感，即愤怒、厌恶、恐惧、喜悦、悲伤、惊奇。在不同的情境下，研究者给出了不同的情感类别定义。比如，Zhu Ren 等人[5]通过大量的数据观测，找到了人机语音对话应用中的六类基本情感类别，分别为生气、厌恶、悲伤、无聊、开心和中性。也有研究者将情感简单地分为正性和负性，并进行预测。标签化的情感描述词不仅在日常生活中被经常使用，还在早期的情感相关研究中被普遍运用。为更好地赋予情感研究以普遍性，需要首先确定基本的情感类别。表 4-1 为情感研究领域中不同研究者对基本情感类别的划分，这些情感类别的划分在现在的情感研究领域有着广泛的应用[6]。类别标注法接近日常习惯的情感描述法，在标注过程中易被接受。类别标注法的描述能力有限，一般仅仅包括数个用来描述情感的词汇，无法对微妙、复杂且多变的情感进行细致的描述。

同时，类别标注法也忽略了情感状态的连续性，阻碍了其在很多场景中的应用[3]。

表 4-1　情感研究领域中不同研究者对基本情感类别的划分

研　究　者	基本情感类别
Magda B. Arnold	愤怒、厌恶、勇气、沮丧、渴望、绝望、喜爱、仇恨、希望、热爱、悲伤
Paul Ekman，Wallace V. Friesen，Phoebe Ellsworth	愤怒、厌恶、恐惧、喜悦、悲伤、惊奇
Nico H. Frijda	渴望、快乐、兴趣、惊喜、惊奇、悲伤
Jeffrey A. Gray	愤怒、惊恐、焦虑、喜悦
Carrolle E. Izard	愤怒、轻蔑、厌恶、痛苦、恐惧、内疚、兴趣、喜悦、羞愧、惊讶
William James	恐惧、悲伤、热爱、愤怒
William McDougall	愤怒、厌恶、高兴、恐惧、服从、温柔、惊奇
O. Hobart Mowrer	痛苦、快乐
Keith Oatley，P. N. Johnson-Laird	愤怒、厌恶、焦虑、快乐、悲伤
Jaak Panksepp	期待、恐惧、愤怒、惊恐
Robert Plutchik	接受、愤怒、期待、厌恶、喜悦、恐惧、悲伤、惊喜
Silvan S. Tomkins	愤怒、兴趣、轻蔑、厌恶、痛苦、恐惧、喜悦、羞愧
John B. Watson	恐惧、热爱、愤怒
Bernard Weiner，Sandra Graham	快乐、悲伤

4.1.2　情感的维度表示法

情感的维度表示法使用多维情感空间来描述情感状态。不同于情感的类别表示法，情感的维度表示法使用连续的实数值来刻画情感，因此又被称作连续情感描述模型。广泛应用在情感研究中的情感维度表示法包括二维的激活度-效价空间（Arousal-Valence space，AV）、三维的愉悦-激活-优势度空间（Pleasure-Arousal-Dominance space，PAD）等理论。其中，激活度（Activation/Arousal）属性用来表示情感激烈程度的高低；效价（Valence）也称为愉悦度（Pleasure）属性，用来表示情感的正负面程度；优势度（Dominance）用来表示对情感的控制程度。维度标注法相比类别标注法，利用了更加精确的数值对情感状态进行描述，克服了类别标注法因对情感描述粒度过大而导致的模糊性问题。同时，利用情感空间，维度标注法可以从多侧面连续地描述情感状态，能较好地应用在如人机对话等长时间连续的感知场景中。然而，由于维度标注法的标注过程复杂、艰涩，因此存在从定性情感状态到定量空间坐标的转换问题，不利于开展大规模的标注工作，此外，因人类对情感感知的认识存在较大差异性，标注人在标注过程中需要花费大量的时间才可以达成一致，在标注工作中需要投入的资源远远多于类别标注法[3,7]。

4.2　情感识别模型

4.2.1　文本情感计算

目前，文本情感分析主要集中在文档（Document）级别、语句（Sentence）级别及更细粒度的基于评级对象（Aspect）级别的研究中[8]。广义文本情感分析的研究内容还包括情感要素抽取、观点挖掘等。现有的相关研究已经产生了大量用于文本情感分析的技术方法。

4.2.1.1　基于情感词典和规则的文本情感分类方法

基于情感词典和规则的文本情感分类方法主要根据构建好的情感词典，对文本中出现的情感词汇进行匹配，通过查询词典得到结果后，再根据规则进行组合分析，进而判断文本的情感倾向或态度[9]。Georgios Paltoglou 等人采用的基于情感词典的情感分类方法主要利用情感的增强或减弱、情感极性、否定词、大写字母等多种语言学预测函数进行情感分类，所提出的方法在多种社交媒体，如 MySpace（聚友网）、Digg（迪格）、Twitter（推特）等中进行实验，准确率可达 86.5%[10,11]。

在基于情感词典和规则的文本情感分类方法中，情感词典的构建和规则的制定是关键。情感词典虽然可以通过人工方式构建，但是人工方式构建方法需要耗费巨量的资源。因此，很多研究致力于情感词典的自动构建技术。2003 年，Peter D. Turney 等人[12]定义了词语之间点互信息（Pointwise Mutual Information，PMI）的概念，在自动构建情感词典时，可以取一些已知情感极性值的词语作为种子词语，依据种子词语计算目标词与种子词语的点互信息，得到目标词的情感倾向值，进而将目标词添加到情感词典中[13]。Peter D. Turney 等人还提出了计算情感倾向点互信息（Semantic Orientation Pointwise Mutual Information，SO-PMI）来构建情感词典的方法。该方法将计算 PMI 与计算词语的情感倾向（Semantic Orientation，SO）相结合来衡量情感词汇。SO-PMI 算法的基本思想：首先分别选择一组褒义情感词和一组贬义情感词作为基准词，即情感倾向非常明显且具有高度代表性的词；然后计算求解目标词和褒义情感词的 PMI 值，并减去目标词和贬义情感词的 PMI 值，其差值可用于判断目标词的情感倾向。可以看到，情感词典自动构建技术比较依赖原始种子褒义/贬义词集。目前，常用的英文情感词典有 WordNet（词网）[14]、GI（General Inquirer，通用查询词典)[15]等；常用的中文情感词典有 HowNet（中文词网)[16]、NTUSD（台湾大学简体中文情感词典)[17]等。基于情感词典和规则的文本情感分类方法简单直观。其缺点在于词典、语料库或规则的制定需要专业知识、费时费力，在互联网时代，新兴词汇的骤增给情感词典的维护带来了巨大挑战[9]。

4.2.1.2　基于机器学习的文本情感分类方法

基于机器学习的文本情感分类方法分为有监督和无监督两种。有监督机器学习通常首先从训练数据中抽取有用的文本特征，然后利用文本特征和情感标注信息训练机器学习分类器，最后在测试数据中抽取同样的特征并输入到训练好的分类器中，对测试文本的情感类别进行预测。一些常用的文本特征包括词性、情感词、情感组合特征、情感翻转特征、unigrams（一元语法）、bigrams（二元语法）、互信息、信息熵、tf-idf（term frequency-inverse document frequency，词频-逆向文件频率）、卡方统计等。一些常用的机器学习分类器有 NB（Naïve-Bayes，朴素贝叶斯）、CRF（Conditional Random Fields，条件随机场）、HMM（Hidden Markov Model，隐马尔可夫模型）、GMM（Gaussian Mixture Model，高斯混合模型）、SVM（Support Vector Machine，支持向量机）等[18]。2002 年，Pang Bo 等人[19]借鉴文本主题分类的思想，首次将机器学习应用到文本情感分类中。其论文主要对电影评论文档进行情感分类，使用的文本特征有 unigrams、bigrams、形容词、词的位置信息及其特征的部分组合。文本特征被送入朴素贝叶斯分类器、最大熵分类器和支持向量机分类器，在 IMDB（Internet Movie DataBase，互联网电影数据库）电影评论语料中优于 Peter D. Turney 提出的基于互信息的无监督机器学习方法。Tetsuji

Nakagawa 等人[20]提出，利用句子中的依存句法结构和带隐变量的 CRF 模型，来解决传统基于词袋模型的方法难以处理的词与词之间相互作用的问题，所提出的方法将依存句法树中每个子树的情感极性表示为隐变量，根据这些隐变量的相互作用，计算整个句子的极性。在其论文中使用 L-BFGS（拟牛顿优化算法）来优化模型参数。在日语和英语语料库中的情感分类实验表明，Tree-CRF（树状条件随机场）方法的性能超过了多种基于词袋特征加 SVM 分类器的方法。Sida Wang 等人[21]使用朴素贝叶斯模型的对数计数比率作为特征，提出朴素贝叶斯与 SVM 相结合的 NBSVM（贝叶斯支持向量机）模型。该模型在多个情感分类数据集上取得了较好的成绩[18]。

无监督机器学习方法包括基于主题模型、概率图模型、集成学习等的方法。Dasgupta Sajib 等人[22]采用一种整合谱聚类、主动学习、迁移学习、集成学习的半监督情感分类方法来应对标注数据过少的问题。首先，该方法通过谱聚类方法将评论按"比较清晰易分"和"比较模糊不易分"区分开来。其中，"比较模糊不易分"的评论是指情感界定不明确的一些评论，比如一些同时带有正负面观点的评论，或者评论中的观点表述太少，不足以判断正负性。然后，通过主动学习、迁移学习、集成学习方法，利用"比较清晰易分"的评论对"比较模糊不易分"类评论进行分类。该方法在 5 个领域的情感语料上进行了实验，实验表明，所采用的融合多种机器学习方法的集成学习性能最好，超过任一单个方法的性能。

Jiwei Li[23]提出了一种基于半监督的 bootstrapping（自助抽样法）方法。该方法将情感聚类、情感词抽取及情感预测融为一个整体框架，并进行联合建模：首先，对于情感目标和情感表达的抽取，使用 semi-CRFs（半监督马尔可夫条件随机场）来实现；然后，通过分层贝叶斯实现半监督自抽样学习过程来整合时间信息，并在《人民日报》标注语料库上验证性能。无监督机器学习分类法能更方便地利用已有知识和无标注数据，但在大多数情况下，有监督机器学习分类法可以获得更高的准确率[18]。

对于传统的机器学习方法，虽然特征是最为重要的因素，但是特征并不能概括语料中的所有信息，特别是结构上的上下文信息。因此，目前的大多相关研究都采用深度学习的方法。

4.2.1.3 基于深度学习的文本情感分类方法

近些年来，由于强大的特征表示能力和突出的模型表现能力，深度学习成为文本情感分析的主要流行方法。深度学习方法一般都用向量形式表示文本，并将数据输入到一种深度神经网络模型中，对模型进行多次迭代训练。因此，获取适合神经网络输入的文本表示是将深度学习引入文本处理分析的关键前提。传统的基于词袋模型的文本表示方法作为神经网络输入存在着维度灾难问题，缺乏建模相似词语之间关系的能力[9]。2013 年，Tomas Mikolov[24]提出了 Word2Vec（词向量）生成模型，来得到词语的向量表示。随着这一计算词语特征向量常用工具的正式开源，结合词向量的深度神经网络模型在诸多类型的自然语言处理任务中都取得了突出的表现。其中，对基于深度学习的文本情感信息的研究已经取得了巨大的进展。Word2Vec 表示词向量的方式在其后的相关研究中得到了广泛的应用和扩展，glove[25]、fasttext[26]、elmo[27]、gpt[28]、bert[29]等方法在文本的向量表示上进一步提升了效果，提升了情感分析的准确率。在提升文本向量表示能力的同时，神经网络模型也在建模方法上进行改进。常用的基于深度学习的文本情感分析模型主要包括 CNN（Convolutional Neural Network，卷积神经网络）、RNN（Recurrent Neural Networks，循环神经网络）、Attention Mechanism（注意力机制）和 DMN（Dynamic Memory Networks，动态记忆网络）等[18]。一些相关研究举例如下。

由于单个词的语义向量空间无法正确地建模较长短语的含义关系，因此组合语义向量空间的方式开始受到更多关注。Richard Socher 等人[30]引入斯坦福情感树库，可以准确预测新语料库中存在的成分语义效应。斯坦福情感树库是第一个具有完全标记解析树的结构，可以完整地分析语言中情感成分效应。针对情感成分效应的提取，他们专门提出了一种被称为 RNTN（Recursive Neural Tensor Network，递归神经张量网络）的新模型。递归神经张量网络可以把各种长度的短语当作输入，首先使用单词向量和解析树来表示短语，然后使用合成函数计算树中较高结点的向量。与词袋模型不同，RNTN 可准确地捕捉情感变化和否定范围。在此基础上，Kai Sheng Tai 等人[31]提出了标准 LSTM（Long Short-Term Memory，长短时记忆网络）体系结构在树状结构网络拓扑中的应用，并展示了在连续 LSTM 上表示句子意义的优越性。一般来说，标准 LSTM 采用当前时间步的输入和前一时间步中 LSTM 单元的隐藏状态组成其隐藏状态；Tree-LSTM（树状结构 LSTM）从输入向量以及任意多个子单位的隐藏状态组成其隐藏状态，并将标准 LSTM 视为其特例，其中的每个内部结点只有一个子结点，两个任务被用来评估 Tree-LSTM 架构：句子对的语义相关性预测和从电影评论中得出的句子情感分析。实验表明，Tree-LSTM 在两个任务中都优于以前已有系统和标准 LSTM[18]。

Yoon Kim 等人[32]提出了一个简单的 CNN 模型。该模型需要调优的超参数较少，在对比实验中能获取相当不错的结果，优于多个基准实验，并通过小范围调整特定向量可以进一步提高性能。他们构建了一个简单的 CNN 模型，即在无监督神经语言模型获取的词向量之上加一层卷积。这些词向量由谷歌新闻数据集采用 Tomas Mikolov 等人提出的方法训练得到。首先保持原始词向量不变，仅学习其他参数，在多个数据集获得不错的性能表现。接着通过微调模型获得任务特定的词向量，进一步提升了性能。最后他们尝试将原始词向量和特定词向量以多通道的形式相结合并作为输入，在一些数据集上获得了最优的性能表现[18]。

Nal Kalchbrenner 等人[33]使用 DCNN（Dynamic Convolutional Neural Network，动态卷积神经网络）模型来建模句子的语义。该模型使用动态 k-max（k-最大）池，作为线性序列的全局池操作。动态 k-max 池是最大池的推广，在一个线性值序列上会返回序列中 k 个最大的子序列，而不是单个最大值。通过使 k 成为网络或输入的其他方面的函数，可以动态地选择 k。该模型处理不同长度的输入句子并在句子上引入能够明确捕获长短距离依赖的特征图，不依赖于解析树，并且很容易适用于任何语言。在小规模二元和多类情感预测、六向问题分类和远程监督的 Twitter 情感预测中，该模型都有出色的性能表现[18]。

Xin Wang 等人[34]提出了用于 Twitter 情感预测的 LSTM 网络，借助内存块结构中的门和恒定误差转盘（Constant Error Carousels），通过灵活的组合功能处理单词之间的交互。对公共噪声标记数据的实验表明，该模型优于多种特征工程方法，可与数据驱动技术相媲美。在一个生成否定短语测试集上的评估显示，所提方法的性能是基于词袋特征的非神经网络模型性能的两倍。此外，所提方法还可以区分特殊功能词语，如否定词和过渡词，放大相反情感词语的差异。

Pengfei Liu 等人[35]提出了基于递归神经网络的三种不同的共享信息机制，以模拟具有任务特定和共享层的文本，用多任务学习框架来共同学习多个相关任务，所有相关任务都集成到一个共同训练的系统中。第一个模型仅为所有相关任务使用一个共享层；第二个模型为不同的相关任务使用不同的层，每个层可以从其他层读取信息；第三个模型不仅为每个相关任务分配一个特定层，还为所有相关任务构建共享层。此外，模型还引入了一个门控机制，使模型能够选择性地利用共享信息。四个文本分类任务的实验结果表明，相对于单独学习，多个相关任务的联合学习可以提高每个相关任务的性能。

Yequan Wang 等人[36]提出了一种基于注意力机制的神经网络模型。在其论文中使用注意力机制注意文本中对给出 aspect（属性）最重要的部分，从而可更充分地考虑文本对应的 aspect 信息，提高细粒度情感分类任务的性能，并将该模型应用到了显性属性极性分类（Aspect-level Classification）和显性属性词极性分类（Aspect-Term-level Classification）两个任务中，取得了显著的性能提升。

Yuxiao Chen 等人[37]针对大规模社交媒体数据进行情感分析，在原有的文本特征基础上加入表情符来分析 Twitter 的情感。在其文章中使用基于注意力机制的 LSTM 对文本特征和表情符特征进行训练及情感分类，在一个真实的 Twitter 数据集上进行了实验，并将模型中根据表情符所获得的注意力图像化，验证了所提出表情符特征提取算法及整个模型的有效性。

此外，还有一些基于深度学习的半监督、弱监督文本情感分析研究，如基于对抗训练和虚拟对抗训练生成模型的相关研究，在公开数据集及特定问题中都获得了较好的效果。

对抗训练提供了一种正则化有监督机器学习方法。虚拟对抗训练能够将有监督机器学习算法扩展到半监督环境。这两种方法都需要对输入向量的许多项进行小的扰动，不适合稀疏的高维输入，例如 one-hot（独热编码）。Takeru Miyato[38]等人通过对递归神经网络中的词嵌入进行扰动而不使用原始的输入，将对抗训练和虚拟对抗训练扩展到文本域，所提出的方法在多个半监督机器学习文本分类任务，如情感分类数据集、话题分类数据集上都达到了先进的结果。

Yu Meng[39]等人提出了一种弱监督机器学习文本分类方法，解决了文本分类模型在训练中缺乏训练数据的问题。该方法包括两个模块：①伪文档生成器，利用种子信息生成用于模型预训练的伪标记文档；②自训练模块，引导未标记数据进行模型自优化。该方法具有处理不同类型弱监督机器学习文本分类问题的灵活性，可以很容易集成在现有深度神经网络模型中，在包括情感分类在内的多个文本分类数据集上进行实验显示，所获得的结果显著优于作为参照的基线方法。

4.2.2　语音情感计算

对语音情感计算的研究主要基于两个方面，即语音情感特征的提取和语音情感识别模型。

4.2.2.1　语音情感特征的提取

在现有的研究中，研究者普遍认为语音情感特征与三种声学特征的表达有关，即韵律特征、声谱特征和音质特征。

韵律特征又被称为超音段特征或超语言学特征，是声学参数中用来描述当前语音的音高、音长、快慢、轻重等的参数集合，主要体现了说话人对语音流的表达方法，与语音中的语义信息不直接相关。其特征及变化虽然不影响听者对语义的理解，但决定了语义的自然属性。缺少韵律特征的语音在听感上会变得机械、不自然，没有抑扬顿挫，也不具有相应的表现力。因此，在语音表现力的表达中，韵律特征是最为关键的信息之一，直接与说话人的表达意图相关。而情感作为说话人意图表示的一部分，也会直接通过韵律特征的变化表现在语音之中。所以，韵律参数是被最早用在语音情感研究中的声学参数，在相关研究中得到了非常广泛的应用。韵律参数主要包括音素的 Duration（时长）信息、F0（Fundamental Frequency，基频）信息、Energy（能量）信息等。当仅使用韵律特征判断语音情感时，因为语义信息的缺失，所以会使语音情感识别系统的性能非常有限[3]。

声谱特征是声学参数中用来对声道形态变化与相应发音器官（舌、嘴、鼻等）的协同作用进行描述的参数集合，主要体现说话人的语义信息，包括共振峰等发音特性，是人们在交流过程中用来传达信息、识别说话人的关键参数，在语音识别、说话人识别等技术中有着广泛的应用。在语音情感识别任务中，声谱参数主要提供语义信息的表达，并根据说话人情感状态的不同，如共振峰等发生相应的变化，高兴、激动的语音会在高频区间出现较高的能量变化，悲伤、无聊的语音能在低频区间观察到明显的变化。为进一步提升语音情感识别系统的性能，声谱参数越来越多地被用作系统的输入参数，以实现稳定、个性化的语音情感识别系统。特别是声谱参数，具有多种不同的特征表达，如线性谱特征（Linear-Based Spectral Feature）、倒谱特征（Cepstral-Based Spectral Feature）等。在这些参数中，MFCC（Mel-Frequency Cepstral Coefficient，梅尔倒谱系数）是由 Steven Davis 和 Paul Mermelstein[40] 于 1980 年提出的，因其稳定性与基于人类语音感知机理的信息压缩能力而被广泛采用[3]。

音质特征是声学参数中用来对语音质量进行衡量的参数集合，包括对喘息、颤音、哽咽等声学表现进行描述的参数。这些声学表现往往会在说话人出现情绪激动或难以抑制的情感波动时出现，与语音的情感信息有着密切的联系。在语音情感识别研究中，音质特征主要包括 Glottal Parameter（声门参数）、Jitter（频率微扰）和 Shimmer（振幅微扰）、Format Frequency（共振峰频率）及其 Bandwidth（带宽）等信息参数[3]。

三种声学特征常以帧为单位进行提取，也称为 LLDs（Low Level Descriptors，低阶描述符）或时序特征。基于这些帧级别声学特征的全局统计学特征被称为 HLSFs（High Level Statistics Functions，高阶统计函数）。全局统计的单位一般是听觉上独立的语句或单词，常用的统计指标有均值、标准差、极值、方差等。

对于声学特征早期的研究，如 Björn Schuller 等人[41] 在 2003 年的研究工作中提出了两种类型的声学特征提取方法。对于第一种类型的 LLDs，他们使用基频、能量等特征的一阶导数、二阶导数和三阶导数得到，使用 CHMM（Continuous Hidden Markov Models，连续隐马尔可夫模型）进行建模和情感预测。对于第二种类型的全局统计特征，他们采用 20 种特征，并将特征分为与音高相关的特征和与能量相关的特征两类。与音高相关的特征包括有声部分（Voiced Sounds）的平均时长及标准差、平均音高（Pitch）和标准差、音高的相对最大值和最小值等。与能量相关的特征包括能量梯度（Derivation of Energy）的相对最大值和相对最大值出现的位置、平均值、标准差等。针对全局统计特征，他们使用 GMM 进行建模，预测语音的情感类别。在后续的研究中，他们继续对统计特征进行扩充和改进，并测试了 kMeans（k 均值聚类算法）、KNN（K-Nearest Neighbor，K-最近邻）、GMM、SVM、MLP（Multi-Layer Perception，多层感知器）等多种分类器的性能[1]。

其他使用 LLDs 时序特征序列的研究，如 Albino Nogueiras 等人[42] 提取了与语音和能量相关的特征和与音高相关的特征，并用 HMM 进行建模和情感预测。Tin Lay Nwe 等人[43]指出，类似于语音的基频、能量、时长等统计特征虽然在研究领域运用广泛，但是在对两类以上的情感进行分类时，效果会有所衰减。他们提出使用 LFPC（Log Frequency Power Coefficients，短时对数频率能量系数）来作为语音特征，并与 LPCC（Linear Prediction Ceptral Coefficients，线性预测倒谱系数）和 MFCC 的实验结果进行比较，证明了 LFPC 特征的有效性，他们也采用了 HMM 进行建模[1]。

使用 HSFs 全局统计特征的研究，如 Ashish B. Ingale 和 D. S. Chaudhari[44]为语音提取了音高、能量、时长、MFCC 和 LPCC 等的统计特征，将其分别输入 GMM、KNN、HMM、SVM 和 ANN（Artificial Neural Network，人工神经网络）五个分类器中进行情感分类预测，并比较了五个分类器的预测结果。类似地，Yixiong Pan 等人[45]为语音提取了能量、音高、MFCC、LFPC 和 MEDC（Mel-energy Spectrum Dynamic Coefficients，梅尔能量谱动态系数）等的统计特征，并输入 SVM 分类器中进行情感分类预测后发现，当采用 MFCC+MEDC+能量的特征组合时，在柏林情感语音数据库[46]中分类的准确率最高[1]。

近年来，普遍使用的特征是由专家设计的且融合上述特征的特征集，包括 LLDs 和 HSFs，如 eGeMAPS（扩展的日内瓦最小声学参数集）、ComParE（计算副语言学挑战特征集）、BoAW（bag-of-audio-words，音频词袋）、09IS（2009 年国际语音交流大会情感挑战赛）、10IS（2010 年国际语音交流大会副语言学挑战赛）等。GeMAPS（日内瓦最小声学参数集）特征集总共有 62 个 HSF 特征，是由 18 个 LLD 特征经过计算得到的。eGeMAPS[47]是 GeMAPS 的扩展，共有 88 个 HSF 特征，是由 25 个 LLD 特征经过计算得到的。ComParE[48]特征集是 InterSpeech（国际语音交流大会）上的 Computational Paralinguistics Challenge（计算副语言学挑战赛）使用的。该挑战赛从 2013 年至 2019 年，每年都举办，且每年有不一样的挑战任务。ComParE 特征集包含 6373 个 HSF 特征，由 64 个 LLD 特征经过计算得到。09IS[49]是 2009 InterSpeech 上的 Emotion Challenge（情感计算挑战赛）提到的特征，共有 384 个 HSF 特征，由 16 个 LLD 特征经过计算得到。10IS[50]是 2010 年 InterSpeech 上的 Paralinguistic Challenge（副语言学挑战赛）提到的特征，共有 1582 个 HSF 特征，由 34 个 LLDs 和 34 个相应的 delta 系数作为 68 个 LLDs 轮廓值，在此基础上应用 21 个函数得到 1428 个特征，对 4 个基于音高的 LLD 及其 4 个

delta 系数应用 19 个函数得到 152 个特征，最后附加音高（伪音节）的数量和输入的持续时间（2 个特征）。BoAW[51] 进一步地对特征进行组织表示，形成新的特征集。如"使用特征集有 ComparE 和 BoAW"，表示的是使用特征集 ComparE 和对 ComparE 经过计算后得到的 BoAW 特征集，可以通过 openXBOW 开源包来获得 BoAW 特征集。

早期声学特征的研究主要基于传统的 HMM、GMM 模型与"浅层学习"的 SVM、MLP 模型，通常使用 HSFs 特征。随着深度学习的发展，深度神经网络在语音情感识别中的应用越来越多。基于深度学习的语音情感识别模型可以直接从原始的语音声学参数中提取情感的相关特征，具有较强的上下文信息聚合能力，能够自动学习到鲁棒性高、辨别度好的语音情感特征。因此，为了更好地利用上下文时序信息，大部分研究工作采用 LLDs 特征加 CNN、LSTM 的模式来提取特征。也有一些研究工作将音频原始信号，或者由原始信号转换的声谱图作为输入，使用深度学习模型，如 CRNN（Convolutional Recurrent Neural Networks，卷积循环神经网络）、Resnet（残差网络）等获取更好的特征提取，在公开数据集上均取得了不错的效果。

John Kim 等人[52] 使用 eGeMAPS 特征集中的 20 个 LLD 特征，将其输入 CNN+LSTM 网络模型。他们的研究结合了已知可用于情感识别的特征和深度神经网络。因为直接输入帧级别的 LLDs 特征，所以在识别情感状态时充分利用了时间信息。他们的研究成果在柏林情感数据集上获得了 88.9% 的识别准确率。

Jian Huang 等人[53] 使用基于 ComParE 特征集的 147 个 LLDs 特征。他们的研究工作是将特征输入一种基于 LSTM 的三重框架，使框架系统地自动学习从声学特征到判别嵌入特征的映射，最后将学习结果输入 SVM 分类器，进一步得出最终结果。他们将 triplet loss（三元组损失）应用到模型中，模型同时训练 triplet loss 和有监督损失。triplet loss 使得类内距离更短，类间距离更长。有监督损失包含类标签信息。此外，他们发表的论文还提到了比较新颖的 padding（填充）算法。当直接将帧级别的 LLDs 作为特征输入时，由于每个句子的长度不同，为了使后面的模型等长输入，常见的做法有做裁剪或加 padding。他们发表的论文探索了三种不同的 padding 策略：第一种是按最后一帧的值 padding，直到达到指定长度，被称为填充模式；第二种是按原序列从头到尾的值进行 padding，如果长度不够，就继续从原序列的头到尾序列

padding，重新多次，直到长度大于指定长度，被称为循环模式；第三种与第二种类似，只不过是重复第一帧的值来 padding，再重复第二帧的值来 padding，直到最后一帧。对于原始长度过长的句子，应裁剪掉头和尾，取中间的部分。他们的研究成果在 IEMOCAP（交互式情感动态捕捉数据库）[54]中的实验结果表明，循环模式效果最好。

Karttikeya Mangalam 等人[55]在情感识别的背景下研究语言中自发性（特定语言是否是自发的）的效果和有用性，假设语言中的情感内容与其自发性相互关联，并将自发性分类作为情感识别问题的辅助任务来改善语音情感识别，在论文中提出了两种有监督机器学习的设置：一种是在执行情感识别之前执行自发性检测的层次模型；另一种是共同学习识别自发性和情感的多任务学习模型。该设置使用 InterSpeech 2009 挑战赛的 HSF 特征集，并输入 SVM 分类器用于情感分类。IEMOCAP 数据库的各种实验表明，通过使用自发性检测作为附加任务，可以实现改进不知道自发性的情感识别系统。

Shiqing Zhang 等人[56]探讨了如何模仿视觉相关任务，利用深度卷积神经网络（DCNN）来更好地学习语音特征，在论文中，首先提取三个与红、绿、蓝（RGB）图像表示类似的对数梅尔频谱（原始值、一阶导数和二阶导数），然后将在大型 ImageNet 数据集上预训练的 AlexNet-DCNN 模型用于学习语音的高级特征表示，同时对学习到的语音特征片段使用 DTPM（Discriminant Temporal Pyramid Matching，鉴别时序金字塔匹配）策略聚合，并将聚合特征输入线性支持向量机进行情感分析。他们的研究成果在 EMO-DB（柏林情感数据库）、eNTERFACE05（试听情感数据集）等公共数据集上都有良好的性能表现。他们的论文总结到，使用图像数据预训练的 DCNN 模型在提取情感语音特征后，再使用目标情感语音数据集进一步微调，可以明显提高语音情感识别的性能。

Dengke Tang 等人[57]调查了三种特征——原始信号、CQT（恒 Q 变换）声谱图和 STFT（短时傅里叶变换）声谱图后，比较了端到端学习框架下的三种建模方法：CRNN、ResNet、CNN 结合扩展特征。为了进一步提高系统的性能，他们研究了多种数据增强、平衡和采样方法，实验所用的数据集为 Emot-tAsS，由 2018 InterSpeech 挑战赛提供，是非典型人群（残障人士）的语音情感数据。实验结果表明，STFT 声谱图在比较的三种特征中性能最好。对于建模方法，在没做数据平衡前，CNN 结合扩展特征的效果最好，在做数据平衡后，CRNN 的效果最好。其中，数据平衡和增强可以使未加权准确率增加10%。

目前的研究趋向于融合多模态数据进行情感分析，例如融合声学特征、文本特征、视觉特征、生理特征、属性特征（地理位置、话题、性别、年龄、文化等）来共同建模分析，以提升整体情感识别性能。

2005 年，Chul Min Lee 等人[58]融合声学特征、文本语义语篇特征，使用线性分类器，在一个呼叫中心数据上进行了实验。结果显示，融合所有特征比仅使用声音特征，对于男性和女性情感分类的准确率分别提高了 40.7%和 36.4%。

Jaejin Cho 等人[59]提出将声音信息和文本信息相结合来提升情感识别性能：一方面，利用 LSTM 网络对 F0、Shimmer、Jitter、MFCC 等声学特征进行情感检测；另一方面，利用 multi-resolution（多分辨率）多重 CNN 对文本词序列进行情感检测。他们还优化了损失函数，使同一情感中的特征表达更接近，不同情感的特征表达距离更远。他们的研究成果在 IEMOCAP（Interactive Emotional Dyadic Motion Capture Database，交互式情感动态捕捉数据库）数据集和由美国英语电话语音组成的数据集上评估了性能。结果表明，与仅使用声学特征系统相比，融合音频和文本之后，两个数据集的未加权准确率分别相对提高了 24%和 3.4%。

Zhu Ren 等人[60]针对人机语音对话助手中的情感识别，提取了语音的能量、基频、MFCC、LFPC 等 113 维 HSF 声学统计特征，并通过数据观测提取了与情感相关的话题特征、时间特征、地域特征。这些特征被一起输入 DSNN（Deep Sparse Neural Network，稀疏神经网络）中进行建模，实现了海量互联网语音的情感分类和预测。

Boya Wu 等人[61]同样针对互联网数据的跨模态挑战，研究了融合跨模态数据属性的情感分析与建模问题，提出了一个对互联网数据进行跨模态融合建模的情感预测模型 HEIM（Hybrid Emotion Inference Model，混合情感推理模型）。当前人机语音对话的处理技术往往需要对语音对应文本进行自然语言处理。他们的研究是在此处理技术基础上，揭示语音的声学属性、语音的话题类别、地理位置等查询属性和情感之间的关联关系，并将用户语音的文本属性、声学属性和查询属性进行跨模态融合建模，即用 LDA（隐狄利克雷分配模型）来生成文本特征，并用 LSTM 对原始声学特征建模，提取声学特征的高层表达，在训练 LSTM 前，用 RAGQA（Recurrent Autoencoder Guided by Query Attributes，查询属性引导的递归自编码器）融合语音的查询属性对 LSTM 进行预训练。他们研究出的模型在海量真实数据库上和柏林数据库上进行了相关实验，实验结果表明了模型对情感分析与预测的有效性。

4.2.2.2　语音情感识别模型

常见的语音情感识别模型包括 NB、KNN、Decision Tree（决策树）、RandomForest（随机森林）、GMM、HMM、SVM、MLP 及基于深度学习的算法。

1996 年，Frank Dellaert 等人[62]录制了一个语料库，在 MLB（Maximum Likelihood Bayes，最大似然贝叶斯）、KR（Kernel Regression，核回归）和 KNN 三种模式识别技术中，发现 KNN 获得了最佳的结果。他们制作的语料库包含几个不同发言者的超过 1000 个语音。其中，50 个短句被选为域的代表，以特定的 4 种情感（快乐、悲伤、愤怒和恐惧）及正常方式说出的特定句子，共产生 250 个训练语音。为了提升 KNN 模型的性能，他们在特征挑选和距离度量上都进行了大量的尝试，提出了一种基于音高轮廓的与从语音中提取韵律特征近似的平滑样条新方法，并且为了最大限度地利用可用的有限数量的训练数据，引入了一种新颖的模式识别技术：子空间专家的多数投票。KNN 算法比较依赖特征选择和距离度量方法选择，在性能提升方面比较困难，只在早期应用较多[63]。

2001 年，Feng Yu 等人[64]在研究中较早应用了 SVM 分类器，从国内电视及广播中采集了 2000 多句语音片段，标记了生气、高兴、悲伤和中性四种情感，并且提取了韵律特征。采用了投票的方式对多个分类器进行训练，综合所有分类器的得分得到最后的分类结果。Hao Hu 等人[65]提取了语音的 MFCC 特征和能量的统计特征，为每一条语音训练一个 GMM，并将得到的超向量输入到 SVM 进行情感分类预测。在早期的几个机器学习算法中，SVM 分类器相对来说有比较强大的分类能力，一直是语音情感识别中的主流系统，其效果也在大量研究中作为比较分类器性能的基线。不过，SVM 仍然非常依赖于特征选择[63]。

在深度学习技术出现之前，MLP 已被应用到语音情感识别任务中来。由于受限于当时的计算资源和训练方式，MLP 并没有表现出比其他方法更佳的性能。随着计算机算力的提升和对神经网络的深入研究，训练复杂神经网络成为可能。DNN 是拥有多个隐层的 MLP，有着更加强大的学习能力，随着计算机硬件的进步，训练 DNN 的速度有了很大的提升，在语音情感识别领域中的应用也随之出现[63]。2011 年，Andre Stuhlsatz[66] 在多个情感数据集上使用 DNN 模型所得到的结果均好于 SVM。除此之外，DNN 也可用于特征提取器，其输出的特征可供不同的分类器使用。Kun Han 等人[67] 利用 DNN 从原始数据中提取高阶特征，并将这些特征输入到一个 ELM（Extreme Learning Machine，极端学习机）中进行句子级别语音情感分析。实验结果表明，该方法能有效地从低阶特征中提取情感信息，与已有的最优方法相比，相对准确度提升了 20%。

CNN 模型近年来在语音情感识别中备受关注，允许更大规模的特征输入，适合于二维特征，可以同时捕捉时域特征和频域特征[63]。在 4.2.2.1 节中也提到了一些为更好地提取语音情感特征而使用的基于各种 CNN 的变形网络结构。

语音信号是时序信号。RNN 和 LSTM 能够很好地针对序列特征进行学习。2002 年，Chang-Hyun Park 等人[68] 曾经探索过基于 RNN 的语音情感识别模型，由于模型比较简单，并未取得明显的效果[63]。后来，研究者通过提升 RNN、LSTM 的复杂度，并结合 CNN 进行更有效的特征提取，使性能得到了显著的提升，近年来已经成为常用的方法。近几年，注意力感知机制也被广泛应用到语音情感分析研究中，在辅助特征提取和多模态特征融合方面都有不错的表现。此外，随着一些维度、帧级别标注的语料库，如 RECOLA（Remote Collaborative and Affective Interactions，远程协作和情感交互数据库）[69] 的出现，也有不少语音细粒度的研究工作不同于之前基于 IEMOCAP、柏林情感数据库等预测的句子级别的维度类别标签。该研究工作主要预测的是帧级别情感的维度类别标签。

Runnan Li 等人[70] 提出了一种基于深度学习的模型框架，通过采用 Multi-head Self-attention（多头自注意力）算法及 GCA-LSTM（Global Context-aware Attention，全局上下文注意力感知）算法构建语音表征学习模块：通过使用多头注意力算法，所提框架可以在特征学习阶段选择性地从情感凸显的语音段中导入更多的信息，同时可以利用来自不同子空间的信息提升特征学习的性能；通过利用 GCA-LSTM，所提框架可以从任意长度的语音输入中有效地生成句子级别的语音情感表征。GCA-LSTM 的全局上下文记忆单元可以进一步增强模型利用全局上下文信息的能力，缓解在递归计算过程中的信息丢失问题。GCA-LSTM 利用独特的信息量计算方法，在语音情感表征生成阶段，通过记忆的全局信息调控从不同位置的语音块信息导入，进一步强化了句子级别表征对情感的表达，排除了环境扰动对句子级别语音情感表征生成的干扰，使生成的表征更加稳定，具有更好的辨别度，同时使语音情感识别系统可以在真实的语音对话环境中取得稳定、有效的语音情感识别效果。

Ziping Zhao 等人[71]使用基于注意力机制的 LSTM 和 FCN（Fully Convolutional Network，全连接卷积神经网络）来获得更好的语音特征提取，并将获得的更具有时空表征的声学特征输入 DNN 进行情感分类。他们的研究成果在情感数据库 CHEAVD（Chinese Natural Emotional Audio-Visual Database，中文自然音/视频情感数据库）[72]和 IEMOCAP 上都有很好的性能表现。

Panagiotis Tzirakis 等人[73]提出了一种端到端的情感识别模型，由卷积神经网络组成，从原始语音信号中提取声学特征，并在其上叠加一个两层的长短期记忆网络来考虑数据的上下文信息。该模型在 RECOLA 数据库上的实验显示，预测情感的一致性相关系数显著优于当时已有的基于该数据库的最优方法。

Zixing Zhang 等人[74]提出了一种新颖的机器学习框架，即 DDAT（Dynamic Difficulty Awareness Training，动态难度意识训练）。DDAT 包括两个阶段，即信息检索和信息利用：在信息检索阶段，利用输入特征的重建误差或注释的不确定性来估计学习特定信息的难度，并将所获得的难度级别与原始特征一起输入信息利用阶段的更新模型，使模型在学习过程中可以关注高难度区域。在 RECOLA 上的大量实验表明，DDAT 优于其他连续时间情感预测系统，表明动态整合神经网络的难度信息有助于增强学习过程。

因为语音情感标注的困难性，所以如何解决标注数据的不足成了重点研究方向，包括迁移学习、半监督学习等。基于情感信息的共通性，语音情感数据有较为相似的标签，一些研究尝试通过不同的数据集进行模型的训练和评估，如迁移学习。在源数据集上训练模型后，迁移学习通过模型的微调，在目标数据集上得到最好的性能。

域适应旨在使用来自源域的标注数据训练模型，同时最小化目标域上测试集的误差。Fan Qi 等人[75]研究了一个新的多模域自适应问题，提出了一个统一的 cross-domain（跨域）MDANN（Multimodal Domain Adaptation Neural

Networks，多模态域自适应神经网络）框架。该框架由三个部分组成：①一个协变多模态注意力模型，用这个模型来学习多种模态的共同特征表示；②一个自适应地融合不同模态参与特征的融合模块；③混合域约束部分，通过约束单模态特征、融合特征和注意力得分来综合学习域不变特征，通过在对抗目标下的联合参与和融合，将特征中最具有鉴别能力和领域适应性的部分自适应地融合在一起。在两个实际的跨领域应用（情感识别和跨媒体检索）中的大量实验结果证明了该方法的有效性。

在情感识别问题中，特征和标签的联合分布在不同域上有显著的差别。Alison Marczewski 等人[76]提出了一个深度学习架构。该架构利用卷积网络提取领域共享特征，并通过长期、短期记忆网络来使用领域特定特征对情感进行分类。考虑到语音情感数据的稀疏性及目标域缺少标记数据，他们使用可迁移特征来实现多个源域的模型自适应。通过一个具有不同语音情感域的综合跨语料库的实验表明，可迁移特征在语音情感识别中的正确率提高了4.3%，达到18.4%。

Samuel Albanie 等人[77]提出了一个新颖的 cross-modal（跨模态）策略来解决语音情感分析标注数据有限的问题。在其论文中基于一个简单的假设：语音的情感内容与说话人的面部表情相关。通过这种关系，他们认为情感注释可以通过跨模态从视觉域转移到语音域。论文中主要有三个步骤：①提出一个达到最先进水平的面部情感识别教师网络；②使用教师网络训练学生网络，该学生网络可以有效学习语音情感识别的表示，无需带标注的音频数据；③验证了学生网络学习得到的语音情感表示可以用于其他语音情感识别数据集。

Saurabh Sahu 等人[78]尝试应用对抗训练网络以提高 cross-corpus（跨数据集）的语音情感识别系统的准确性。具体分为两部分：①对抗性训练，根据给定的训练数据标签确定对抗方向；②虚拟对抗训练，仅根据训练数据的输出分布确定对抗方向。他们通过对 IEMOCAP 数据库进行 k 折交叉验证实验及三个独立语料库进行跨语料库性能分析来证明对抗训练过程的有效性。结果显示了与纯监督方法相比，该方法具有更好的性能和更好的泛化能力。

同时，还有不少研究工作基于弱监督框架的情感识别来解决标注数据有限的问题，在海量网络数据、人机对话应用、跨数据集情感分析等场景中，体现了更好的识别性能和更好的鲁棒性，例如基于 SAE（Stacked Autoencoder，栈式自编码器）、VAE（Variational Autoencoder，变分自编码器）、AAE（Adversarial Autoencoder，对抗自编码器）、DANN（Domain Adversarial Neural Network，域对抗神经网络）、GAN（Generative Adversarial Network，生成对抗网络）等的弱监督情感识别方法。

GAN 由于具备学习和模仿输入数据分布的能力而受到机器学习领域的广泛关注。GAN 由一个鉴别器和一个生成器组成。它们协同工作，通过最小–最大游戏来学习目标数据的分布。Saurabh Sahu 等人[79]研究了 GAN 的应用，以生成用于语音情感识别的特征向量。具体来说，他们对两项内容进行研究：①学习实际高维特征向量的低维分布表示的 vanilla GAN；②依赖情感标签或情感类别为条件来学习高维特征分布的条件 GAN。

Suping Zhou 等人[80]提出了基于 MGNN（Multi-path Generative Neural Network，多路径生成神经网络）海量网络数据的情感计算方法。其论文主要面向 VDA（Voice Dialogue Applications，语音对话系统）中的用户情感分析问题。在语音对话系统中，通常拥有大量的语音对话系统用户和大量的未标记数据，以及来自多模态数据的高维输入特征，这对传统的语音情感识别方法提出了挑战。针对这种挑战，他们提出了一种半监督多路径生成神经网络的解决策略：首先，为了解决输入特征维数过高的问题，提出了一种有监督学习框架 MDNN（Multi-path Deep Neural Network，多路径深度神经网络）。原始特征被分组送入不同的局部分类器，所有分组特征的高级表示特征被拼接后送入全局分类器。局部分类器和全局分类器通过一个单一的目标函数一起训练。为了解决标注数据有限的问题，他们对 MDNN 进行了拓展，使用 semi-VAE（semi-Variational Autoencoders，半监督变分自编码器）取代之前的 DNN 作为 MDNN 的构建模块，来实现同时训练标注数据和未标注数据。在 SVAD13（2013 Sogou Voice Assistant Dataset，2013 搜狗语音助手数据集）和 IEMOCAP 公开数据集上的实验显示，其结果都优于现有的最新结果。

Sayan Ghosh 等人[81]从原始语音和声门流信号中提取谱图特征来研究半监督情感识别。他们使用栈式自编码器实现频谱图编码，使用循环神经网络实现情感类别分类。具体而言，他们进行了两项实验来改进 RNN 训练：①表征学习——使用声门流信号进行模型训练来探究说话人和说话内容对分类表现的影响；②迁移学习——在关于情感效价和激活度判别的 RNN 上进行训练，并将训练好的模型迁移到情感分类任务中。

指示正面或负面情绪状态说话人声音的细微变化，经常被与情绪强度或情绪激活相关的声音特征"掩盖"，因此 Jonathan Chang 等人[82]探索了一种新的特征学习方法，可以自动通过机器学习得到更具判别性的情感语音表征。该方法采取两种机器学习策略来提高最终情感分类性能，即使用 DCGAN（Deep Convolution Generative Adversarial Network，深度卷积生成对抗网络）对未标注数据进行训练及多任务学习。在 IEMOCAP 数据库中，基于说话人独立的情感分类实验表明，该方法所采用的利用未标注数据的方法可以显著提高分类性能。

John Gideon 等人[83]提出了 ADDoG（Adversarial Discriminative Domain Generalization，对抗性判别域泛化）模型。该模型遵循更容易训练的"meet in the middle（中间化）"方法，通过多次迭代使得每个数据集学习得到的特征表示更接近，从而提升模型跨数据集的泛化能力。此外，他们还提出了 Multiclass ADDoG（多数据集对抗性判别域泛化），能够将所提出的方法扩展到两个以上的数据集。结果显示，在不使用目标数据集中的标注数据时明显提升了实验性能；在使用目标数据集中的标注数据时，对比现有最优方法也有改善。同时，尽管实验侧重于跨语料库语音情感，但在实验中所提的方法同样适用于需要去除一些不必要变异因素的情景。

Sefik Emre Eskimez 等人[84]使用无监督特征学习技术从语音中自动学习特征，并使用这些特征来训练情感分类器。他们设计了一个基于 CNN 的 ASER（Automatic Speech Emotion Recognition，自动语音情感识别）系统，首次系统地探索比较多种无监督学习技术，以改善与说话人无关的自动语音情感识别的准确性。在其论文中列举并比较了几种可以在特征学习中捕获数据分布的内在结构的无监督方法，包括 DAE（Denoising Autoencoder，去噪自编码器）、VAE、AAE 和 AVB（Adversarial Variational Bayes，对抗性变分贝叶斯）。

4.3　当前语言情感识别的挑战

随着深度学习的发展，对语言情感计算的研究取得了显著的发展，同时也为实现计算机系统的"情感智能"打下了坚实的理论、技术基础。目前，语言情感计算主要有以下几个方面的挑战。

4.3.1　领域依赖

由于情感表达在不同领域、不同语言中的差别较大，无论在有监督学习方法还是无监督学习方法中，情感分类都面临着领域、语言、数据库的依赖问题，因此实现跨领域、跨语种、跨数据集的通用语言情感分析模型是未来的研究方向之一。

4.3.2　语料库的建设

情感分类领域缺乏大规模的标注数据库，尤其是面向真实人机环境及社交网络的维度表示、帧级别等细粒度标注的数据库。如何构造大规模带标数据，以及在现有标注数据匮乏的情况下，更好地采用弱监督方法提升现有性能也是重点研究方向之一。

4.3.3　多模态融合

社交网络或人机对话环境等真实应用场景往往是音频、文本、图像、属性等多种信息的融合。属性信息既包括一些社会属性，如地理位置、话题等，也包括用户属性，如用户年龄、性别等。情感计算多模态融合研究既有助于提升整体情感分析的准确性，也有助于推进个性化的情感分析。

4.3.4　细粒度情感计算

现如今的语音情感计算已经有不少是面向细粒度情感分析的研究，如文本层面面向评价对象的研究及语音方向面向帧级别、维度表示的研究，都取得了不错的进展。限于细粒度标注的困难性，特别是在语音情感计算方向，仍然有很多局限性。未来，细粒度情感计算仍然是热点研究方向之一。

参考文献

［1］吴博雅. 基于跨模态互联网数据的情感分析与建模研究［D/OL］. 北京：清华大学，2017［2019-09-09］. http：//etds. lib. tsinghua. edu. cn/Thesis/Thesis/ThesisSearch/Search_DataDetails. aspx？dbcode = ETDQH&dbid = 7&sysid = 243868.

［2］任竹. 互联网海量语音数据的群体情感分析与预测研究［D/OL］. 北京：清华大学，2014［2019-09-09］. http：//etds. lib. tsinghua. edu. cn/Thesis/Thesis/ThesisSearch/Search_DataDetails. aspx？dbcode =

ETDQH&dbid=7&sysid=216169.

［3］李润楠. 面向人机对话的语音表现力感知和反馈研究 ［D］. 北京：清华大学，2019.

［4］Ekman P, Friesen W V, O'Sullivan M, et al. Universals and cultural differences in the judgments of facial expressions of emotion ［J］. Journal of Personality and Social Psychology, 1987, 53（4）：712-717.

［5］Ren Z, Jia J, Cai L, et al. Learning to infer public emotions from large-scale networked voice data ［C］//Proceedings of International Conference on Multimedia Modeling. Springer, Cham, 2014：327-339.

［6］Ortony A, Turner T J. What's basic about basic emotions? ［J］. Psychological review, 1990, 97（3）：315.

［7］薛文韬. 语音情感识别综述 ［J］. 软件导刊，2016，15（9）：143-145.

［8］Zhang L, Wang S, Liu B. Deep learning for sentiment analysis：A survey ［J］. Wiley Interdisciplinary Reviews：Data Mining and Knowledge Discovery, 2018：e1253.

［9］季立堃. 基于深度学习的文本情感分析技术研究 ［D/OL］. 北京：北京邮电大学，2019［2019-08-28］. https://kns.cnki.net/KCMS/detail/detail. aspx?dbcode=CMFD&dbname=CMFDTEMP&filename=1019052691.nh&v=MjUwNzZWTDNLVkYyNkY3TzlITmZGcnBFYlBJUjhlWDFMMdXhZUzdEaDFUM3FUcldNMUZyQ1VSTE9mYnVadUZ5N2w=.

［10］李然，林政，林海伦，等. 文本情绪分析综述 ［J］. 计算机研究与发展，2018，55（1）：30-52.

［11］Paltoglou G, Thelwall M. Twitter, MySpace, Digg：Unsupervised sentiment analysis in social media ［J］. ACM Transactions on Intelligent Systems and Technology（TIST），2012，3（4）：66.

［12］Turney P D. Thumbs Up or Thumbs Down? Semantic Orientation Applied to Unsupervised Classification of Reviews ［C］//Proceedings of Annual Meeting of the Association for Computational Linguistics, 2002：417-424.

［13］Turney P D, Littman M L. Measuring praise and criticism：Inference of semantic orientation from association ［J］. ACM Transactions on Information Systems, 2003, 21（4）：315-346.

［14］Miller G A. WordNet：a lexical database for English ［J］. Communications of the ACM, 1995, 38（11）：39-41.

［15］Stone P J, Bales R F, Namenwirth J Z, et al. The general inquirer：A computer system for content analysis and retrieval based on the sentence as a unit of information ［J］. Behavioral Science, 1962, 7（4）：484-498.

［16］Dong Z, Dong Q, Hao C. Hownet and its computation of meaning ［C］//Proceedings of the 23rd international conference on Computational Linguistics：Demonstrations. Association for Computational Linguistics, 2010：53-56.

［17］Opinion extraction, summarization and tracking in news and blog corpora ［C］//Proceedings of AAAI. 2006：100-107.

［18］陈涛. 基于分布式表示学习的文本情感分析 ［D/OL］. 哈尔滨：哈尔滨工业大学，2017［2019-09-01］. https：//kns. cnki. net/KCMS/detail/detail. aspx?dbcode=CDFD&dbname=CDFDLAST2019&filename=1018895109. nh&v=MDI1NzZWTHpCVkYyNkZydXhHOURNcHBFYlBJUjhlWDFMMdXhZ-UzdEaDFUM3FUcldNMUZyQ1VSTE9mYnVadUZ5N2w=.

［19］Pang B, Lee L, Vaithyanathan S. Thumbs up?：sentiment classification using machine learning techniques ［C］//Proceedings of the Conference on Empirical Methods in Natural Language Processing（EMNLP），2002：79-86.

［20］Nakagawa T, Inui K, Kurohashi S. Dependency tree-based sentiment classification using CRFs with hidden variables [C] //Human Language Technologies: The 2010 Annual Conference of the North American Chapter of the Association for Computational Linguistics. Association for Computational Linguistics, 2010: 786-794.

[21] Wang S, Manning C D. Baselines and bigrams: Simple, good sentiment and topic classification [C]// Proceedings of the 50th annual meeting of the association for computational linguistics: Short papers-volume 2. Association for Computational Linguistics, 2012: 90-94.

[22] Dasgupta S, Ng V. Mine the easy, classify the hard: a semi-supervised approach to automatic sentiment classification [C] //Proceedings of the Joint Conference of the 47th Annual Meeting of the ACL and the 4th International Joint Conference on Natural Language Processing of the AFNLP. 2009: 701-709.

[23] Li J, Hovy E. Sentiment analysis on the people's daily [C]//Proceedings of the 2014 conference on empirical methods in natural language processing (EMNLP). 2014: 467-476.

[24] Mikolov T, Chen K, Corrado G, et al. Efficient estimation of word representations in vector space [DB/OL]. [2019-09-08]. https://arxiv. org/abs/1301. 3781

[25] Pennington J, Socher R, Manning C. Glove: Global vectors for word representation [C]//Proceedings of the 2014 conference on empirical methods in natural language processing (EMNLP). 2014: 1532-1543.

[26] Bojanowski P, Grave E, Joulin A, et al. Enriching word vectors with subwordinformation [J]. Transactions of the Association for Computational Linguistics, 2017, 5: 135-146.

[27] Peters M E, Neumann M, Iyyer M, et al. Deep contextualized word representations [C] //Proceedings of NAACL-HLT. 2018: 2227-2237.

[28] Radford A, Narasimhan K, Salimans T, et al. Improving language understanding by generative pre-training [J]. [2019-9-24]. https://www. cs. ubc. ca/~amuham01/LING530/papers/radford2018improving. pdf.

[29] Devlin J, Chang M W, Lee K, et al. BERT: Pre-training of Deep Bidirectional Transformers for Language Understanding [C] //Proceedings of the 2019 Conference of the North American Chapter of the Association for Computational Linguistics: Human Language Technologies. 2019: 4171-4186.

[30] Socher R, Perelygin A, Wu J, et al. Recursive deep models for semantic compositionality over a sentiment treebank [C] //Proceedings of the 2013 conference on empirical methods in natural language processing. 2013: 1631-1642.

[31] Tai K S, Socher R, Manning C D. Improved semantic representations from tree-structured long short-term memory networks [C] // Proceedings of the 53rd Annual Meeting of the Association for Computational Linguistics (ACL). Beijing, China: Association for Computational Linguistics, 2015: 1556-1566.

[32] Kim Y. Convolutional neural networks for sentence classification [C]. Proceedings of the 2014 Conference on Empirical Methods in Natural Language Processing (EMNLP). Doha, Qatar: Association for Computational Linguistics, 2014: 1746-1751.

[33] Kalchbrenner N, Grefenstette E, Blunsom P. A convolutional neural network formodelling sentences [C] // Proceedings of the 52nd Annual Meeting of the Association for Computational Linguistics (ACL). Baltimore, Maryland: Association for Computational Linguistics, 2014: 655-665.

[34] Wang X, Liu Y, Sun C, et al. Predicting polarities of tweets by composing word embeddings with long short-term memory [C] // Proceedings of the 53rd Annual Meeting of the Association for Computational Linguistics (ACL). Beijing, China: Association for Computational Linguistics, 2015, 1: 1343-1353.

[35] Liu P, Qiu X, Huang X. Recurrent neural network for text classification with multi-task learning [C] //Proceedings of the Twenty-Fifth International Joint Conference on Artificial Intelligence. AAAI

Press, 2016: 2873-2879.

[36] Wang Y, Huang M, Zhu X, et al. Attention-based LSTM for aspest-level sentiment classification [C] //Proceedings of the 2016 conference on empirical methods in natural language processing, 2016: 606-615.

[37] Chen Y, Yuan J, You Q, et al. Twitter sentiment analysis via bi-sense emoji embedding and attention-based LSTM [C] //2018 ACM Multimedia Conference on Multimedia Conference. ACM, 2018: 117-125.

[38] Miyato T, Dai A M, Goodfellow I. Adversarial training methods for semi-supervised text classification [DB/OL]. [2019-09-01]. https://arxiv.org/abs/1605.07725.

[39] Meng Y, Shen J, Zhang C, et al. Weakly-supervised neural text classification [C] //Proceedings of the 27th ACM International Conference on Information and Knowledge Management. ACM, 2018: 983-992.

[40] Davis S, Mermelstein P. Comparison of parametric representations for monosyllabic word recognition in continuously spoken sentences [J]. IEEE transactions on acoustics, speech, and signal processing, 1980, 28 (4): 357-366.

[41] Schuller B, Rigoll G, Lang M. Hidden Markov model-based speech emotion recognition [C] //2003 IEEE International Conference on Acoustics, Speech, and Signal Processing (ICASSP), 2003, II: 1-4.

[42] Nogueiras A, Moreno A, Bonafonte A, et al. Speech emotion recognition using hidden Markov models [C] // In EUROSPEECH, 2001: 2679-2682.

[43] Nwe T L, Foo S W, De Silva L C. Speech emotion recognition using hidden Markov models [J]. Speech communication, 2003, 41 (4): 603-623.

[44] Ingale A B, Chaudhari D S. Speech emotion recognition [J]. International Journal of Soft Computing and Engineering (IJSCE), 2012, 2 (1): 235-238.

[45] Pan Y, Shen P, Shen L. Speech emotion recognition using support vector machine [J]. International Journal of Smart Home, 2012, 6 (2): 101-108.

[46] Burkhardt F, Paeschke A, Rolfes M, et al. A database of German emotional speech [C] //INTER-SPEECH, 2005, 11: 1517-1520.

[47] Eyben F, Scherer K R, Schuller B W, et al. The Geneva minimalistic acoustic parameter set (GeMAPS) for voice research and affective computing [J]. IEEE Transactions on Affective Computing, 2015, 7 (2): 190-202.

[48] Weninger F, Eyben F, Schuller B W, et al. On the acoustics of emotion in audio: what speech, music, and sound have in common [J]. Frontiers in psychology, 2013, 4: 292.

[49] Schuller B, Steidl S, Batliner A. The interspeech 2009 emotion challenge [C] //Tenth Annual Conference of the International Speech Communication Association. 2009: 312-315.

[50] Schuller B, Steidl S, Batliner A, et al. The INTERSPEECH 2010 paralinguistic challenge [C] //Eleventh Annual Conference of the International Speech Communication Association. 2010: 2794-2797.

[51] Schmitt M, Schuller B. OpenXBOW: introducing the passau open-source crossmodal bag-of-words toolkit [J]. The Journal of Machine Learning Research, 2017, 18 (1): 3370-3374.

[52] Kim J, Saurous R A. Emotion Recognition from Human Speech Using Temporal Information and Deep Learning [C] //Interspeech. 2018: 937-940.

[53] Huang J, Li Y, Tao J, et al. Speech Emotion Recognition from Variable-Length Inputs with Triplet Loss

Function ［C］//Interspeech. 2018：3673-3677.

［54］ Busso C, Bulut M, Lee C C, et al. IEMOCAP：Interactive emotional dyadic motion capture database ［J］. Language resources and evaluation, 2008, 42（4）：335.

［55］ Mangalam K, Guha T. Learning Spontaneity to Improve Emotion Recognition in Speech ［J］. Proc. Interspeech 2018, 2018：946-950.

［56］ Zhang S, Zhang S, Huang T, et al. Speech emotion recognition using deep convolutional neural network and discriminant temporal pyramid matching ［J］. IEEE Transactions on Multimedia, 2017, 20（6）：1576-1590.

［57］ Tang D, Zeng J, Li M. An End-to-End Deep Learning Framework for Speech Emotion Recognition of Atypical Individuals ［J］. Proc. Interspeech 2018, 2018：162-166.

［58］ Lee C M, Narayanan S S. Toward detecting emotions in spoken dialogs ［J］. IEEE transactions on speech and audio processing, 2005, 13（2）：293-303.

［59］ Cho J, Pappagari R, Kulkarni P, et al. Deep Neural Networks for Emotion Recognition Combining Audio and Transcripts ［C］//Interspeech. 2018：247-251.

［60］ Ren Z, Jia J, Guo Q, et al. Acoustics, content and geo-information based sentiment prediction from large -scale networked voice data ［C］//2014 IEEE International Conference on Multimedia and Expo（IC-ME）. IEEE, 2014：1-4.

［61］ Wu B, Jia J, He T, et al. Inferring users' emotions for human-mobile voice dialogue applications ［C］// 2016 IEEE International Conference on Multimedia and Expo（ICME）. IEEE, 2016：1-6

［62］ Dellaert F, Polzin T, Waibel A. Recognizing emotion in speech ［C］//Proceeding of Fourth International-al Conference on Spoken Language Processing. 1996：1970-1973.

［63］ 李鹏程. 基于深度学习的语音情感识别研究 ［D/OL］. 北京：中国科学技术大学, 2019 ［2019-09-09］. https://kns. cnki. net/KCMS/detail/detail. aspx?dbcode=CMFD&dbname=CMFD201902&filename= 1019074507. nh&v=MjA0MjFYMUx1eFlTN0RoMVQzcVRyV00xRnJDVVJMT2ZidVptRkNyblY3M0FWR-jI2RjdPL0d0VE1xSkViUElSOGU=

［64］ Yu F, Chang E, Xu Y Q, et al. Emotion detection from speech to enrich multimedia content ［C］//Pa-cific-Rim Conference on Multimedia. Springer, Berlin, Heidelberg, 2001：550-557.

［65］ Hu H, Xu M X, Wu W. GMM supervector based SVM with spectral features for speech emotion recogni-tion ［C］//2007 IEEE International Conference on Acoustics, Speech and Signal Processing-ICASSP' 07. IEEE, 2007, 4（IV）：413-416.

［66］ Stuhlsatz A, Meyer C, Eyben F, et al. Deep neural networks for acoustic emotion recognition：raising the benchmarks ［C］//2011 IEEE international conference on acoustics, speech and signal processing（IC-ASSP）. IEEE, 2011：5688-5691.

［67］ Han K, Yu D, Tashev I. Speech emotion recognition using deep neural network and extreme learning ma-chine ［C］// Interspeech 2014. 2014：223-227.

［68］ Park C H, Lee D W, Sim K B. Emotion recognition of speech based on RNN ［C］//Proceedings. Inter-national Conference on Machine Learning and Cybernetics. IEEE, 2002, 4：2210-2213.

［69］ Ringeval F, Sonderegger A, Sauer J, et al. Introducing the RECOLA multimodal corpus of remotecollabo-rative and affective interactions ［C］//2013 10th IEEE international conference and workshops on auto-matic face and gesture recognition（FG）. IEEE, 2013：1-8.

［70］ Li R, Wu Z, Jia J, et al. Towards Discriminative Representation Learning for Speech Emotion

Recognition ［C/OL］// Proceedings of the 28th International Joint Conference on Artificial Intelligence （IJCAI），2019. ［2019 - 09 - 13］. https：//hcsi. cs. tsinghua. edu. cn/Paper/Paper19/IJCAI19 - LIRUNNAN. pdf

［71］ Zhao Z，Zheng Y，Zhang Z，et al. Exploring Spatio-Temporal Representations by Integrating Attention-based Bidirectional-LSTM-RNNs and FCNs for Speech Emotion Recognition ［J］. Proc. Interspeech 2018，2018：272-276.

［72］ Li Y，Tao J，Chao L，et al. CHEAVD：a Chinese natural emotional audio-visual database ［J］. Journal of Ambient Intelligence and Humanized Computing，2017，8（6）：913-924.

［73］ Tzirakis P，Zhang J，Schuller B W. End-to-end speech emotion recognition using deep neural networks ［C］//2018 IEEE International Conference on Acoustics，Speech and Signal Processing（ICASSP）. IEEE，2018：5089-5093.

［74］ Zhang Z，Han J，Coutinho E，et al. Dynamic difficulty awareness training for continuous emotion prediction ［J］. IEEE Transactions on Multimedia，2018，21（5）：1289-1301.

［75］ Qi F，Yang X，Xu C. A unified framework for multimodal domain adaptation ［C］//2018 ACM Multimedia Conference on Multimedia Conference. ACM，2018：429-437.

［76］ Marczewski A，Veloso A，Ziviani N. Learning transferable features for speech emotion recognition ［C］//Proceedings of the on Thematic Workshops of ACM Multimedia 2017. ACM，2017：529-536.

［77］ Albanie S，Nagrani A，Vedaldi A，et al. Emotion Recognition in Speech using Cross-Modal Transfer in the Wild ［C］//2018 ACM Multimedia Conference on Multimedia Conference. ACM，2018：292-301.

［78］ Sahu S，Gupta R，Sivaraman G，et al. Smoothing model predictions using adversarial training procedures for speech based emotion recognition ［C］//2018 IEEE International Conference on Acoustics，Speech and Signal Processing（ICASSP）. IEEE，2018：4934-4938.

［79］ Sahu S，Gupta R，Espy-Wilson C. On Enhancing Speech Emotion Recognition Using Generative Adversarial Networks ［C］//Proceedings ofInterspeech 2018，2018：3693-3697.

［80］ Zhou S，Jia J，Wang Q，et al. Inferring emotion from conversational voice data：A semi-supervised multi-path generative neural network approach ［C］//Thirty-Second AAAI Conference on Artificial Intelligence. 2018：579-586.

［81］ Ghosh S，Laksana E，Morency L P，et al. Representation Learning for Speech Emotion Recognition ［C］//Proceedings of Interspeech 2016. 2016：3603-3607.

［82］ Chang J，Scherer S. Learning representations of emotional speech with deep convolutional generative adversarial networks ［C］//2017 IEEE International Conference on Acoustics，Speech and Signal Processing（ICASSP）. IEEE，2017：2746-2750.

［83］ Gideon J，McInnis M，Provost E M. Improving Cross-Corpus Speech Emotion Recognition with Adversarial Discriminative Domain Generalization（ADDoG）［J］. IEEE Transactions on Affective Computing，2019，DOI：10. 1109/TAFFC. 2019. 2916092. ［2019 - 09 - 01］. https：//ieeexplore. ieee. org/abstract/document/8713918.

［84］ Eskimez S E，Duan Z，Heinzelman W. Unsupervised learning approach to feature analysis for automatic speech emotion recognition ［C］//2018 IEEE International Conference on Acoustics，Speech and Signal Processing（ICASSP）. IEEE，2018：5099-5103.

第 5 章

自然语言生成技术

5.1 概述

自然语言生成（Natural Language Generation，NLG）是自然语言处理中非常重要和基础的任务。人类的自然语言交互可以分解为两个阶段：从大脑中的意义到自然语言的表达过程，即通常意义上的自然语言生成（NLG）；从自然语言到意义的理解过程，即通常意义上的自然语义理解（Natural Language Understanding，NLU）。因此，从某种意义上说，自然语言处理就是自然语言理解加上自然语言生成。自然语言生成的重要性可见一斑。

传统的自然语言生成大多基于模板的方法或统计语言模型（Statistical Language Model）[1]。基于模板的方法，通常由人工编写大量的模板，输入信息通过填槽的方式填入模板。这种方法的优点是可控性强；缺点是需要耗费大量的人力编写模板，表达形式固定单一，多样性差。基于统计语言模型的核心是建模条件概率 $P(y_t \mid y_{t-n+1}, y_{t-n+2}, \cdots, y_{t-1})$，建立 n-gram 的语言模型①，n 通常不会超过 4，通过一个大语料，在词语符号空间估计条件概率。统计语言模型由于需要估计大约 $|V|^n$（V 是词表）量级的条件概率，因此需要估计条件概率的数量过于庞大，在语料规模受限的情况下，对低频词或短语概率的估计很不可靠。同时，由于统计语言模型只包含条件概率表，因此这种非参数化模型的容量和表达能力十分有限，极大地限制了自然语言生成的性能。2003 年，Bengio 等人[2]提出了采用简单神经网络估计条件概率的神经概率语言模型，从此开启了采用神经网络建模语言模型的大门，深刻影响了后续基于神经网络的语言建模，如词向量表示[3]。

随着深度学习的兴起，现代自然语言生成模型几乎都是基于深度神经网

---

① 基于假设：生成当前词 y_t 的概率只与前 $n-1$ 个词有关，与更前面的词无关。

络的，特别是基于循环神经网络（Recurrent Neural Network，RNN）[4]和 Trans-
former 模型[5,6]，使基于神经网络的自然语言生成模型得到了极大的繁荣和发
展，并且应用在各种设定和任务中。各种设定包括文本到文本生成（Text-to-
Text）、数据到文本（Data-to-Text）、语义到文本（Meaning-to-Text）、图像
视频到文本（Image/Video-to-Text）等。Text-to-Text 设定涵盖文本摘要、句
子化简、语义复述改写、机器翻译、对话生成、诗歌生成、长文本生成（故
事、散文等）等。Data-to-Text 设定包括关键字到文本、表格到文本的生成
等。Meaning-to-Text 设定包含从语义表示（如逻辑表达式——Logic Form 抽
象意义表示——Abstract Meaning Representation）到文本的生成。Image/Video
-to-Text 设定包含图像标题生成（Image Captioning）、图片故事生成、视频描
述生成、视频故事讲述（Visual Story-Telling）等。

在各种设定和任务中，我们可以从输入信息是否完备、输入与输出之间
的不同关系等关键因素出发，对自然语言生成的任务与特点进行总结和分类。
表 5-1 总结了在不同的情况下，自然语言生成的任务与特点。对于文本摘要、
机器翻译等任务，其输入信息是完备（Perfect）的，即输入信息完整地包含
了所要生成内容的语义空间，这类任务是非开放性的（Non-Open-Ended），
即生成内容已经被限制在输入信息所定义的语义空间，对模型创造性的要求
也是最低的。对于对话生成任务，其输入信息并不能概括输出的内容空间①，
同一个输入可存在多种输出，即输入信息是不完备的（Imperfect），这类任务
属于开放性的生成任务（Open-Ended），其模型也需要有更多创造性、可以
生成更合适的内容。特别是对于故事生成这类任务，通常其输入信息十分有
限，模型需要规划合理的故事情节（因为存在多种可能的故事情节），生成逻
辑合理、情节吸引人的故事，难度更高。这类任务属于典型的开放性生成任
务，需要模型发挥很大的创造性。

表 5-1　自然语言生成的任务与特点

自然语言生成任务	任务类型	输入的完备性	生成的开放性	模型的创造性
文本摘要（Text Summarization）	文本到文本	完备	非开放	低

---

① 例如，"User A：今天天气真好。User B：是呀，我们一起去爬山吧。"，其输入和输出之间存
在明显的语义转换。

续表

自然语言生成任务	任务类型	输入的完备性	生成的开放性	模型的创造性
机器翻译（Machine Translation）	文本到文本	完备	非开放	低
句子简化（Sentence Simplication）	文本到文本	完备	非开放	低
复述生成（Paraphrase Generation）	文本到文本	完备	非开放	低
对话生成（Dialog Generation）	文本到文本	不完备	开放	高
故事/散文生成（Story/essay Generation）	文本到文本	不完备	开放	高
关键词/表格到文本（Keywords or Table to Text）	数据到文本	完备	开放	中
抽象语义表示或逻辑形式（AMR or Logic Form to Text）	语义到文本	完备	非开放	低
图像标题生成（Image Captioning）	图像到文本	完备	非开放	低
视频故事讲述（Visual Story Telling）	视频到文本	完备	非开放	中

5.2　序列到序列模型

序列到序列模型（Sequence to Sequence，Seq2Seq）[7]是一种重要的自然语言生成模型，在机器翻译、自动摘要、对话系统等领域广泛应用。在训练和测试过程中，序列到序列模型首先通过编码器对输入文本进行编码，然后通过解码器解码生成目标文本。本节将首先介绍序列到序列模型的基本原理和算法框架；然后介绍序列到序列模型的发展历程及注意力机制的使用；最后总结并预测未来的发展趋势。

5.2.1　基本原理和算法框架

序列到序列模型由编码器和解码器组成。其目标是建模输入文本和输出文本之间的条件概率分布，算法框架如图 5-1 所示。

在训练时，给定输入语句 $x = x_1 x_2 \cdots x_t \cdots x_m$，其中 x_t 表示输入语句中的第 t 个词，且输入语句中共包含 m 个词；希望输出的目标语句 $y = y_1 y_2 \cdots y_t \cdots y_n$，其中 y_t 表示目标语句中的第 t 个词，且目标语句中共包含 n 个词。序列到序列模型需要通过学习编码 x、解码 y 来建模条件概率分布 $P(y|x)$。由于直接学习 y 中所有词的联合概率分布较为困难，因此为了使序列到序列模型能够通过自回归的方式逐步对 y 中每一个词 y_t 的概率分布进行建模，需将 $P(y|x)$ 分

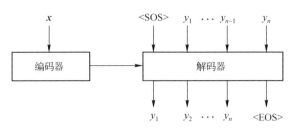

图 5-1　序列到序列模型的算法框架

解为

$$P(\boldsymbol{y} \mid \boldsymbol{x}) = \prod_{t=1}^{n} p(y_t \mid y_{<t}, \boldsymbol{x}) \tag{5-1}$$

即在解码器的第 t 个时间步输入目标语句中上一个位置的词 y_{t-1}（在第 1 步输入起始字符<SOS>[①]）、$\boldsymbol{x}$ 的编码状态和目前的解码状态，序列到序列模型就能得到 y_t 的解码概率 $p(y_t \mid y_{<t}, \boldsymbol{x})$，从而可利用最大似然估计进行优化。与训练时不同，测试时不存在希望输出的目标语句，序列到序列在解码器的每一步均输入模型本身输出的上一个词，直到遇到特殊字符<EOS>[②]，则停止输出。序列到序列模型在选择输出词的时候，既可以根据 $p(y_t \mid y_{<t}, \boldsymbol{x})$ 选择具有最大概率的词，也可以基于该概率进行采样，从而输出更具多样性的文本。

5.2.2　模型实现与注意力机制

循环神经网络编码器–解码器模型是最早的序列到序列模型[8]，采用两个循环神经网络（RNN）分别作为编码器和解码器。在编码器和解码器的每个时间步 t，编码状态和解码状态都由循环神经网络的隐状态表示，即

$$h_t^e = \mathrm{RNN}(h_{t-1}^e, \mathrm{embed}(x_t)) \tag{5-2}$$

$$h_t^d = \mathrm{RNN}(h_{t-1}^d, \mathrm{embed}(y_{t-1}), h_m^e) \tag{5-3}$$

其中，h_t^e 和 h_t^d 分别表示编码器和解码器在时间步 t 时的编码状态和解码状态；h_m^e 表示在编码完整个输入 $\boldsymbol{x}$ 之后所得到的编码状态，可以看作是对 $\boldsymbol{x}$ 中所包含的所有输入信息的总结；RNN 表示循环神经网络中的一系列非线性变换，也可以用更复杂的 LSTM 或 GRU 替换；embed 表示单词相对应的词向量。在

---

①　Start Of Sequence。

②　End Of Sequence。

得到每一个时间步的解码状态后，序列到序列模型通过一个多层感知器来预测相应时间的输出在整个词表中的概率分布，即

$$p(y_t \mid y_{<t}, \boldsymbol{x}) = \mathrm{softmax}(\mathrm{MLP}(h_t^d, \mathrm{embed}(y_{t-1}), h_m^e)) \tag{5-4}$$

在得到该概率分布之后，序列到序列模型即可以通过最大似然法进行训练。

后来提出的标准序列到序列模型[7]与上述模型基本相似，只是在使用编码状态和用解码器预测概率分布时略有不同。标准的序列到序列模型直接将编码器的最后一个编码状态 h_m^e 作为起始状态输入解码器中，即设置 $h_0^d = h_m^e$，在计算解码状态及预测概率分布时不再引入该编码状态，在预测概率分布时也仅关注当前的解码状态。式（5-3）和式（5-4）被形式化地改进为

$$h_t^d = \mathrm{RNN}(h_{t-1}^d, \mathrm{embed}(y_{t-1})) \tag{5-5}$$

$$p(y_t \mid y_{<t}, \boldsymbol{x}) = \mathrm{softmax}(\mathrm{MLP}(h_t^d)) \tag{5-6}$$

相比之下，标准的序列到序列模型更加简化，被广泛应用于其他文本生成任务。

通过实验发现，若用序列到序列模型生成文本，则 x 中越靠后的词对解码器生成文本时的影响越大，因为最终的编码状态 h_m^e 更容易记住这些词的信息，不符合常理，因此，注意力机制[9]被用来解决这一问题。在解码器进行解码时都会评价 x 中每个词的重要性，可使解码器预测的每个词能够动态地关注 $\boldsymbol{x}$ 的不同部分。使用注意力机制的序列到序列模型的算法框架如图 5-2 所示。

在使用注意力机制时，形式化改变的是计算解码状态的方式［见式（5-5）］。在计算时间步 t 的解码状态 h_t^d 时，使用注意力机制的序列到序列模型不仅考虑之前的解码状态 h_{t-1}^d 和上一步解码生成的词 y_{t-1}，同时也考虑对输入使用注意力之后所得到的上下文向量 $\boldsymbol{c}_t$，即

$$h_t^d = \mathrm{RNN}(h_{t-1}^d, \mathrm{embed}(y_{t-1}), \boldsymbol{c}_t) \tag{5-7}$$

$\boldsymbol{c}_t$ 实质上是对所有编码状态 $h_1^e, \cdots, h_m^e$ 的加权和，即

$$\boldsymbol{c}_t = \sum_{i=1}^{m} \alpha_{it} h_i^e \tag{5-8}$$

其中，α_{it} 是解码器对所有编码状态的注意力权重，即

$$\alpha_{it} = \mathrm{softmax}(\mathrm{ATT}(h_{t-1}^d, h_i^e)) \tag{5-9}$$

其中，ATT 是用于刻画当前解码状态与各个编码状态相似度的注意力函数，常被设置为点积计算。通过注意力机制，解码器在解码生成每个词时，都能

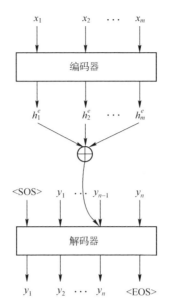

图 5-2　使用注意力机制的序列到序列模型的算法框架

动态地关注不同位置的编码状态，使模型具有更好的拟合能力和更强的可解释性。

5.2.3　小结

序列到序列模型通过编码器对上下文编码，通过解码器计算每个时间步的词的解码概率，可为文本生成任务提供普适的生成框架，具有较好的可扩展性和可解释性。存在的问题如下：

① 基于循环神经网络的序列到序列模型对于每一个序列都必须从左至右依次编码、解码，难以并行，具有较高的时间复杂度，在后面将要介绍的 Transformer 模型[5]具有完全基于注意力机制的编码器−解码器结构，能够较好地解决这一问题。

② 对于长文本生成，无论基于循环神经网络的序列到序列模型，还是 Transformer 模型，记忆能力均有限，难以建模长距离的上下文依赖。目前有研究指出，通过大规模语料的预训练能够较好地建模更长距离的依赖关系[6,10]。

③ 由基于最大似然法训练得到的序列到序列模型，使用贪心搜索时往往

容易过拟合到只能生成类似"我不知道""我也是"等这样的通用文本，目前可以通过集束搜索[11]或采样方式来缓解这一现象。

5.3　变分自编码器

变分自编码器（Variational Auto-Encoder，VAE）[12]是一种重要的生成式模型，在图像生成和自然语言生成领域均有广泛的应用。在训练过程中，变分自编码器可将文本映射为隐变量的后验概率分布，通过从概率分布中采样的隐变量便可重构文本，并通过设计损失函数来拉近隐变量的后验概率分布与先验概率分布的距离。在测试过程中，变分自编码器可直接在先验概率分布中采样隐变量并生成相应的文本。与传统的自编码器相比，变分自编码器将文本映射为隐空间的概率分布而非确定的向量，可以更好地建模文本的多样性和类别的可控性。

5.3.1　基本原理

变分自编码器的目标是通过重构任务来拟合真实数据的分布 $p(x)$。由于直接优化真实数据分布的对数似然 $\log p(x)$ 较困难，因此变分自编码器引入含参数的变分概率分布 $q_\varphi(z\,|\,x)$ 对原优化目标进行等价变换，即

$$\log p(x) = \mathbb{E}_{q_\varphi(z|x)}\big[\log p(x)\big] = \mathbb{E}_{q_\varphi(z|x)}\big[\log p_\theta(x\,|\,z) + \log p(z) - \log p(z\,|\,x)\big] =$$

$$\mathbb{E}_{q_\varphi(z|x)}\big[\log p_\theta(x\,|\,z) + \log p(z) - \log q_\varphi(z\,|\,x) + \log q_\varphi(z\,|\,x) - \log p(z\,|\,x)\big] =$$

$$\mathbb{E}_{q_\varphi(z|x)}\big[\log p_\theta(x\,|\,z) + \log p(z) - \log q_\varphi(z\,|\,x)\big] + \mathrm{KL}\big(q_\varphi(z\,|\,x)\,||\,p(z\,|\,x)\big) \geqslant$$

$$\mathbb{E}_{q_\varphi(z|x)}\big[\log p_\theta(x\,|\,z) + \log p(z) - \log q_\varphi(z\,|\,x)\big] =$$

$$\mathbb{E}_{q_\varphi(z|x)}\big[\log p_\theta(x\,|\,z)\big] - \mathrm{KL}\big(q_\varphi(z\,|\,x)\,||\,p(z)\big) \triangle \mathcal{L}(x;\theta,\varphi) \qquad (5\text{-}10)$$

其中，$q_\varphi(z\,|\,x)$ 表示隐变量的近似后验概率分布；$p(z)$ 表示先验概率分布，通常是不含参数的简单概率分布（如标准正态分布）；$p_\theta(x\,|\,z)$ 表示从隐变量生成数据的过程，在模型中使用解码器实现。通过上述推导，优化目标可由 $\log p(x)$ 转变为变分下界 $\mathcal{L}(x;\theta,\varphi)$，被称为证据下界（Evidence Lower Bound，ELBO）。

变分自编码器的模型框架如图 5-3 所示。图中，实线表示训练流程；虚线表示测试流程。

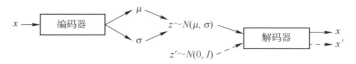

图 5-3　变分自编码器的模型框架

在训练阶段，变分自编码器的模型通过编码器将输入文本 x 编码为隐空间的正态分布。该正态分布的参数 (μ, σ) 均可由编码器输出得到，从正态分布中采样出隐变量 z 并输入解码器即可重构文本 x。训练阶段的优化目标为证据下界。其中的第一项 $\mathbb{E}_{q_\varphi(z|x)}[\log p_\theta(x|z)]$ 可由解码器输出并通过计算得到，第二项 $\mathrm{KL}(q_\varphi(z|x) \| p(z))$ 可利用正态分布的特点推导出解析表达式。由于优化过程涉及采样，梯度无法直接回传，因此在优化时需使用重参数化方法（Reparametrization Trick），将采样过程 $z \sim \mathcal{N}(\mu, \sigma)$ 分解为两个步骤，梯度便可通过隐变量 z 回传至参数 μ 和 σ，即

$$\epsilon \sim \mathcal{N}(0, I)$$
$$z = \mu + \sigma \odot \epsilon \tag{5-11}$$

式中，$\odot$ 表示向量逐元素相乘。

在实际的自然语言生成任务中，数据往往是成对出现的（如对话中的请求与回复、翻译中的源语言文本与目标语言文本），因此需要拟合的数据分布为条件概率分布 $p(x|c)$。其中，c 和 x 分别表示输入和输出序列。Sohn 等人[13]提出了条件变分自编码器（Conditional Variational Auto-Encoder, CVAE）模型，用于拟合条件概率分布 $p(x|c)$。该模型的优化目标可直接由 VAE 的证据下界推导得到，即

$$\mathcal{L}(x; \theta, \varphi) = \mathbb{E}_{q_\varphi(z|x,c)}[\log p_\theta(x|z,c)] - \mathrm{KL}(q_\varphi(z|x,c) \| p(z|c)) \tag{5-12}$$

5.3.2　应用场景

变分自编码器可以学习到真实数据与隐空间概率分布的映射关系，可实现建模文本的多样性和类别的可控性，广泛应用在对话生成、机器翻译等多个领域。

5.3.2.1　对话生成

传统的序列到序列模型在对话生成任务中偏向于生成通用的回复（如"我不知道""我也是"等），缺少文本的多样性和类别的可控性。事实上，

对于不同的输入（多轮对话中的对话上文或单轮对话中的用户请求），对话模型应该有能力生成语义不同、符合输入的回复。为解决该问题，有研究者提出由知识引导的条件变分自编码器模型（Knowledge-guided Conditional Variational Auto-Encoder, KgCVAE）[14]，将条件变分自编码器模型引入对话生成任务中，可提升生成回复的多样性，使生成回复与人为设定的对话意图一致。

KgCVAE 示意图如图 5-4 所示。在训练过程中，KgCVAE 分别编码请求/上文 c 和回复 x，以构建隐变量的先验概率分布和后验概率分布，并从后验概率分布中采样隐变量 z，再结合请求/上文 c 的信息重构回复 x，得到对话意图的分类结果 y^{pred}。损失函数主要包含三项：回复 x 的重构项、对话意图分类的交叉熵及隐变量先验、后验概率分布的距离。在测试过程中，由于事先并不知道真实回复和回复的对话意图，因此直接编码请求/上文 c，在构建的先验概率分布中采样隐变量 z，即可通过解码器和分类器生成回复 x 及其对话意图 y^{pred}。

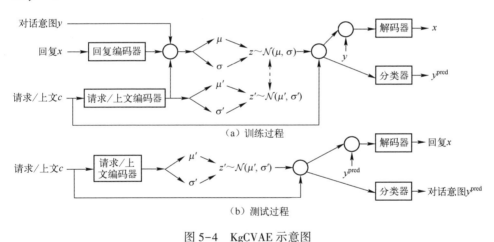

图 5-4　KgCVAE 示意图

5.3.2.2　机器翻译

机器翻译关注源语言到目标语言这一过程的映射关系。传统的机器翻译模型（包括统计机器翻译模型和基于序列到序列的机器翻译模型）多将该过程建模为一对一的确定性映射关系，但在实际的平行语料中经常会出现对于同一个输入句子的不同翻译方式。

为了对该现象进行显式建模，有研究者提出了随机解码器模型（Stochastic Decoder，SDEC），其框架如图 5-5 所示。该模型在解码器的每个位置均引入不同的隐变量，并根据变分自编码器的优化目标来推导目标函数，进而可提升对一对多映射关系的拟合能力。

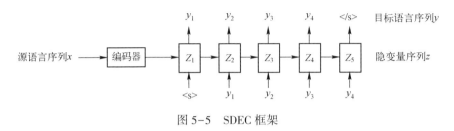

图 5-5　SDEC 框架

5.3.3　高级话题

5.3.3.1　隐变量消失

尽管变分自编码器已成功应用于各类自然语言生成任务，但其训练过程仍然存在明显的隐变量消失问题。随着训练过程的推进，证据下界中的 KL 项将会逐渐变为 0。此时，隐变量与输出文本无关，失去了对生成的控制作用。有研究者从如下三个方面探讨解决该问题的方案。

① 修正损失函数：为避免 KL 项变为 0，可将 KL 项的系数从 0 开始逐渐增加至 1，该方法被称为 KL 退火（KL Annealing）[15]。

② 更换隐变量分布：由于正态分布对真实数据的刻画能力有限，因此可以将其换成更为复杂且符合文本特性的概率分布，如 von Mises-Fisher（vMF）分布[16]。

③ 优化模型结构：由于隐变量消失与自然语言生成的自回归解码器（如循环神经网络、Transformer 模型等）的拟合能力有密切关系，因此可以将解码器的网络结构换为卷积神经网络[17]或在网络中添加跳跃连接（Skip Connection）[18]。

5.3.3.2　离散隐变量

现有的变分自编码器模型多采用连续空间的隐变量，可解释性较差。考虑到文本的类别属性（如对话回复包含不同的对话意图），有研究者提出离散隐变量模型用于建模文本的表示[19]。该模型采用离散隐变量序列作为文本的表示，其中每个离散隐变量均首先服从类别分布（Categorical Distribution），然后通过实验证明离散隐变量能够学习到文本的分类特征（如对话回复中的对话意图），提升了自然语言生成的可解释性。虽然离散隐变量采用 Gumbel-Softmax[20] 的技巧进行重参数化来保证梯度回传，但仍会面临因采样而带来的梯度回传问题。

5.4　生成式对抗网络

本节将介绍生成式对抗网络的自然语言生成方法：首先引入生成式对抗网络的基本原理和算法框架；其次论述最大似然估计的缺陷，展现生成式对抗网络的优、缺点；然后介绍几种不同的生成式对抗网络模型，并说明各自的优势和不足；最后进行总结并预测生成式对抗网络未来的发展趋势。

5.4.1　基本原理和算法框架

生成式对抗网络（Generative Adversarial Networks，GAN）最早是在图像的生成中被引入[21]的。它创新性地引入了两个相反目标的网络，分别被称为生成网络和判别网络。生成网络可尽量生成逼真的样本；判别网络可尽量判别输入的样本是数据集中真实的样本还是由生成网络生成的假样本。在算法中，两个网络将被迭代地进行训练。在理想情况下①，两个网络相互对抗，最终达到一个纳什均衡状态。在纳什均衡状态下，由生成网络生成的样本将与数据集中样本的分布一致；判别网络在判别时产生错误的概率达到 50%。生成式对抗网络框架如图 5-6 所示。

用数学方法描述，记生成网络为 G_θ，判别网络为 D_ϕ，其中 θ、ϕ 为参数。假设真实数据 x 符合 $P(x)$ 的分布，生成网络以 $P_{G_\theta}(x)$ 的概率生成假样本 x，判别网络认为样本 x 为真实样本的概率为 $D_\phi(x)$，为假样本的概率

---

①　理想情况：如果生成网络和判别网络具有足够的容量，则在给定生成网络的情况下，判别网络能收敛至最优解。关于生成式对抗网络的详细情况可以查阅文献 ［22］。

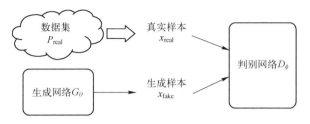

图 5-6　生成式对抗网络框架

为 $1-D_\phi(x)$。当 θ 固定时，判别网络所面临的是一个二分类问题，可以使用传统的交叉熵损失进行优化，即

$$\phi' = \underset{\phi}{\arg\max} E_{x \sim P_{G_\theta}} \log\left(1-D_\phi(x)\right) + E_{x \sim P_{\mathrm{real}}} \log D_\phi(x) \tag{5-13}$$

当 ϕ 固定时，生成网络需要使所生成的假样本被判别网络认为是真实样本，即

$$\theta' = \underset{\theta}{\arg\min} E_{x \sim P_{G_\theta}} \log\left(1-D_\phi(x)\right) \tag{5-14}$$

在理想状态下，可通过反复迭代式（5-13）、式（5-14）来达到纳什均衡状态，即

$$V(\theta,\phi) = E_{x \sim P_{G_\theta}} \log\left(1-D_\phi(x)\right) + E_{x \sim P_{\mathrm{real}}} \log D_\phi(x) \tag{5-15}$$

$$V(\theta^*,\phi^*) = \underset{\theta}{\min}\,\underset{\phi}{\max}\,V(\theta,\phi) \tag{5-16}$$

固定 θ，可以求出使 $V(\theta,\phi)$ 最大化的 $D_\phi(x)$，即

$$D_\phi(x) = \frac{P_{\mathrm{real}}(x)}{P_{\mathrm{real}}(x)+P_{G_\theta}(x)} \tag{5-17}$$

代入式（5-15）、式（5-16）可得

$$\begin{aligned}
\theta^* &= \underset{\theta}{\min} E_{x \sim P_{G_\theta}} \log \frac{P_{G_\theta}(x)}{P_{\mathrm{real}}(x)+P_{G_\theta}(x)} + E_{x \sim P_{\mathrm{real}}} \log \frac{P_{\mathrm{real}}(x)}{P_{\mathrm{real}}(x)+P_{G_\theta}(x)} \\
&= \underset{\theta}{\min} 2\mathrm{JSD}\left(P_{\mathrm{real}} \,\|\, P_{G_\theta}\right) - \log(4)
\end{aligned}$$

$$\begin{aligned}
\theta^* &= \underset{\theta}{\min} E_{x \sim P_{G_\theta}} \log \frac{P_{G_\theta}(x)}{P_{\mathrm{real}}(x)+P_{G_\theta}(x)} + E_{x \sim P_{\mathrm{real}}} \log \frac{P_{\mathrm{real}}(x)}{P_{\mathrm{real}}(x)+P_{G_\theta}(x)} \\
&= \underset{\theta}{\min} 2\mathrm{JSD}\left(P_{\mathrm{real}} \,\|\, P_{G_\theta}\right) - \log(4)
\end{aligned} \tag{5-18}$$

其中，JSD 为詹森-香农散度（Jensen-Shannon Divergence，JS 散度），更具体的证明过程可查阅文献[22]。从式（5-18）中可以看出，生成式对抗网络的训练过程即是对真实样本与生成样本之间 JS 散度的优化过程。

5.4.2　生成式对抗网络的特点

在 5.2 节和 5.3 节中介绍的方法均使用了最大似然估计来训练自然语言生成模型，这与生成式对抗网络不同。相比生成式对抗，采用最大似然估计的训练方式存在两个缺陷。

第一个缺陷被称为暴露偏差（Exposure Bias）问题。在最大似然估计的训练过程中，模型接受真实句子的前缀，并预测下一个词可能的分布。这种模式被称为 Teacher-Forcing 模式。在真正生成句子时，模型需要读入之前生成的词后，再预测下一个词。这种模式被称为 Free-Run 模式。注意到，模型在两种模式下的输入分布可能并不一致，特别是当所生成的句子较长时，输入的偏差会随着句子的长度积累，从而导致在 Free-Run 模式下的性能往往差于 Teacher-Forcing 模式下的性能。有研究者提出使用一些方案[22]来减轻暴露偏差问题，但在最大似然估计训练的自然语言生成模型中，暴露偏差问题所带来的影响只能减轻，无法从根本上避免。Teacher-Forcing 模式和 Free-Run 模式如图 5-7 所示。

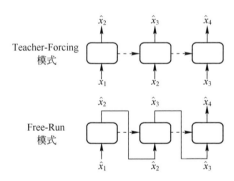

图 5-7　Teacher-Forcing 模式和 Free-Run 模式

回顾生成式对抗网络的训练过程可以发现，在整个过程中并未使用 Teacher-Forcing 模式，因此生成式对抗网络得以从根本上避免两个模式之间的偏差问题，使生成式对抗网络具有优势。

第二个缺陷来自最大似然估计中的交叉熵。在 5.4.1 节中提到了 JS 散度。实际上，交叉熵与另一种散度——库尔贝克-莱布勒散度（Kullback-Leibler Divergence，KL 散度）有关，即

$$\mathrm{KLD}(P_{\mathrm{real}} || P_{G_\theta}) = E_{x \sim P_{\mathrm{real}}} \log \frac{P_{\mathrm{real}}(x)}{P_{G_\theta}(x)} = -E_{x \sim P_{\mathrm{real}}}(\log P_{G_\theta}(x)) + H(P_{\mathrm{real}})$$

$$(5-19)$$

其中，$H(P_{\mathrm{real}})$ 为分布 P_{real} 的熵。$H(P_{\mathrm{real}}) = E_{x \sim P_{\mathrm{real}}}(\log P_{\mathrm{real}}(x))$，与 θ 无关。因此，交叉熵的优化目标是对真实分布与生成网络分布之间 KL 散度的优化。与具有对称性的 JS 散度不同，在 KL 散度中，两个分布的地位并不一致。

举一个简单的例子，如图 5-8 所示。对于同样的 P_{G_θ}，P_{real} 的微小改变可导致 KL 散度的巨大变化，致使模型更加保守，即模型会保留一些不可能生成的词语，使得生成时出现错误的预测。

	$x=0$	$x=1$
$P(x)$	0.5	0.5
$Q(x)$	0.9	0.1

KLD($P \| Q$)=0.510
JSD($P \| Q$)=0.102

	$x=0$	$x=1$
$P(x)$	0.5	0.5
$Q(x)$	1.0	0

KLD($P \| Q$)=+∞
JSD($P \| Q$)=0.216

图 5-8　KL 散度和 JS 散度在不同概率分布下的值

相对而言，JS 散度就不会存在这种问题，在真实分布的概率较小处仍具有良好的表现，并能让模型从一个更合理的方向逼近目标分布。

生成式对抗网络虽然克服了最大似然估计的两个缺陷，但是其本身也带来了一些缺点。生成式对抗网络由两个网络组成，在训练时需要进行反复迭代。实际上，两个网络的纳什均衡状态很难达到，训练过程也十分不稳定。自然语言生成模型在生成最后的句子时存在采样操作，使得判别网络的监督信号不能通过求导直接传入生成网络，因此必须依靠采样操作或近似的方法来回避这个问题，导致在训练过程中存在较大的方差或偏差。

5.4.3　相关模型

本节将介绍几个典型的生成式对抗网络模型及其在自然语言生成中的应用。

5.4.3.1　使用强化学习训练生成式对抗网络

在自然语言生成的生成式对抗网络模型中，最基础的模型是 seqGAN 模型[23]。它引入了强化学习技术来对生成网络进行优化。

用数学方法描述，记句子 $X = (x_1, x_2, \cdots, x_t, \cdots, x_T)$，其中 T 为句子的长度，x_t 为句子中的第 t 个词；判别网络认为句子 X 为真实样本的概率为 $D_\phi(X)$，其结构可以使用任意传统的文本分类模型；生成网络由循环神经网络构成；$P_{G_\theta}(x_t \mid x_{<t})$ 是生成网络在已知句子前 $t-1$ 个词的情况下，预测生成第 t 个词的概率。生成网络生成句子的概率为

$$P_{G_\theta}(X) = \prod_{t=1}^{T} P_{G_\theta}(x_t \mid x_{<t}) \tag{5-20}$$

对于判别网络来说，其优化仍使用交叉熵损失，即在固定 θ 的情况下，最小化

$$\mathrm{Loss}_D = E_{x \sim P_{G_\theta}} \log(1 - D_\phi(x)) + E_{x \sim P_{\mathrm{real}}} \log D_\phi(x) \tag{5-21}$$

对于生成网络来说，其应该优化的目标是在固定 ϕ 的情况下，最大化

$$\mathrm{Reward}_G = E_{x \sim P_{G_\theta}} \log(1 - D_\phi(x)) \tag{5-22}$$

因为需要优化的参数 θ 在采样部分，所以无法直接使用梯度下降进行优化，因此引入 Reinforce 算法[24]。若将 $P_{G_\theta}(x_t \mid x_{<t})$ 看作智能体在状态 $\{x_{<t}\}$ 下的策略，分类器的反馈 $\log(1 - D_\phi(x))$ 看作环境对智能体的奖励，则优化的问题可被看作一个强化学习问题，梯度为

$$\frac{\partial}{\partial \theta} \mathrm{Reward}_G = \sum_{t=1}^{T} E_{x \sim P_{G_\theta}(\cdot \mid x_{<t})} \frac{\partial}{\partial \theta} \log P_{G_\theta}(x_t \mid x_{<t}) Q(x_{<t+1}) \tag{5-23}$$

如果用 $Q(x_{<t})$ 表示在已知前 $t-1$ 个词时未来奖励的期望，则可以表示为

$$Q(x_{<t}) = E_{x \sim P_{G_\theta}(\cdot \mid x_{<t})} E_{x_{t+1} \sim P_{G_\theta}(\cdot \mid x_{<t+1})} \cdots E_{x_T \sim P_{G_\theta}(\cdot \mid x_{<T})} \log(1 - D_\phi(X)) \tag{5-24}$$

式（5-24）可以用蒙特卡罗采样进行估计，即对于每一个固定前缀，均按照生成网络概率进行采样，并计算奖励的均值。其整体算法大致如下。

Algorithm 1 seqGAN 算法框架

使用最大似然估计预训练生成网络 G_θ

repeat

　① 使用 G_θ 采样生成样本 $X = (x_1, x_2, \cdots, x_T)$

　② 对于 t 从 1 到 T，使用蒙特卡罗采样计算 $Q(x_{<t+1})$

　③ 使用式（5-23）更新参数 θ

④ 使用 G_θ 采样生成假样本 X_{fake}，从数据集采样真实样本 X_{real}

⑤ 使用式（5-21）更新参数 ϕ

until 网络收敛

注意在训练开始时，算法使用最大似然估计预训练生成网络 G_θ。这是因为在算法的采样步骤中引入了较大的训练方差，使得生成式对抗网络的训练极不稳定。在初始化较差时，生成网络不易收敛。因此，seqGAN 算法采用预训练的方式，使生成网络初始化在收敛目标附近，增强生成网络效果。

之后有较多研究工作都是在 seqGAN 算法之上进行的改进：RankGAN[25] 使用排序模型替代判别网络；MaliGAN[26] 修改了判别网络给出的奖励函数；LeakGAN[27] 改进了生成网络和判别网络的结构。但总体来说，这些研究工作并未脱离使用强化学习的方法来训练生成网络，训练过程仍然被采样、奖励稀疏等问题所限制，仍有较大的训练方差。训练不稳定、依赖预训练是生成式对抗网络的一个缺陷，凸显了生成式对抗网络在自然语言生成的实际应用中仍面临着较大挑战。

5.4.3.2 使用近似方法训练生成式对抗网络

除使用强化学习训练生成式对抗网络外，有研究者还提出了一种使用近似方法训练生成式对抗网络。其最基础的模型为 GSGAN[28]。gumbel-softmax 函数的定义为

$$\text{gumbel-softmax}(\boldsymbol{h};\tau) = \text{softmax}\left(\frac{\boldsymbol{h}+\boldsymbol{g}}{\tau}\right) \tag{5-25}$$

其中，$\boldsymbol{h}$、$\boldsymbol{g}$ 都是 n 维向量；$\boldsymbol{g}$ 的每一维都是服从标准 gumbel 分布的随机变量。标准 gumbel 分布的概率密度函数可记为

$$f(g_i) = \text{e}^{-(g_i+\text{e}^{-g_i})} \tag{5-26}$$

无论 τ 取何值，都有

$$E_g\left[\text{gumbel-softmax}(\boldsymbol{h};\tau)\right] = \text{softmax}(\boldsymbol{h}) \tag{5-27}$$

假如 $\tau \to 0$，则 gumbel-softmax$(\boldsymbol{h};\tau)$ 将近似成为独热编码（One-Hot Encoding），从而完成采样操作。

生成式对抗网络的生成过程往往需要首先在预测的分布内采样出下一个

词，再将该词转成词向量，输入回生成式对抗网络中。如果使用 gumbel－softmax 函数对采样操作进行近似，则整个生成式对抗网络将不再存在离散的采样操作，因而可以直接使用梯度下降最大化式（5-28），即

$$\text{Reward}_G = E\big[\log(1-D_\phi(X))\big] \tag{5-28}$$

其中，$X=P_{x_1},P_{x_2},\cdots,P_{x_t},\cdots,P_{x_T}$。对于 $t=1,2,\cdots,T$，P_{x_t} 是第 t 个词在词表中的分布，并且有

$$P_{x_t} = \text{gumbel}-\text{softmax}\big[\log P_{G_\theta}(x_t\,|\,x_{<t})\big] \tag{5-29}$$

这里实际上使用了重参数化（Reparameterization Tricks）的技巧，将带参数的采样过程重参数化到固定的分布采样上，使得梯度的期望不变。

在实际应用中，虽然 GSGAN 并未获得满意的结果，但其后继者 RelGAN[29] 将模型中的单个判别网络换成了多个共享参数的判别网络，使整个训练方法能够成功而有效地运行起来。RelGAN 是目前很少能够成功离开预训练的文本生成式对抗网络模型，可使近似方法成为文本生成式对抗网络一种重要的训练手段。

近似方法虽然摆脱了强化学习带来的问题，但因为近似结果与真实结果的差距，所以引入了训练时的偏差，使生成式对抗网络未能摆脱训练不稳定的问题。目前，学术界对近似方法训练生成式对抗网络的研究还不够深入，需要进一步的理论和实践的验证。

5.4.3.3　生成式对抗网络的应用

生成式对抗网络能够应用于对话生成、序列到序列的建模。有研究者提出了条件生成式对抗网络模型（Conditional Generative Adversarial Networks，CGAN）[30]。与之前的设定不同的是，生成网络需要根据上文 c 生成一个句子，记作 $P_{G_\theta}(x\,|\,c)$；判别网络需要辨别一个数据对 (c,x) 是真实样本还是假样本。除这些改动之外，其余部分可以沿用之前所介绍的训练方法。

与没有条件的生成式对抗网络模型相比，条件生成式对抗网络模型增加了预设条件，能够更加可控地生成与上文一致的回复。与传统的序列到序列模型相比，条件生成式对抗网络模型能够进一步提升回复的多样性，可以解决之前所提到过的暴露偏差问题。

由于生成式对抗网络的不稳定性，因此其结果还有待改进。特别是在引入条件后，生成式对抗网络模型不容易在训练过程中注意到 c 和 x 之间的关系，容易出现忽略生成的回复语句与上文无关的情况。

5.4.4 小结

生成式对抗网络采用新颖的网络对抗概念，使用两个目标相反的网络进行博弈，使生成结果的分布逼近真实样本的分布。虽然一方面，生成式对抗网络克服了传统最大似然估计所带来的暴露偏差和病态优化问题，但是另一方面，生成式对抗网络的对抗训练过程不稳定，其结果往往依赖于最大似然估计的预训练。

为了进一步解决生成式对抗网络的训练过程不稳定和病态优化问题，一部分研究者从强化学习和近似方法入手，逐步改进训练过程。在最新的研究中[31]，生成式对抗网络在没有预训练的情况下，所生成的结果已经能够接近最大似然估计所训练的模型。在最大似然估计方法十分成熟的今天，能够完全克服其根本缺陷的生成式对抗网络极具潜力，或许能够成为进一步推动自然语言生成发展的新一代重要方法。

5.5 基于预训练语言模型的生成方法

本节将介绍利用预训练语言模型进行自然语言生成的方法：首先介绍现有的面向自然语言生成的预训练语言模型；然后简要介绍其他相关的预训练语言模型；最后讨论一些拓展话题，包括由当下预训练语言模型发展出的一些基于采样的解码方式和当前预训练语言模型在语言生成时的一些问题。

5.5.1 预训练语言模型

预训练语言模型（Pre-training Language Model）通过在预训练阶段对大规模的文档语料进行自监督（Self-supervision）训练来建模上下文依赖的词向量表示，可微调各种自然语言理解和自然语言生成任务初始化通用的模型参数。现有的几个具有代表性的预训练语言模型包括 ELMo[32]、BERT[33]、GPT 系列[6]。下面首先主要介绍 Transformer[5] 编码器和解码器的结构和 GPT 系列的预训练语言模型，然后简要介绍其他相关的预训练语言模型。

5.5.1.1 Transformer

Transformer 是由 Google 提出的序列建模模型。与传统的 RNN 相比，该模型完全通过注意力机制来建模序列中的依赖关系。下面将介绍 Transformer 模型中所使用的多头注意力（Multi-head Attention）机制的原理。

在介绍序列到序列模型时曾提到注意力机制在 RNN 解码器中的使用，其核心思想是在生成当前词时可动态地关注输入的每一个词。Transformer 中引入的注意力机制可泛化注意力所施加的对象。

不失一般性，首先定义一个查询序列 $\boldsymbol{Q}_{1:N}$。它是需要操作的当前目标，也是注意力的实施者。然后定义一个"关注对象"，在 Transformer 的原始论文中，"关注对象"被定义为一组序列的键值对（$\boldsymbol{K}_{1:M}$，$\boldsymbol{V}_{1:M}$）。用 $\boldsymbol{Q}_i$、$\boldsymbol{K}_i$、$\boldsymbol{V}_i$ 表示维度为 d_k 的向量。下面将通过一个具体操作实例引入注意力机制的计算方式。

考虑到计算查询序列中位置 i 的向量 $\boldsymbol{Q}_i$ 的注意力向量，首先基于点乘注意力机制，得到 $\boldsymbol{Q}_i$ 与键值对中键序列的每一个位置向量的点乘计算注意力分布，即

$$\alpha_j = \mathrm{softmax}(\boldsymbol{Q}_i \boldsymbol{K}_j) \tag{5-30}$$

然后使用注意力分布对键值对中的值序列加权，得到最终的注意力向量

$$\sum_{j=1}^{M} \alpha_j \boldsymbol{V}_j$$

在通过式（5-30）点乘计算注意力分布时，还需要将点乘结果除以归一化因子 $\sqrt{d_k}$，可将以上步骤表述成更紧凑的形式，即

$$\mathrm{Attention}(\boldsymbol{Q}_{1:N}, \boldsymbol{K}_{1:M}, \boldsymbol{V}_{1:M}) = \mathrm{softmax}\left(\frac{\boldsymbol{Q}_{1:N} \boldsymbol{K}_{1:M}^T}{\sqrt{d_k}}\right) \boldsymbol{V}_{1:M} \tag{5-31}$$

为了增强注意力机制对序列不同位置的关注，在 Transformer 模型中增加了多头注意力（Multi-head Attention）机制。其思想是将 $\boldsymbol{Q}_{1:N}$、$\boldsymbol{K}_{1:M}$、$\boldsymbol{V}_{1:M}$ 分成多个表示子空间，在不同的子空间中并行地进行注意力操作。

具体来说，假设多头注意力用在 h 个子空间中，则首先需要通过 h 组映射矩阵 $\boldsymbol{W}_i^Q$、$\boldsymbol{W}_i^K$、$\boldsymbol{W}_i^V (i=1, 2, \cdots, h)$，将 $\boldsymbol{Q}_{1:N}$、$\boldsymbol{K}_{1:M}$、$\boldsymbol{V}_{1:M}$ 映射到对应的子空间，得到 $\boldsymbol{Q}_{1:N} \boldsymbol{W}_i^Q$、$\boldsymbol{K}_{1:M} \boldsymbol{W}_i^K$、$\boldsymbol{V}_{1:M} \boldsymbol{W}_i^V$。在第 i 个子空间使用式（5-31）进行注意力操作，即

$$\mathrm{head}_i = \mathrm{Attention}(\boldsymbol{Q}_{1:N} \boldsymbol{W}_i^Q, \boldsymbol{K}_{1:M} \boldsymbol{W}_i^K, \boldsymbol{V}_{1:M} \boldsymbol{W}_i^V), \boldsymbol{W}_i^Q, \boldsymbol{W}_i^K, \boldsymbol{W}_i^V \in \mathbb{R}^{d_k \times d_k / h}$$

$$\tag{5-32}$$

最后通过一个输出映射矩阵 $\boldsymbol{W}^O$ 将各个子空间的结果综合，即

$$\text{MultiHead}(\boldsymbol{Q}_{1:N}, \boldsymbol{K}_{1:M}, \boldsymbol{V}_{1:M}) = \text{Concat}(\text{head}_1, \cdots, \text{head}_h)\boldsymbol{W}^O, \boldsymbol{W}^O \in \mathbb{R}^{d_k/h \times d_k}$$

$$(5-33)$$

图 5-9 给出了多头注意力机制的图解和 Transformer 单元的结构。

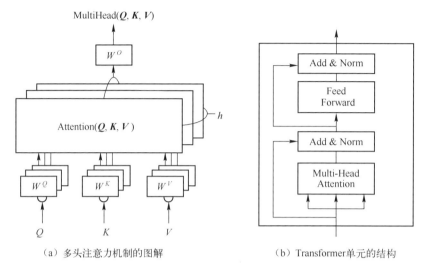

（a）多头注意力机制的图解　　　（b）Transformer单元的结构

图 5-9　多头注意力机制的图解和 Transformer 单元的结构

在通用注意力机制基础上设计的 Transformer 编码器（Encoder）和解码器（Decoder），都是通过在 $\boldsymbol{Q}_{1:N}$ 和 $\boldsymbol{V}_{1:M}$ 作为外积时引入不同的掩码来实现的。具体来说，在 Transformer 编码器中，$\boldsymbol{Q}_{1:N}$、$\boldsymbol{K}_{1:M}$、$\boldsymbol{V}_{1:M}$ 均为输入序列的隐向量，为了对输入序列进行双向建模，需要当前位置能够注意到任意其他位置，因此掩码为全 1 矩阵（不需要掩码）。在 Transformer 解码器中，序列生成使用的是自回归方式，比如生成位置 i 的时候无法获得位置 j、$\forall j>i$ 的所有信息，因此在进行外积时需要增加满足式（5-34）的掩码 $\boldsymbol{M}$，即

$$\boldsymbol{M}_{ij} = \begin{cases} 1, & i \geq j \\ 0, & i < j \end{cases} \qquad (5-34)$$

在自然语言生成任务中，Transformer 由于将注意力机制极致化地融入，因此相比 RNN 能够更好地解决序列的长距离依赖问题，能够生成更高质量的长文本。由于 Transformer 的结构具有输入、输出同构的特点，且内部有归一化操作，因此可以方便地进行堆叠，形成深层网络。这也是目前主流的预训练语言模型选择使用 Transformer 作为基本单元的原因。

5.5.1.2　GPT 系列预训练语言模型

GPT 是由 OpenAI 提出的基于 Transformer 解码器的单向预训练语言模型。GPT 系列还包括后来发展出的 GPT-2 模型。与 BERT 和 ELMo 不同的是，GPT 建模的是单向语言模型，给定文本序列 $(t_1, t_2, \cdots, t_N)$，优化目标为

$$\max_{\Theta} \mathcal{L} = \max_{\Theta} \sum_{k=1}^{N} \log p(t_k \mid t_1, t_2, \cdots, t_{k-1}, \Theta) \tag{5-35}$$

其中，$p(t_k \mid t_1, t_2, \cdots, t_{k-1})$ 由 Multi-layer Transformer 解码器建模，可表示为

$$\boldsymbol{h}_0 = \boldsymbol{U}\boldsymbol{W}_e \tag{5-36}$$

$$\{\boldsymbol{h}_l\}_k = \text{transformer\_block}(\{\boldsymbol{h}_{l-1}\}_{1:k-1}), \forall l \in [1, L] \tag{5-37}$$

$$p(t_k \mid t_1, t_2, \cdots, t_{k-1}) = \text{softmax}(\{\boldsymbol{h}_L\}_k \boldsymbol{W}_e^{\mathrm{T}}) \tag{5-38}$$

GPT 系列预训练语言模型架构如图 5-10 所示。由于 GPT 使用 Transformer 解码器从左到右单向建模文本，因此可以直接使用自回归的方式生成文本。

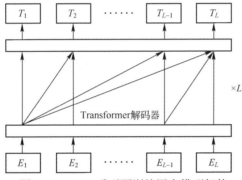

图 5-10　GPT 系列预训练语言模型架构

在对单词序列的切分上，GPT 没有采用传统的以单词作为最小语义单元的方法，而是将通过 BPE（Byte Pair Encoding）对每个单词进行分词所得到的子词（Subword）作为基本的语义单元。使用 BPE 进行分词的好处如下：

① 对于生僻或稀有词，可以通过子词的组合得到，可减少扩展词表的额外开销。

② 子词的语义信息和灵活度介于字符与单词之间，在进行自然语言生成时能够进行更灵活的组合和表达。

GPT-2 是由 OpenAI 在 GPT 的基础上使用更大的模型参数和更多的预训练语料训练得到的。二者在模型结构上的区别是，GPT-2 在第一个 Transformer 单元的前面额外增加了一个归一化层；在模型的规格上，GPT-2

共有四个不同参数量的模型，包括 117M、345M、762M 和 1542M；GPT-2 可在更大规模的 WebText 语料上进行预训练，并在多个零次学习（Zero-Shot Learning）的自然语言生成任务中表现出强大的迁移能力。

5.5.1.3　相关预训练语言模型

ELMo 是由 AllenNLP 提出的基于语境的深度词表示模型，是一种双向语言模型，可通过使用一个正向层叠的 LSTM 编码，根据序列的历史信息建模当前词 [式（5-39）]；使用一个反向层叠的 LSTM 编码，根据序列的未来信息建模当前词 [式（5-40）]，即

$$p(t_1, t_2, \cdots, t_N) = \prod_{k=1}^{N} p(t_k \mid t_1, t_2, \cdots, t_{k-1}) \tag{5-39}$$

$$p(t_1, t_2, \cdots, t_N) = \prod_{k=1}^{N} p(t_k \mid t_{k+1}, t_{k+2}, \cdots, t_N) \tag{5-40}$$

ELMo 总的优化目标为最大化正向语言模型与反向语言模型的似然值，即

$$\max_{\Theta} \mathcal{L} = \max_{\Theta} \log p(t_k \mid t_1, t_2, \cdots, t_{k-1}, \Theta) + \log p(t_k \mid t_{k+1}, t_{k+2}, \cdots, t_N, \Theta) \tag{5-41}$$

其中，Θ 包括模型词嵌入表示和 LSTM 的模型参数。

BERT 是由 Google AI 提出的基于 Transformer 的双向语言模型。在预训练语言模型的建模方面，BERT 采用掩码语言模型（Masked Language Model）和下一句预测（Next Sentence Prediction）两个训练任务对文本进行建模。第一个任务是首先随机掩盖语料中 15% 的词，然后通过将由掩盖位置输出的最终隐层向量送入 Softmax 来预测掩盖的词。第二个任务是预测下一个句子，使模型能够学习到句子之间的关系。

与 LSTM 实现双向语言模型只在最后对将两个单向语言模型的结果融合相比，基于 Transformer 的预训练语言模型在每一层对当前词建模时都能同时利用到该词的历史信息和未来信息。

ELMo、BERT 及 GPT 系列预训练语言模型细节对比见表 5-2。

表 5-2　ELMo、BERT 及 GPT 系列预训练语言模型细节对比

模 型 名 称	基 本 单 元	建 模 方 向	优 化 目 标
ELMo	LSTM	正向+反向	自回归模型
BERT	Transformer	双向	自编码器
GPT 系列	Transformer	单向	自回归模型

5.5.2　拓展话题

预训练语言模型在大规模语料上通过自回归的方式进行预训练，极大地提高了生成文本的质量。有研究[12,34]发现，在开放领域的文本生成任务（Open-Ended Generation）中，预训练语言模型使用基于采样的解码方式能够生成更高质量的文本。自然语言生成任务常使用集束搜索（Beam Search）进行解码。其核心思想是通过搜索得到后验概率最大化的序列。Holtzman 等人[34]发现，使用集束搜索来解码预训练语言模型会出现文本退化的现象（Text Degeneration），例如文本片段的重复。

目前常用预训练语言模型的解码方式有 top-k 采样和 top-p 采样。top-k 采样在生成当前词时，从词表中选出概率最大的 k 个词，并在这 k 个词上重新归一化概率后进行采样。top-p 采样首先设置阈值概率 p，在生成当前词时，在词表中按照从大到小的顺序选择候选词，直到所有候选词的概率之和刚好大于 p，然后从候选词中采样。在归一化概率分布时，一般会使用一个温度（Temperature）的超参数来调整分布的锐利程度。反映到生成的结果上，温度参数较大时，生成的文本多样性较好；温度参数较小时，生成的文本多样性较差。

5.5.3　小结

本节首先介绍了 Transformer 的注意力机制，并阐述了当前预训练语言模型主要使用 Transformer 作为基本单元进行建模的理由；然后着重介绍了当前最主流的生成式预训练语言模型 GPT 和 GPT-2，并简要介绍了其他相关的预训练语言模型。预训练语言模型通过在大量语料上的预训练获得上下文建模的能力，在开放领域的文本生成任务中取得了极大的进展。未来，在基于预训练语言模型的可控文本生成等方向上仍存在探索的空间。

5.6　本章小结

本章总结和归纳了现代自然语言生成的各种设定和任务，并介绍了几种基于神经网络的自然语言生成模型框架：序列到序列模型、变分自编码器、对抗式生成网络、基于预训练语言模型的生成方法。虽然这些生成模型取得了很大的成功，显著地推进了各种自然语言生成任务的性能，但仍存在一些共性的基础问题。

① 暴露偏差（Exposure Bias）问题。在训练阶段，通常模型在每个解码位置上都输入前一个位置的标准结果。在测试阶段，由于采用自回归（Autoregressive）的生成方式，因此通常首先基于上文采样生成下一个词，然后把生成的词送入模型作为输入，再采样生成下一个词。这种训练阶段和测试阶段的不一致性，可造成模型性能的下降。

② 最大似然估计的问题。在许多自然语言生成任务中，如对话生成、故事生成等，都常常面临同一个输入、多种可能输出（One-to-Many）的问题。模型在训练阶段所观测的数据是十分有限的，大量的高质量输出可能无法观测到，采用 MLE 估计很容易产生万能的、无意义、安全的结果，例如"我不知道""没问题，好的"等。

③ 对自然语言生成的质量评价问题。如何评价自然语言生成的质量是一个非常基本和重要的问题。现有的评价指标，如 BLEU、ROUGE、Perplexity、Distinct，虽然在某些任务中勉强可用，但在多数情况下与人类的评价指标相关性很低。例如，在对话生成、故事生成任务中，目前还没有合适的自动指标可评估相关性、合适性、逻辑性。而相关性、合适性、逻辑性对特定任务却是非常关键的。

④ 并行化的问题。自然语言生成通常采用自回归方法：首先基于当前上文采样生成下一个词，然后把生成的词与原上文接在一起形成新的上文。这种递归方式很难并行化。因此，近些年也有研究开始探索非自回归（Non-Autoregressive）[35]的生成方法，即每次并行地生成大段文本。该方法相比自回归方法，性能差距还比较大。

参考文献

［1］ Charniak E. Statistical language learning［M］. Cambridge, Massachusetts：MIT Press, 1996.

［2］ Bengio Y, Ducharme R, Vincent P, et al. A neural probabilistic language model［J］. Journal of machine learning research, 2003, 3（2）：1137-1155.

［3］ Mikolov T, Chen K, Corrado G, et al. Efficient estimation of word representations in vector space［DB/OL］.［2019-09-12］. https://https:arxiv.org/pdf/1301.3781.pdf.

［4］　Mikolov T, Karafi′at, M, Burget L, et al. Recurrent neural network based language model ［C］.In Eleventh annual conference of the international speech communication association, 2010.

［5］　Vaswani A, Shazeer N, Parmar N, et al. Attention is all you need ［C］//Advances in neural information processing systems, 2017: 5998-6008.

［6］　Radford A, Wu J, Child R, et al. Language models are unsupervised multitask learners ［EB/OL］. ［2019 -08-14］. https: //paperswithcode. com/paper/language-models-are-unsupervised-multitask.

［7］　Sutskever I, Vinyals O, Le Q V. Sequence to sequence learning with neural networks ［C］// Advances in Neural Information Processing Systems 27: Annual Conference on Neural Information Processing Systems 2014, Montreal, Quebec, Canada: 2014, 3104-3112.

［8］　Cho K, van Merrienboer B, Gulcehre C, et al. Learning phrase representations using RNN encoder-decoder for statistical machine translation ［C］//Proceedings of the 2014 Conference on Empirical Methods in Natural Language Processing (EMNLP), 2014,: 1724-1734.

［9］　Bahdanau D, Cho K, Bengio Y. Neural machine translation by jointly learning to align and translate ［C］//Proceedings of 3rd International Conference on Learning Representations, ICLR 2015.

［10］　Radford A, Narasimhan K, Salimans T, et al. Improving language understanding by generative pre-training ［EB/OL］. ［2019-09-05］, https: //s3-us-west-2. amazonaws. com/openai-assets/research-covers/language-unsupervised/language_understanding_paper. pdf.

［11］　Freitag M, Al-Onaizan Y. Beam search strategies for neural machine translation ［DB/OL］. ［2019-08-15］. https://arxiv. org/pdf/1702. 01806. pdf.

［12］　Kingma D P, Welling M. Autoencoding variational bayes ［DB/OL］. ［2019-08-15］. https://arxiv. org/pdf/1312. 6114. pdf.

［13］　Sohn K, Lee H, Yan X. Learning structured output representation using deep conditional generative models ［C］//Advances in Neural Information Processing Systems, 2015: 3483-3491.

［14］　Zhao T, Zhao R, Eskenazi M. Learning discourse-level diversity for neural dialog models using conditional variational autoencoders ［C］//Proceedings of the 55th Annual Meeting of the Association for Computational Linguistics, 2017, 654-664.

［15］　Bowman S R, Vilnis L, Vinyals O, et al. Generating sentences from a continuous space ［C］//Proceedings of the 20th SIGNLL Conference on Computational Natural Language Learning, 2016: 10-21.

［16］　Xu J, Durrett G. Spherical latent spaces for stable variational autoencoders ［C］//Proceedings of the 2018 Conference on Empirical Methods in Natural Language Processing, 2018: 4503-4513.

［17］　Yang Z, Hu Z, Salakhutdinov R, et al. Improved variational autoencoders for text modeling using dilated convolutions ［C］//Proceedings of the 34th International Conference on Machine Learning, 2017: 3881-3890.

［18］　Dieng A B, Kim Y, Rush A M, et al. Avoiding latent variable collapse with generative skip models ［C］//The 22nd International Conference on Artificial Intelligence and Statistics, 2019: 2397-2405.

［19］　Zhao T, Lee K, Esk′enazi M. Unsupervised discrete sentence representation learning for interpretable neural dialog generation ［C］. In Proceedings of the 56th Annual Meeting of the Association for Computational Linguistics, 2018: 1098-1107.

［20］　Jang E, Gu S, Poole B. Categorical reparameterization with gumbel-softmax ［C］//5th International Conference on Learning Representations, 2017.

［21］　Goodfellow I J, Pouget-Abadie J, Mirza M, et al. Generative adversarial nets ［C］//Advances in Neural

Information Processing Systems 27: Annual Conference on Neural Information Processing Systems 2014: , 2014: 2672-2680.

[22] Bengio S, Vinyals O, Jaitly N, et al. Scheduled sampling for sequence prediction with recurrent neural networks [C]//Advances in Neural Information Processing Systems 28: Annual Conference on Neural Information Processing Systems 2015, 2015: 1171-1179.

[23] Yu L, Zhang W, Wang J, et al. Seqgan: Sequence generative adversarial nets with policy gradient [C]//Proceedings of the Thirty-First AAAI Conference on Artificial Intelligence, 2015: 2852-2858.

[24] Williams R J. Simple statistical gradient-following algorithms for connectionist reinforcement learning [J]. Machine Learning, 1992, 8: 229-256.

[25] Lin K, Li D, He X, et al. Adversarial ranking for language generation [C]//Advances in Neural Information Processing Systems 30: Annual Conference on Neural Information Processing Systems 2017, 2017: 3155-3165.

[26] Che T, Li Y, Zhang R, et al. Maximum-likelihood augmented discrete generative adversarial networks [DB/OL]. [2019-08-15]. https://arxiv.org/pdf/1702.07983.pdf.

[27] Guo J, Lu S, Cai H, et al. Long text generation via adversarial training with leaked information [C]// Proceedings of the Thirty-Second AAAI Conference on Artificial Intelligence, (AAAI-18), the 30th innovative Applications of Artificial Intelligence (IAAI-18), and the 8th AAAI Symposium on Educational Advances in Artificial Intelligence (EAAI-18), 2018: 5141-5148.

[28] Kusner M J, Hern'andez-Lobato J M. GANS for sequences of discrete elements with the gumbelsoftmax distribution [DB/OL]. [2019-08-15]. https://arxiv.org/pdf/1611.04051.pdf.

[29] Nie W, Narodytska N, Patel A. Relgan: Relational generative adversarial networks for text generation [C]//7th International Conference on Learning Representations, ICLR 2019.

[30] Li J, Monroe W, Shi T, et al. Adversarial Learning for Neural Dialogue Generation [C]//Proceedings of the 2017 Conference on Empirical Methods in Natural Language Processing, 2017: 2157-2169.

[31] de Masson d'Autume C, Rosca M, Rae J W, et al. Training language gans from scratch [DB/OL]. [2019-08-15]. https://arxiv.org/pdf/1905.09922.pdf.

[32] Peters M E, Neumann M, Iyyer M, et al. Deep contextualized word representations [C]//Proceedings of the 2018 Conference of the North American Chapter of the Association for Computational Linguistics: Human Language Technologies, 2018: 2227-2237.

[33] Devlin J, Chang M, Lee K, et al. BERT: pre-training of deep bidirectional transformers for language understanding [C]//Proceedings of the 2019 Conference of the North American Chapter of the Association for Computational Linguistics: Human Language Technologies, 2019: 4171-4186.

[34] Holtzman A, Buys J, Forbes M, et al. The curious case of neural text degeneration [DB/OL]. [2019-08-15]. https://arxiv.org/pdf/1904.09751.pdf.

[35] Gu J, Bradbury J, Xiong C, et al. Non-autoregressive neural machine translation [DB/OL]. [2019-08-15]. https://arxiv.org/pdf/1711.02281.pdf.

第 6 章

自动问答与人机对话

　　语言是人类区别于其他生物最显著的能力特征[1]。构建可以通过自然语言与计算机对话的系统一直是人工智能和自然语言处理的终极梦想之一。早在 1950 年的著名论文《计算机器与智能》中，图灵就提出以 "是否能够像人一样回答自然语言提问" 来判断计算机是否具备真正的智能。在 1967 年的著名科幻电影《2001 太空漫游》中，出现了一个可以与人进行自然语言对话的机器人 HAL9000（哈尔 9000，已经在一定程度上具备了人类的情感）。随着人工智能技术的发展，希望计算机能够以自然人机对话的形式告诉人们苏格拉底的哲学思想、北京到上海的交通方式、喜马拉雅山有多高，同时陪伴人们谈心、讲笑话等。下面展示一个用户在订机票时与计算机之间的对话实例：

> **用户：** 我想订一张去上海的机票
> **计算机：** 好的，您想订几号的机票?
> **用户：** 明天上午 10 点左右
> **计算机：** 好的，明天上午 10 点左右的航班有这些，请问您选哪一班?
> ……

　　随着信息规模的进一步扩大和移动智能终端的迅速普及，传统基于关键词匹配和浅层语义分析的信息服务技术越来越难以满足用户对日益增长的精准化和智能化的信息需求。作为精准化和智能化信息服务的代表，自动问答与人机对话近年来也因此越来越受到企业界和学术界的广泛关注。在学术界，自动问答与人机对话一直受到多个研究领域的广泛关注，包括自然语言处理、信息检索、数据库、语音识别和语义网等。在企业界，越来越多的自动问答与人机对话技术被投入市场，如任务型人机对话机器人有亚马逊的 Alexa、苹果的 Siri、谷歌的 Google Home、微软的 Cortana 及国内的小爱机器人、百度度秘等，聊天机器人有微软的小冰等。

　　与此同时，随着互联网上对大规模人机对话和自动问答数据的积累、深度学习技术的发展及大规模知识图谱等支撑知识资源的开放，近年来的自动问答与人机对话性能取得了长足的进步，展现了越来越多的应用可能性。首先，互联网上的各种社交网站、Web 2.0 内容生成网站都积累了大量的人机对话、自动问答和交流的数据，为建立数据驱动的、开放域的大规模人机对话模型提供了坚实的资源基础。其次，深度学习技术已被证明可以进行有效的建模、识别和利用大数据中的复杂隐藏模式，并在自然语言处理、计算机视觉等领域取得了长足的进步。深度学习技术的进步提升了人机对话系统的数据建模能力，从而可以充分利用互联网所带来的大数据红利。最后，近年来知识图谱领域迅速发展，出现了许多大规模的开放知识库，如 Freebase、YAGO、Wikidata 等，为回答用户的信息需求提供了知识基础。

根据用户需求和服务形式的不同，可以将自动问答与人机对话划分到三类典型设置中：

① 知识库问答。在知识库问答中，用户给计算机提出问题，计算机为用户提供简洁、正确的答案。用来回答问题的知识通常来源于特定的知识库，如历史知识库、体育知识库等。用户提问通常局限于简单的知识型需求，如"喜马拉雅山有多高？""世界第一长河流是？"等。

② 机器阅读理解。在机器阅读理解任务中，计算机基于给定的一段文档回答用户针对该文档所提出的问题。例如，给定一段关于苏格拉底哲学思想的描述文档，用户可以针对苏格拉底哲学思想提出各种问题。阅读理解通常包含三个组成部分：文档、问题和答案候选项（可选）。文档为包含若干句话的文本，可提供关于特定主题的相关知识；问题为针对文档表述知识的特定信息需求；对于每个问题，计算机可以从多个答案中选择合适的答案，或者直接从文档中找到可以回答问题的片段。

③ 人机对话。在人机对话系统中，计算机被要求与一个用户进行多轮交流，以完成用户的复杂任务需求，如聊天或情感陪护等。用户有可能带着明确的目的而来，如餐馆预订、会议安排和机票预订等。这类具备明确目的的对话系统通常被称为面向任务型的对话系统。用户也有可能未带着明确的目的，此时，对话系统需要与用户进行开放式的自然对话，用来与用户拉近距离、建立信任关系及进行情感陪护等不局限话题的聊天。与之前的知识库问答和机器阅读理解系统不同，计算机往往需要与用户进行多轮的交互才能解决问题。例如，在旅行订票中，计算机往往需要用户提供出发地、目的地、

时间、价位等多种信息才能完成订票任务，其复杂的信息需求往往不能通过单次问答完成。

基于上述分类，下面将分别介绍三类典型设置的任务定义、系统框架、代表性模型、挑战及未来的发展方向。

6.1　知识库问答

知识库问答可基于知识库中的事实自动回答用户提出的自然语言问题。例如，对用户提出的问题"姚明的妻子是谁?"，知识库问答系统将首先理解用户提出的问题，将其转化为计算机可以理解的语义表示，最终从知识库中提取出答案"叶莉"。

目前，知识库问答方法主要分为三类：基于信息检索的知识库问答方法、基于语义解析的知识库问答方法和基于神经网络的端到端知识库问答方法。基于信息检索的知识库问答方法把知识库问答看成一个信息检索问题：首先把问句转换为相关的查询，然后利用各种证据和特征对返回的候选答案进行排序。基于语义解析的知识库问答方法首先把问句解析为与知识库同构的语义表示，然后在知识库上执行该语义表示以得到答案。基于神经网络的端到端知识库问答方法使用深度神经网络，将问题和候选答案映射为同一空间的连续向量，并将其匹配和排序后得到答案。下面将重点介绍近年来知识库问答的两种主流方法：基于语义解析的知识库问答和基于神经网络的端到端知识库问答。

6.1.1　基于语义解析的知识库问答

基于语义解析的知识库问答利用语义解析技术[2]将问句解析成机器可执行的语义表示，如 Lambda-表达式、SPARQL 等，并通过知识库执行语义表示得到问句的答案。与基于信息检索的知识库问答方法不同，基于语义解析的知识库问答方法能够得到问句的完整形式化语义表示，具有良好的可解释性。另外，对于复杂问句，如包含多个关系或与领域无关操作符（如计数、求最大/最小、比较、最高级等）的问句，基于语义解析的知识库问答方法也可以通过其形式化语义表示方便地解决。

由于基于语义解析的知识库问答方法在知识库问答任务中所具有的独特优势，因此近年来吸引了众多研究者。下面将首先介绍当前成熟的基于语义解析的知识库问答框架，详细介绍其主要组件，包括知识库、语义表示、语义解析模型和执行器；然后重点介绍几个代表性的语义解析模型；最后分析基于语义解析的知识库问答在现阶段存在的主要挑战，并展望未来的工作方向。

6.1.1.1　基于语义解析的知识库问答框架

图 6-1 展示了基于语义解析的知识库问答方法的基本框架。其主要组件包括知识库、语义解析模型、语义表示和执行器，即给定用户查询问句，语义解析模型可在知识库的指导下，通过解析得到查询问句的形式化语义表示，随后，执行器在知识库中执行语义表示，得到问句答案。

知识库是关于特定领域知识的形式化表示，在基于语义解析的知识库问答中主要作为答案的信息源，同时也被用来指导语义解析过程，与语义解析模型、语义表示和执行器有着紧密的联系。计算机理解自然语言的前提是掌握相关领域的知识。目前，大部分知识库主要包含事实类知识，

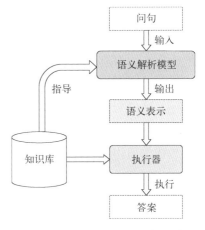

图 6-1　基于语义解析的知识库
问答方法的基本框架

如"中国"的"首都"是"北京"，"北京"是一座"城市"，这两条知识分别以三元组（*中国，首都，北京*）和（*北京，类型，城市*）的形式存储在知识库中。有了上述知识，机器就可以通过语义解析模型将问句"中国的首都是哪个城市？"映射到对应知识表示来进行解析，即语义解析模型通过将词语"中国"链接到知识库中的实体*中国*、"首都"映射到知识库中的二元关系词*首都*、"城市"映射到知识库中的一元类型词*城市*，从而得到问句的形式化语义表示，如 Lambda-表达式表示：$\lambda x.$ *城市*$(x) \wedge$ *首都*$($*中国*$,x)$。由语义解析模型得到的语义表示与知识库通常形式一致，即 Lambda-表达式中的一元谓词（Predicate）与知识库中的类型词一致，如类型*城市*，二元谓词对应知识库中的关系词，如*首都*关系。知识库是执行器的执行对象，如 Lambda-

表达式转换为 SPARQL 查询语言之后，就可以在知识库中进行查询，得到最终的答案"北京"。

语义表示是自然语言语义的形式化表示。在知识库问答中，目前广泛使用的代表性语义表示包括基于框架的语义表示、基于一阶谓词逻辑的语义表示、基于分布式的语义表示、基于语义图的语义表示、基于程序语言的语义表示等。

框架语义表示最早由语言学家明斯基[2]提出，顾名思义，就是利用框架来表示自然语言的语义。框架是用来表示原型情境的数据结构，如生日派对、购物和餐馆用餐等。每个框架使用一个谓词（Predicate）来表征，均对应于一个抽象化的情境。此外，每个框架都有若干槽（Slot）或论元。论元是框架中的语义角色，用来表示与框架有关的额外信息，如购买商品时所对应的"交易"框架具有买方、卖方、物品、价格等论元。框架语义表示的优点：①具有良好的结构性；②具有良好的可解释性（每个框架都直接对应于特定的情境，并定义情境中的不同角色）；③机器友好（由于结构清晰、语义明确，因此可以很方便地转换成机器能够执行的程序语言）；④具有坚实的语言学理论基础。框架语义表示的不足之处：①框架需要由专业人员设计，且难以设计足够的框架来覆盖世界上的各种情境；②框架的大小粒度很难把握，粒度太大会导致无法对情境进行细致区分，粒度太小会导致框架的数量太多。由于框架语义表示的简洁性，因此目前在工业界被广泛运用于领域问答系统和面向任务型的对话系统。

基于一阶谓词逻辑语义表示的代表性表示为 Lambda-表达式，利用谓词逻辑体系来形式化描述自然语言语义，同时谓词逻辑也可以作为一种黏合语言（Glue Language）来组合自然语言中的词语。在 Lambda-表达式中，常量用于表示实体和值；谓词用于表示关系；量词和变量用于表示指代和限定；逻辑连接符用于连接原子语句；函数用于转换。在语义组合过程中，Lambda-表达式主要使用两个组合算子来进行语义组合，即函数应用算子（Function Application）和函数组合算子（Function Composition）。基于一阶谓词逻辑语义表示的最大优点是语义表示能力强，能覆盖众多的语言现象；缺点是需要一定的专业知识才能进行标注。

语义图使用知识图谱子图来表示句子的语义，是近年来随着知识图谱的发展而出现的语义表示。由于语义表示最终需要通过执行器在知识库上执行才能得到答案，因此无论框架语义表示，还是 Lambda-表达式，最终都需要转换成可以与知识库直接交互的语言，如 SPARQL，启发研究者直接将问句的语义表示为知识图谱的子图，省略了中间语言。在图 6-2 中，给定用户查询"《平凡的世界》的作者出生在哪里？"，在图 6-2 右半部分的知识图谱中，虚线圈可以用于生成语义图，在生成语义图时，将结点"陕北"替换为一个变量。语义图的好处是不需要使用中间的表示来表示问句的语义，能在一定程度上避免错误的传递。另外，语义图作为知识图谱的子图，在生成的过程中可以充分利用知识图谱中已有的知识约束。一个语义图由三部分组成：结点、边、操作符。其中，结点表示实体（如《平凡的世界》）、变量（如"哪里"）、类型值（如"人"）；边表示结点之间的关系（如"作者"和"出生地"）；操作符是一些与领域无关的操作，如计数、求最大值等。例如，用户查询"路遥总共写了多少本小说"，就需要对路遥写的小说进行计数操作。基于语义图语义表示的优点：语义图与知识库有着紧密的联系，在生成语义表示的过程中可以充分利用知识库的知识约束；语义图具有与问句依存结构类似的结构，可降低从问句到语义表示结构转换的难度。

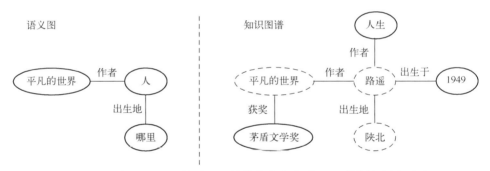

图 6-2　问句"《平凡的世界》的作者出生在哪里？"的语义图表示及
知识图谱中与《平凡的世界》相关的图谱部分

目前基于程序语言的语义表示主要利用 SQL 来表示用户的查询。SQL 作为一种成熟的数据库查询语言，最大优点是对机器友好，可以无缝地在计算机上执行程序语言。基于程序语言语义表示的不足之处在于其与自然语言存在较大的差异，特别是结构上的差异，使得从文本到 SQL 的转换过程极具挑战性。

语义解析模型的目的是将用户输入的自然语言查询转换为计算机可以理解的语义表示，如 Lambda-表达式、SQL 语句、框架语义表示等。

执行器负责先将语义表示确定性地转换成机器查询语言，然后在知识库中查询，得到问句的答案。由于整个转换和执行过程都是确定性的，因此目前实现执行器部分主要是工程实现的问题。

6.1.1.2　代表性的语义解析模型

语义解析模型是基于语义解析的知识库问答中最核心、最具挑战性的模块，近年来吸引了大批学者的关注[3-8]。早期的语义解析模型基于组合语义的思想，采用词典-组合文法架构[9,10]。词典-组合文法架构先利用词典得到问句中每一个词语的语义，然后利用组合文法将词语的语义进行组合，从而最终得到问句的语义。词典-组合文法架构虽然具备良好的语言学理论基础，但需要学习词典并定义组合文法，在开放域环境下受限于词典的覆盖度，主要应用于领域限定的问答系统。

近年来，随着神经网络模型在诸多自然语言处理任务中取得成功，特别是神经机器翻译模型在机器翻译任务中取得的巨大成功，致使当前的主流语义解析模型基本都采用神经网络方法。两类代表性的神经网络语义解析模型为序列到序列（Seq2Seq）语义解析模型[11,12]和序列到动作（Seq2Action）语义解析模型[13]。

Seq2Seq 语义解析模型将语义解析任务看作机器翻译问题，源语言是输入的问句，目标语言是问句的语义表示。与机器翻译任务不同，语义解析的目标不是自然语言，而是结构化的语义表示。因此，Seq2Seq 语义解析模型的关键在于如何把具有层次结构的形式化语义表示转换成序列形式，再利用序列到序列模型将问句的词序列转换为构成语义表示的序列。目前，最简单的序列化过程使用括号模式将语义表示序列化，在解码过程中将生成的单词（Token）序列拼接即可得到最终的语义表示。

图 6-3 展示了 Seq2Seq 语义解析模型示例。

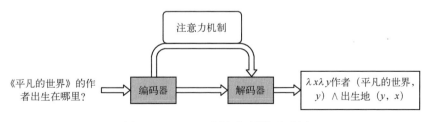

图 6-3　Seq2Seq 语义解析模型示例

图 6-3 中，给定用户查询 $X = x_1, \cdots, x_{|X|}$，Seq2Seq 语义解析模型将依次生成语义表示的单词（Token）序列 $Y = y_1, \cdots, y_{|Y|}$，由 X 生成 Y 的概率可以进行如下分解，即

$$P(Y \mid X) = \prod_{t=1}^{|Y|} P(y_t \mid y_{<t}, X) \tag{6-1}$$

其中，$y_{<t} = y_1, \cdots, y_{t-1}$。

图 6-4 为编码器-解码器模型。目前主流 Seq2Seq 语义解析模型采用经典的编码器-解码器模型[14]来建模生成 Y。编码器为双向的 LSTM 模型[15]。解码器也是 LSTM 模型。

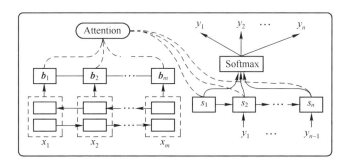

图 6-4　编码器-解码器模型

编码器首先利用单词向量函数 $\phi^{(in)}$ 将每个输入的单词 x_i 映射为向量表示，然后利用两个 LSTM 模型（前向和后向）计算出含有下文信息的向量表示 $\boldsymbol{b}_1, \cdots, \boldsymbol{b}_m$。以前向 LSTM 模型为例，从初始隐状态 h_0^F 出发，利用式（6-2）可循环生成隐状态 $h_1^F, \cdots, h_m^F$，即

$$h_i^F = \text{LSTM}(\phi^{(in)}(x_i), h_{i-1}^F) \tag{6-2}$$

同样的方式也被用来生成后向的隐状态 $h_1^B, \cdots, h_m^B$，最后每个单词的向量表示 $\boldsymbol{b}_i$ 是前向隐状态 h_i^F 和后向隐状态 h_i^B 的拼接，即

$$\boldsymbol{b}_i = [h_i^F, h_i^B] \tag{6-3}$$

解码器依次生成 $y_1, \cdots, y_n$，并采用注意力机制（Attention），即在生成某个单词时，Seq2Seq 语义解析模型并不等同地利用输入问句所有单词的信息，而是有选择地重点关注某些词语，即在 j 时间步，解码器基于隐状态 s_j 来生成 y_j，接着利用 y_j 和 s_j 来生成下一时间步的隐状态 s_{j+1}，具体计算公式为

$$s_1 = \tanh(\boldsymbol{W}^{(s)}[h_m^F h_1^B]) \tag{6-4}$$

$$e_{ji} = s_j^T \boldsymbol{W}^{(a)} b_i \tag{6-5}$$

$$a_{ji} = \frac{\exp(e_{ji})}{\sum_{i'}^{m} \exp(e_{ji'})} \tag{6-6}$$

$$c_j = \sum_{i=1}^{m} a_{ji} b_i \tag{6-7}$$

$$P(y_j = w \mid x, y_{1:j-1}) \propto \exp(\boldsymbol{U}_w [S_j, C_j]) \tag{6-8}$$

$$s_{j+1} = \mathrm{LSTM}([\phi^{(\mathrm{out})}(y_j), c_j], s_j) \tag{6-9}$$

其中，i 的范围是 $[1, \cdots, m]$；j 的范围是 $[1, \cdots, n]$；a_{ji} 建模的是在 j 时间步解码器对单词 x_i 的注意程度；矩阵 $\boldsymbol{W}^{(s)}$、$\boldsymbol{W}^{(a)}$、$\boldsymbol{U}_w$ 及向量函数 $\phi^{(\mathrm{out})}$ 均是模型的参数。

在语义解析模型中，实体往往需要被特殊处理，通常采用词典加拷贝机制来处理实体，即首先利用实体链接技术将用户查询中的实体提及词映射到知识库中的实体，然后在解码时每次都选择是生成一个单词（Token）还是拷贝输入问句中的词语，若选择拷贝输入问句中的词语，并且该词语出现在事先利用实体链接技术获取的词典中，则当前生成的单词（Token）将直接拷贝词语在实体词典中的实体词，如生成《平凡的世界》这个实体是对问句中的"《平凡的世界》"进行拷贝，并利用词典中"《平凡的世界》"到《平凡的世界》的映射而得到的。Seq2Seq 语义解析模型定义一个隐含动作 a_j。该动作可以生成一个单词 Write$[w]$，或者对第 i 个单词进行拷贝 Copy$[i]$。其概率分别为

$$P(a_j = \mathrm{Write}[w] \mid x, y_{1:j-1}) \propto \exp(\boldsymbol{U}_w [S_j, C_j]) \tag{6-10}$$

$$P(a_j = \mathrm{Copy}[i] \mid x, y_{1:j-1}) \propto \exp(e_{ji}) \tag{6-11}$$

解码器通过对所有的动作进行归一化（Softmax）操作来选择概率最大的动作 a_j。

Seq2Seq 语义解析模型借用神经机器翻译的思想，将语义解析转换为词语序列到语义表示序列的翻译过程，具有端到端、模型简单的优点。然而该模型却忽略了语义表示的结构和语义约束。例如，*作者*这个二元关系谓词的后面必须紧跟两个参数，且在语义上，第一个参数的类型是一个*作品*，第二个参数的类型一般是人。因此，后续有许多模型都在探索如何更充分地利用语义表示结构和语义约束提升语义解析性能。

Seq2Action 语义解析模型是将语义解析建模为一个端到端的语义图生成过

程。该模型的主要优点是充分考虑语义表示的结构和语义知识的约束，并在解码时充分利用这些信息来提升语义解析的性能，保证可生成在句法和语义上都合法的语义表示，大大减小了在解码过程中的搜索空间，并能及时过滤错误的语义表示。

Seq2Action 语义解析模型使用语义图作为语义表示。由于语义图与知识库的联系更为紧密，因此 Seq2Action 语义解析模型在生成语义图的过程中能够充分利用知识库的知识约束。Seq2Action 语义解析模型还利用了 Seq2Seq 语义解析模型中的编码器-解码器模型。其主要区别是使用了不同的输出编码，即 Seq2Action 语义解析模型用动作序列来编码语义图的构建，从而把问句到语义图的映射过程转换为问句的词语序列到语义图所对应的构建动作序列的翻译过程。

图 6-5 展示了 Seq2Action 语义解析模型的基本框架，即给定用户查询，依次生成动作，在生成动作的过程中，利用知识库的约束条件来保证生成的动作序列在句法和语义上的合法性。

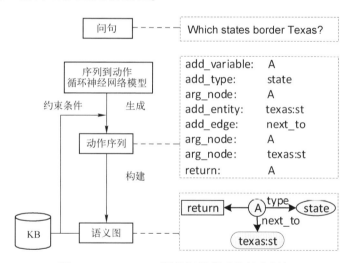

图 6-5　Seq2Action 语义解析模型的基本框架

Seq2Action 语义解析模型的基础是定义语义图构建的动作集合。目前，该动作集合采用原子级的语义图构建动作，共有 6 类动作：添加变量结点动作，如添加变量 A；添加实体结点动作，如添加结点 texas；添加类型动作，如添加类型 state；添加边动作，如添加 next_to；添加操作符动作，如计数

（count）等；添加参数动作，如添加边的动作需要带两个参数结点，即表示边的头结点和尾结点。

Seq2Action 语义解析模型也采用编码器-解码器的模型框架，解码生成的序列是动作序列，不是单词（Token）序列。为此，Seq2Action 语义解析模型需要对每一个动作都进行向量表示。考虑到每一个动作都包含句法部分（add _edge,add_node）和语义部分（A,texas 等），并且相同的句法部分和语义部分可能分别在不同的动作中共享，为了使动作的向量表示更为紧凑（参数更少），Seq2Action 语义解析模型首先对每一个句法部分和语义部分分别进行向量表示，然后将一个动作的向量表示用句法部分和语义部分拼接得到。

Seq2Action 语义解析模型充分利用知识库的信息来约束解码过程，包括句法约束和语义约束。句法约束保证生成的动作序列能够构成一个连通的无环图。语义约束可进一步保证动作序列所构成的语义图符合知识库中的本体约束，如图 6-5 所示的语义图中，next_to（接壤）两个结点的类型必须都是 state（州）。

相比 Seq2Seq 语义解析模型，Seq2Action 语义解析模型不仅利用了语义图与知识库的紧密联系，也利用了循环神经网络模型在建模序列到序列问题中的优势，从而在多个数据集上取得了优异的性能。

6.1.1.3　挑战及未来工作展望

在基于语义解析的知识库问答系统中，最关键的组件是语义解析模型。语义解析模型是近年来研究的热点。目前，语义解析模型仍然面临诸多挑战。首先，现有的神经网络语义解析模型通常基于有监督训练，需要大量标注好的<问句，语义表示>对。为了降低对训练语料的依赖，目前已有许多研究正在探索基于弱监督的语义解析模型[16-18]，如利用<问句，答案>对。其次，现有的语义解析模型通常缺乏良好的领域迁移能力：模型在训练数据领域表现良好，但是在新领域其性能大幅下降。如何提升语义解析模型的领域迁移能力是现有语义解析模型的关键挑战。利用迁移学习中的思想[19,20]，如零样本学习（Zero-Shot Learning）来提升语义解析模型的领域迁移能力是一个值得研究的发展方向。

6.1.2　基于神经网络的端到端知识库问答

基于神经网络的端到端知识库问答首先利用深度学习技术将知识库问答

转化为在表示空间上的匹配和推理问题，然后在识别问句中实体和关系的基础上执行知识库查询来得到问句的答案。与传统的知识库问答方法不同，基于神经网络的端到端知识库问答省略了中间的复杂步骤，降低了知识库问答系统的构建门槛，无需定义形式化语义表示，具备良好的领域迁移性，例如从航空领域转换到餐饮领域时只需更换训练数据，无需针对餐饮领域定义新的形式化语义。

由于上述优点，基于神经网络的端到端知识库问答近年来吸引了越来越多的研究者。下面将首先介绍当前主流的基于神经网络的端到端知识库问答框架，并详细描述其核心组件，包括问句表示学习、知识表示学习及问句与知识的关联；然后重点介绍代表性的方法和路线；最后分析基于神经网络的端到端知识库问答在知识库问答任务中所面临的挑战，并展望未来的研究方向。

6.1.2.1 基于神经网络的端到端知识库问答框架

基于神经网络的端到端知识库问答系统的基本架构如图 6-6 所示。该架构主要包含三个组件：问句表示学习、知识表示学习及问句与知识的关联。问句表示通常在词向量的基础上通过文本组合的方式得到；知识表示利用 TransE 等[21]知识表示学习方法得到知识库中实体、关系的向量表示；问句与知识的关联在问句、实体和关系表示的基础上，利用向量计算得到问句所涉及的实体和关系，从而建立问句与知识之间的关联。

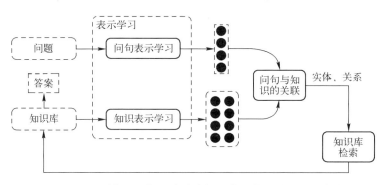

图 6-6　基于神经网络的端到端知识库问答系统的基本架构

根据得到答案方式的不同，基于神经网络的端到端知识库问答系统有如下两种技术路线：①基于问句和知识表示直接得到答案；②首先基于问句和知识表示得到问句中包含的实体和关系，然后通过知识库检索得到答案。其中，知识库检索通常可以直接基于 SPARQL 等查询语句实现，在此不再赘述。下面将主要围绕三个组件，对现有的工作和代表性方法进行综述性的介绍。

（1）问句表示学习

问句是以单词为单位构成的自然语言文本。近年来，越来越多的研究使用低维、连续的向量来表示文本的语义，并在许多自然语言处理任务中取得了良好的性能，如文本相似度[22]和问答系统[23]等。词级别的表示，也就是词向量（Word Vector）[24]，通常基于 Harris [25] 在 1954 年提出的分布式假说"具有相似上下文的词语语义也应当相近"得到。对于句子级别的表示，由于数据稀疏性的问题，通常没有足够的上下文来学习良好的大粒度文本表示[26]，因此通常使用文本组合的方法得到。文本组合通常基于 Frege[27] 提出的组合原则"一个复杂表示的语义取决于其组成部分的语义及将各部分语义组合起来的规则"。

文本组合可以形式化为：给定包含词序列 $\{w_1, w_2, \ldots, w_n\}$ 的问句 S，文本组合方法首先根据已有的词向量矩阵，将问句中的每个单词均转换为向量表示 $\{v_1, v_2, \ldots, v_n\}$，然后将得到的词向量序列进行组合，得到最终的问句表示。

$$S = c(v_1, v_2, \ldots, v_n) \tag{6-12}$$

常用的文本组合方法包括元素相加（Element-wise Addition）、元素相乘（Element-wise Multiplication）[28]、递归神经网络（Recurisve Neural Network，RecNN）[29]、循环神经网络（Recurrent Neural Network，RNN）[30]、长短时记忆网络（Long-Short Term Memory Network，LSTM）[31]、卷积神经网络（Convolutional Nerual Network，CNN）[32]等。

元素相加（Element-wise Addition）是最简单的文本组合方法，可取得良好的性能。元素相加将问句中每个单词的向量表示进行加权平均作为问句的向量表示，在文本相似度、情感分析等领域取得了良好的效果。其主要缺点是完全忽略了问句的词序和句法的信息。

递归神经网络（RecNN）是一种具有树状结构的神经网络，可自底向上构建整个问句的语义，如图 6-7 所示。

循环神经网络（RNN）是一种从左向右（或从右向左）以输入序列为基础进行文本组合的方法，是一种较为常见的文本语义组合算法，存在梯度消

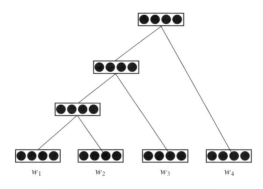

图 6-7　递归神经网络示意图

失/爆炸等问题。

　　长短时记忆网络（LSTM）是一种特殊的循环神经网络，专门为解决循环神经网络存在的梯度消失/爆炸等问题设计了门机制来改进梯度的传递。

　　卷积神经网络（CNN）是从图像领域借鉴的具有深度结构的前馈神经网络，是深度学习的代表算法之一，通过对局部信息建模和参数共享的方式来实现文本组合。

　　近期，以 ELMo[33]、BERT[34] 等为代表的自然语言预训练模型大幅提升了多个自然语言处理任务的性能，因此使用预训练的语言模型来增强问句表示的质量成为当前研究的主流做法。

　　（2）知识表示学习

　　知识库以结构化的形式描述客观世界中的概念、实体及它们之间的相互关系，提供了一种方便组织、管理和应用的知识存储方式。典型的知识库由三元组集合构成，如（中国，首都，北京）存储的是"北京是中国的首都"这条事实，涉及的实体包括"中国"和"北京"，涉及的关系为"首都"。基于连续向量的知识表示方法将知识库中的实体和关系映射到低维、连续的向量空间，以方便后续的计算、匹配和推理。伴随着表示学习的发展，基于表示学习的知识表示方法成为近期的研究热点。该方法能够处理大规模的知识数据，并能更有效地发现和应用隐性知识和逻辑关联，在知识库的相关任务中取得了显著的成果，如链接预测、三元组分类和知识库问答等。

　　知识表示学习通常以三元组 (h, r, t) 为单元进行建模，将三元组中的实体 h、t 和关系 r 映射到连续空间中的向量 $\vec{h}$、$\vec{t}$ 和 $\vec{r}$。给定能量函数 $f_r(h, t)$，知识库表示学习的目标函数为

$$L = \sum_{h,t} \sum_{h',t'} \max(0, f_r(h,t) + \lambda - f_r(h',t')) \tag{6-13}$$

其中，h'、t' 是通过随机负采样得到的三元组负样本 (h',r,t') 中对应的实体。

　　基于式（6-13），不同学习算法之间的主要区别在于优化的能量函数不同。目前主要的知识表示学习可分为组合模型、神经网络模型和转移模型。组合模型主要基于实体和关系表示向量/矩阵之间的点积和线性组合建模三元组，典型模型包括基于普通矩阵的 RESCAL[35]、采用对角矩阵的 DistMult[36] 和虚数空间扩展的 ComplEx[37]。基于神经网络模型的知识表示学习采用神经网络来建模三元组，如单层非线性网络的神经张量网络（Neural Tensor Network，NTN)[38]。基于转移模型的知识表示学习 TransE[21] 受到词向量（Word Vector）的启发，将三元组中的关系建模为从头部实体到尾部实体的转移，如图 6-8（a）所示。其能量函数为

$$f_r(h,t) = |h + r - t| \tag{6-14}$$

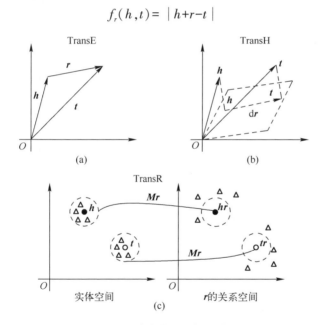

图 6-8　基于转移模型的知识表示学习

　　由于基于转移模型的知识表示学习参数数量少，计算效率高，因此是当前被广泛采用的一种知识表示学习。针对 TransE 不能很好地处理复杂类型关系的问题，后续也有大量的改进模型，如 TransH[39]［见图 6-8（b）］和 TransR[40]［见图 6-8（c）］。

（3）问句与知识的关联

基于问句表示和知识表示，端到端知识库问答通过将问句与知识库中的实体和关系进行匹配关联的方式得到涉及的实体、关系或答案。以最常见的简单类型问题（可以用知识库中的一个三元组来回答）为例，问句与知识的关联匹配组件主要包括实体链接、关系识别、答案检索三个主要步骤。

实体链接：该步骤的目标是识别出问句中所涉及的主要实体，形式化定义为：给定一个包含 n 个单词的问句，找出其中表示实体的字符串并链接到知识库中的对应实体。

关系识别：该步骤的目标是识别出问句中表达的关系，形式化定义为：给定一个包含 n 个单词的问句，判断问句表达的关系语义，并将关系单词匹配到知识库中的关系。

答案检索：根据找到的实体和关系到知识图谱中查询，找到目标结果，也就是给定实体和关系后到知识库中找到匹配的三元组，而三元组中的另外一个实体则作为答案。由于通常在得到问句中的实体和关系后，直接通过检索的方式即可得到答案，因此本章仅讨论前两个步骤。

通过上述三个组件可以学习得到问句表示、知识表示，通过进一步计算可以得到问句中所包含的实体、关系等信息，再通过知识库查询等方法可以得到最终的答案。

6.1.2.2 代表性方法

当前，基于神经网络的端到端知识库问答可以根据表示学习和关联技术的不同分为问句与知识独立学习的方法和问句与知识联合学习的方法。

（1）独立学习的方法

如前文所述，问句和知识相互异构。Bordes 等人[41]基于词向量、文本组合和 TransE 等知识表示学习方法，首先将问句和实体映射到相同维度的向量表示空间，然后利用余弦相似度找出问句中最有可能关联的实体和关系。该方法需要大量（问题，三元组）的对齐数据作为训练语料，Bordes 等人基于 Reverb[42]自动生成大规模的训练数据，然后训练得到问答模型。

在上述工作的基础上，Bordes 等人[43]提出融入更多的信息来增强问答系统的性能，包括实体的文本描述、知识库中的路径信息（关系组合）、知识库中与问题相关的子图等。Yih 等人[23]提出采用卷积神经网络来学习问句的表示，进一步提升了问答的准确度。Dong 等人[44]通过融合答案的类型、答案的路径等信息扩展了系统的能力，不仅可以提升准确性，还可以回答类型更为复杂的问题。近期，Lukovnikov 等人[45]利用 Bert 来增强问句的表示，性能得到显著提升。

（2）联合学习的方法

上述介绍的独立学习的方法分别首先独立地学习问句和知识的表示，然后在向量空间中进行关联。由于问句和知识的异构性和独立训练的特点，由上述方法学习到的问句表示和知识表示存在语义鸿沟，影响了问句与知识关联的准确性。

针对上述问题，研究人员提出利用知识的描述信息（如实体的描述、关系的提及等）来辅助学习知识中实体和关系的表示，进而加强问句表示与知识表示的相关性，从而提升问句与知识之间关联计算的准确性。基于联合学习的端到端知识库问答系统的基本架构如图 6-9 所示。

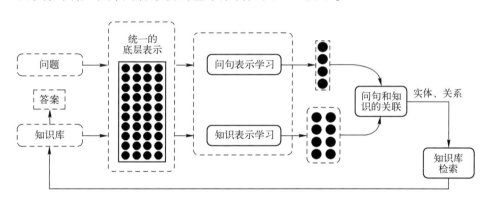

图 6-9　基于联合学习的端到端知识库问答系统的基本架构

Hao 等人[46]提出使用知识库的结构来增强知识库问答系统，同时基于实体的文本描述来学习基于文本的实体表示，并将该表示与 TransE 模型学习得到的实体表示拼接，从而得到最终的实体表示。问句表示基于文本表示和组合模型学习得到。最后，计算问句表示和实体、关系表示之间的相似度作为问句中的实体和表示，通过知识库检索得到答案。Hao 等人的方法在一定程度上利用文本信息来增强知识表示，但是仍然没有解决异构性带来的语义鸿沟问题。

安波等[47]提出基于统一的底层表示来学习问句、实体和关系的表示，通过将问句和知识映射到同一语义表示空间，可避免异构性所带来的语义鸿沟问题，即给定实体名称、描述、关系文本提及作为实体和关系的文本信息，使用文本表示和组合方法来学习得到实体和关系的表示。知识库中三元组的结构信息被用来约束文本的表示和组合模型，并增强问句表示。例如，实体的表示基于实体的名称和文本描述得到，即

$$e = \text{BiLSTM}(w_1^{\text{name}}, w_2^{\text{name}}, \cdots, w_n^{\text{name}}) + \text{BiLSTM}(w_1^{\text{desc}}, w_2^{\text{desc}}, \cdots, w_m^{\text{desc}}) \qquad (6-15)$$

问句表示与实体、关系表示的相似度被用来得到问句中所涉及的实体和关系。

6.1.2.3　小结与展望

基于神经网络的端到端知识库问答系统主要包含问句表示学习、知识表示学习、问句与知识的关联三部分研究内容，通过端到端的建模知识库问答，可略去中间的复杂解析步骤，相比基于语义解析的知识库问答系统，具有简单、人工参与少等优点；通过将问句和知识映射到同一空间，可有效解决异构数据的匹配问题；性能更多地依赖数据的规模和质量。

总体来说，基于神经网络的端到端知识库问答系统的主要挑战包括：

① 小样本学习/迁移学习：不同领域的问句和知识库具有不同的特点，基于神经网络的端到端知识库问答系统在迁移到不同领域时，性能通常会有较大程度的下降。获取高质量问答数据是一项昂贵且具有挑战性的工作。因此，如何在小样本的环境下进行高质量的学习是未来的一个研究方向。

② 复杂问题求解：当前有关基于神经网络的端到端知识库问答的研究主要集中在解决简单类型问题（可以使用知识库中的单个三元组回答的问题）上，对于如何回答涉及多个三元组和多个关系组合的复杂问题依然存在较大挑战。在未来的工作中，如何学习复杂问题的表示，并构建模型推理机制来回答问题也是一个亟待解决的问题。

③ 知识库不完整：当前的知识表示学习主要集中在学习已有知识库中的实体和关系的表示，没有哪个知识库能完整覆盖所有的知识[48]，当问题的答案不在知识库中时，需要根据已有的知识通过推理得到新知识，从而回答用户的问题，或者识别出当前知识库无法回答的相关问题。由于问句中可能包含新的实体，因此如何利用已有的文本信息来学习高质量的新实体表示，也是在知识库不完整的情况下亟待解决的问题。

6.2　机器阅读理解

6.2.1　任务介绍

机器阅读理解是问答的一种特殊形式。其目标是回答与一段给定文本材料相关的问题。机器阅读理解可以形式化为一个寻找答案的过程：$\text{argmax}_A(P(A \mid Q, P))$。其中，A 表示答案（Answer）；Q 表示问题（Question）；P 表示给定的文本材料（Passage）。根据问题和答案形式的不同，机器阅读理解的任务所涉及的题型可划分为四种。

① 完形填空题。完形填空题是包含一个待补全空位的句子，系统需要在给定的备选答案或整个单词表中，选出一个最佳答案，使句子正确、完整和连贯。

② 选择题。选择题要求系统根据文本材料的信息，在给定的备选答案中选出问题的正确答案。

③ 子串预测题。子串预测题也被称作抽取式问答，系统需要从文本材料中抽取一个连续子串作为问题的答案。

④ 开放生成题。与上述三种题型不同，开放生成题的答案可以是任何形式的文本，不限于特定的选项或文字材料。

表 6-1 给出了四种题型机器阅读理解任务的代表性数据集和样例：CNN/Daily Mail[49]（完形填空题）、MCTest[50]（选择题）、SQuAD[51]（子串预测题）、NarrativeQA[52]（开放生成题）。

表 6-1　四种题型机器阅读理解任务的代表性数据集和样例

数据集	样　　例
CNN/Daily Mail（针对完形填空题）	文字材料：(@ entity4) if you feel a ripple in the force today, it may be the news that the official @ entity6 is getting its first gay character. according to the sci-fi website @ entity9, the upcoming novel "@ entity11" will feature a capable but flawed @ entity13 official named @ entity14 who "also happens to be a lesbian." the character is the first gay figure in the official @ entity6-the movies, elevision shows, comics and books approved by @ entity6 franchise owner @ entity22-according to @ entity24, editor of "@ entity6" books at @ entity28 imprint @ entity26. 问题：characters in "＿＿＿" movies have gradually become more diverse 答案：@ entity6

续表

数据集	样 例
MCTest（针对选择题）	文字材料：Once upon a time, there was a cowgirl named Clementine. Orange was her favorite color. Her favorite food was the strawberry. She really liked her Blackberry phone, which allowed her to call her friends and family when out on the range. One day Clementine thought she needed a new pair of boots, so she went to the mall. Before Clementine went inside the mall, she smoked a cigarette. Then she got a new pair of boots. She couldn't choose between brown and red. Finally, she chose red, which the seller really liked. Once she got home, she found that her red boots didn't match her blue cowgirl clothes, so she knew she needed to return them. She traded them for a brown pair. While she was there, she also bought a pretzel from Auntie Anne's. 问题：What did the cowgirl do before buying new boots? 选项：A. She ate an orange B. She ate a strawberry C. She called her friend D. She smoked a cigarette 答案：D. She smoked a cigarette
SQuAD（针对子串预测题）	文字材料：Super Bowl 50 was an American football game to determine the champion of the National Football League (NFL) for the 2015 season. The American Football Conference (AFC) champion **Denver Broncos** defeated the National Football Conference (NFC) champion Carolina Panthers 24-10 to earn their third Super Bowl title. The game was played on February 7,2016, at Levi's Stadium in the San Francisco Bay Area at Santa Clara, California. As this was the 50th Super Bowl, the league emphasized the "golden anniversary" with various gold-themed initiatives, as well as temporarily suspending the tradition of naming each Super Bowl game with Roman numerals (under which the game would have been known as "Super Bowl L"), so that the logo could prominently feature the Arabic numerals 50. 问题：Which NFL team won Super Bowl 50? 答案：Denver Broncos
NarrativeQA（针对开放生成题）	文字材料：…In the eyes of the city, they are now considered frauds. Five years later, Ray owns an occult bookstore and works as an unpopular children s entertainer with Winston; Egon has returned to Columbia University to conduct experiments into human emotion; and Peter hosts a pseudo-psychic television show. Peter's former girlfriend Dana Barrett has had a son, Oscar, with a violinist whom she married then divorced when he received an offer to join the London Symphony Orchestra. … 问题：How is Oscar related to Dana? 答案：He is her son

　　根据题型的不同，机器阅读理解系统采用的评价标准也不同。对完形填空题和选择题，机器阅读理解系统使用正确率来评价系统的性能。对子串预测题，由于需要比较预测答案和标准答案，因此通常采用 Exact Match 和 F1 Score 来分别衡量答案完全匹配和部分匹配的程度[51]。其中，采用 Exact Match 计算预测答案与标准答案完全一致的比率，采用 F1 Score 计算两个文本之间重叠字符数量的平均值。为了增强评价指标的适应性，数据集通常提供多个标准答案，取最大的 Exact Match 和 F1 Score 作为最终分数。对于开放生

成题，目前还没有统一的评价指标，通常使用包括 BLEU 和 ROUGE 等文本生成领域常用的指标来进行评价。

机器阅读理解是一个极具挑战的任务，需要综合多种语言能力来求解问题的答案。根据问题的不同，机器阅读理解系统不仅需要具备语义匹配的能力，还需要对文本有深层次的理解，从而生成完整、流畅的答案。对于更困难的问题，机器阅读理解系统还需要具备结合文本材料信息和世界知识进行推理和总结的能力。同时，为了测试语言理解的程度，机器阅读理解任务的问题往往更关注文本材料中深层次的信息，不同于传统问答任务关注事实性的答案。

早在 20 世纪 70 年代，Wendy Lehnert 就提出利用阅读理解的问答方式来测试机器对自然语言的理解性能[53]。由于早期的机器阅读理解系统主要采用基于规则的方法，因此测试未能取得良好的性能。近年来，由于受益于深度学习语言表示模型的发展及大规模阅读理解数据集的出现，机器阅读理解已成为当前的研究热点。2013 年出现的 MCTest 数据集[50]是一个选择式问答数据集，虽然质量较高，但数据量较少。2015 年出现的 CNN/Daily Mail[49] 和 CBT[54] 数据集使用自动构建方法进行构建，大幅提高了数据集的规模。

2016 年出现的 SQuAD 数据集[51]由众包的方式构建，是机器阅读理解领域的一个重要数据集。SQuAD 数据集共包含 536 篇维基百科的文章和这些文章中所提出的 107 785 个问题，问题的答案均为对应段落中的子字符串。由于 SQuAD 具有较高的质量和较大的规模，因此启发许多研究者构建了新的机器阅读理解模型，推动了机器阅读理解领域的快速发展。利用 SQuAD 数据集对模型进行评测，由评测结果产生的排行榜也成为评价各模型性能的主要依据之一。2018 年，机器阅读理解系统在 SQuAD 数据集上的性能首次超过了人类。

为了能够在更高的层面上测试计算机理解语言的能力，后续提出的机器阅读理解数据集对阅读能力提出了更高的要求。2016 年出现的 MS MARCO 数据集[55]要求系统能够综合多个段落的信息并做出推理，正确答案无法通过从文中直接抽取的方式得到，需要系统生成。近年来，TriviaQA[56]、RACE[57]、QAngaroo[58]、NarrativeQA[52]、MultiRC[59]、SQuAD 2.0[60]、HotpotQA[61]、CoQA[62]等数据集是分别针对多项不同的机器阅读理解能力提出的，如多句子多篇章阅读理解、长文本阅读理解、判断无法回答的问题和对话阅读理解等。

可以说，机器阅读理解已逐渐成为自然语言处理最活跃的领域之一，在这个领域可以开展大量科学研究。

6.2.2 机器阅读理解系统框架

目前，主流机器阅读理解系统都基于神经网络模型进行构建。机器阅读理解模型通常包含三个模块（见图6-10）：①编码模块，将问题和文字材料由字符表示编码转换成为语义空间的向量表示；②推理模块，采用神经网络在语义空间进行推理，包含复杂的注意力机制，最终形成答案向量；③解码模块，将答案向量解码为答案字符串并输出。

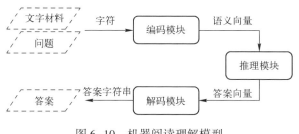

图6-10 机器阅读理解模型

6.2.3 机器阅读理解系统的核心组件

下面以机器阅读理解任务中最经典的子串预测题为例，描述机器阅读理解模型的核心组件。其他类型的机器阅读理解任务只需修改与输出相关的解码模块即可。子串预测题形式化定义为：输入问题 $Q=(q_1,\cdots,q_I)$ 和文本材料 $P=(p_1,\cdots,p_J)$，系统需要在材料 P 中预测答案的起止位置 $A=(a_{start},a_{end})$，其中，I 和 J 分别为问题和文本材料的长度。

（1）编码模块

编码模块的目标是把问题和文本材料的词序列表示映射为具有上下文信息的语义表示向量，通常包含词汇编码层和上下文编码层。

词汇编码层使用预训练得到的词嵌入模型将问题和文本材料的每个单词映射为向量空间的向量，经常使用的词嵌入模型包括 Word2Vec 或 GloVe。词汇编码还包括一些辅助特征，如字符编码、词性编码和实体类别编码等。具体地说，给定 Q 和 P，词汇编码层的输出为词向量矩阵 $\boldsymbol{E}^q \in \mathbb{R}^{d \times I}$ 和 $\boldsymbol{E}^p \in \mathbb{R}^{d \times J}$。

其中，d 表示词向量维度。

上下文编码层基于单词的上下文得到每个词语更准确的语义表示向量。在文本中，根据上下文的不同，词形相同、语义不同的词语会被映射为不同的向量，用来表示不同的语义。例如，bank of a river 与 bank of China 中的 bank 会被映射为不同的向量，分别对应河岸和银行这两个不同的语义。上下文编码层通常使用词嵌入向量序列作为输入，采用双向长短期记忆网络（BiLSTM）进行编码。对于 Q 和 P，上下文编码层的输出为 $\boldsymbol{H}^q \in \mathbb{R}^{2d \times I}$ 和 $\boldsymbol{H}^p \in \mathbb{R}^{2d \times J}$。

近年来，ELMo[63]和 BERT[64]等大规模预训练语言模型逐渐被用于机器阅读理解模型的编码部分。由于大规模预训练语言模型的语言表示和上下文消歧能力高于仅使用词共现信息训练的向量表示，因此目前在各大数据集上性能排名最高的机器阅读理解系统均应用了此类预训练语言模型。ELMo 基于深层 BiLSTM 构建，不仅使用 BiLSTM 的输出层表示，还组合 BiLSTM 的中间层表示，并使用语言模型任务进行训练。BERT 与 ELMo 和 BiLSTM 的区别在于，BERT 使用了 Transformer 作为上下文编码器，并联合所有层中的左右上下文表示来训练深度的双向文本表示。预训练的 BERT 表示可以通过一个任务特定的输出层进行微调，以适用于包括机器阅读理解在内的各种 NLP 任务。

（2）推理模块

推理模块的目标是通过对综合问题表示 $\boldsymbol{H}^q$ 和文本材料表示 $\boldsymbol{H}^p$ 的信息进行推理得出答案的，在此过程中，通常利用注意力机制来建模问题和文本材料之间的复杂交互。推理模块的输出是融合了问题信息的文本材料表示，也被称为工作记忆 $\boldsymbol{M}$。推理模块通常包含以下环节。

① 注意力权值计算。注意力权值即 $\boldsymbol{H}^q$ 和 $\boldsymbol{H}^p$ 各个向量 $\boldsymbol{h}_i^q$ 和 $\boldsymbol{h}_j^p$ 之间的相似度，即

$$s_{ij} = \operatorname{sim}_{\theta_s}(\boldsymbol{h}_i^q, \boldsymbol{h}_j^p) \in \mathbb{R} \tag{6-16}$$

其中，$\operatorname{sim}_{\theta_s}$ 为相似度函数，可以选择多种形式，例如以 $\theta_s = \boldsymbol{W}$ 为参数的双线性函数，即

$$\operatorname{sim}_{\theta_s}(\boldsymbol{h}_i^q, \boldsymbol{h}_j^p) = \boldsymbol{h}_i^{q\mathrm{T}} \boldsymbol{W} \boldsymbol{h}_j^p \tag{6-17}$$

相似度使用 Softmax 归一化，即

$$\alpha_{ij} = \frac{\exp(s_{ij})}{\sum_k \exp(s_{kj})} \tag{6-18}$$

② 注意力信息整合。注意力信息整合即根据注意力权值 α_{ij} 对问题表示 $\boldsymbol{H}^q$ 进行注意力整合，针对每个文本材料的词表示 $\boldsymbol{h}_j^p$ 得到特定的问题表示，即

$$\hat{\boldsymbol{h}}_j^p = \sum_i \alpha_{ij} \boldsymbol{h}_i^q \tag{6-19}$$

各位置的问题注意力表示 $\hat{\boldsymbol{h}}_j^p$ 组合为矩阵 $\hat{\boldsymbol{H}}^p \in \mathbb{R}^{2d \times J}$。

③ 信息融合和推理。信息融合和推理即将问题的注意力表示 $\hat{\boldsymbol{h}}_j^p$ 与文本材料表示 $\boldsymbol{h}_j^p$ 进行融合，形成工作记忆，即

$$\boldsymbol{M} = f_\theta(\hat{\boldsymbol{H}}^p, \boldsymbol{H}^p) \tag{6-20}$$

其中，f_θ 为一个以 θ 为参数的神经网络，通常使用 BiLSTM 或自注意力网络。

（3）解码模块

解码模块根据工作记忆 $\boldsymbol{M}$ 生成答案，对于子串预测题即为预测子串的起止位置在文本材料上的概率分布 $P_j^{(\text{start})}$ 和 $P_j^{(\text{end})}$，并选取概率最大的位置作为起止位置($a_{\text{start}}, a_{\text{end}}$)。

问题的注意力表示向量为

$$\boldsymbol{h}^q = \sum_i \beta_i \boldsymbol{h}_i^q \tag{6-21}$$

其中

$$\beta_i = \frac{\exp(\boldsymbol{w}^{\text{T}} h_i^q)}{\sum_k \exp(\boldsymbol{w}^{\text{T}} h_k^q)} \tag{6-22}$$

起始位置的概率分布通过双线性函数进行计算，即

$$P^{(\text{start})} = \text{softmax}(\boldsymbol{h}^{q\text{T}} \boldsymbol{W}^{(\text{strat})} \boldsymbol{M}) \tag{6-23}$$

其中，$\boldsymbol{W}^{(\text{strat})}$ 为权值矩阵。结束位置的概率分布同样可通过双线性函数进行计算，并在计算时加入起始位置的信息，即

$$P^{(\text{end})} = \text{softmax}(\text{concat}(\boldsymbol{h}^{q\text{T}}; \sum_j P_j^{(\text{start})} \boldsymbol{m}_j)^{\text{T}} \boldsymbol{W}^{(\text{end})} \boldsymbol{M}) \tag{6-24}$$

其中，$\boldsymbol{W}^{(\text{end})}$ 为权值矩阵；$\boldsymbol{m}_j$ 为 $\boldsymbol{M}$ 的第 j 个向量。寻找概率最大的子字符串作为答案字符串，即

$$(a_{\text{start}}, a_{\text{end}}) = \underset{i,j}{\text{argmax}} P_i^{(\text{start})} P_j^{(\text{end})} \tag{6-25}$$

（4）模型训练

机器阅读理解模型是一个深度神经网络模型，可以借助反向传播算法和梯度下降进行端到端的训练。其优化目标为最大化标准答案字符串的概率，即最小化标准答案起止位置对应概率的负对数，具体的损失函数为

$$L(\theta) = -\frac{1}{|\mathcal{D}|} \sum_{i=1}^{|\mathcal{D}|} \left(\log(P_{y_i^{(\text{start})}}^{(\text{start})}) + \log(P_{y_i^{(\text{end})}}^{(\text{end})}) \right) \tag{6-26}$$

其中，$\mathcal{D}$ 为训练数据集；$y_i^{(\text{start})}$ 和 $y_i^{(\text{end})}$ 为第 i 个训练数据标准答案的起止位置。

6.2.4　代表性机器阅读理解模型

下面将按时间顺序介绍几个代表性机器阅读理解模型。

（1）Match-LSTM+指针网络[65]

Match-LSTM+指针网络是 SQuAD 数据集上第一个端到端的神经网络模型，奠定了神经网络机器阅读理解模型的基本框架。该模型使用 Match-LSTM 将问题信息与文本材料的表示融合，并使用指针网络（Pointer Network）从文本材料中选取子串作为答案。Match-LSTM+指针网络模型的结构如图 6-11 所示。

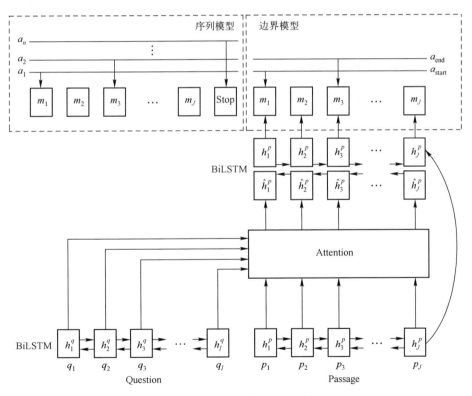

图 6-11　Match-LSTM+指针网络模型的结构

Match-LSTM 最初用于文本蕴涵任务，即判断特定假设是否可以从输入前提中推断得出。对于假设中的每个词，Match-LSTM+指针网络模型均使用注意力机制获得与其相关的前提词语的加权平均向量表示，将该向量表示与假设中相应词的向量表示拼接，输入 Match-LSTM 中。Match-LSTM+指针网络模型使用问题和文本材料替换前提和假设，以融合问题信息与文本材料的表示。具体过程描述如下。

在获得文本材料的融合表示之后，Match-LSTM+指针网络模型使用指针网络从文本材料中选择子串作为答案。在每一个生成时间步，指针网络均使用注意力机制获得文本材料的概率分布，并提出两种不同的答案构建方法。其中，序列模型使用指针网络依次选取文本材料中的单词组成答案，假设答案中的每个单词都可以出现在文本材料中的任何位置，并且答案的长度不固定。为了使模型在获得整个答案后停止生成工作，在文本材料的末尾添加一个表示答案终止的特殊符号。边界模型不同于序列模型，只预测起始位置和结束位置，即假设答案为文本材料中的一段连续子串，与6.2.3 节中提到的解码模块相同。测试结果显示，在 SQuAD 数据集上，边界模型优于序列模型。

（2）BiDAF[66]

BiDAF 全称为 Bi-Directional Attention Flow（双向注意力流）。BiDAF 模型有两个特点：①在编码模块中使用不同粒度的输入，包括字符级和单词级，并构成上下文表示；②在推理模块中使用双向注意力流，即文本材料到问题的注意力和问题到文本材料的注意力，以获得融合问题信息的文本材料表示。BiDAF 模型的结构如图 6-12 所示。

BiDAF 模型的编码模块包括字符嵌入层和单词嵌入层，分别基于字符级 CNN 和预训练的 GloVe 词向量将每个单词映射到向量空间，两种词表示的拼接通过两层 Highway 网络融合后，输入上下文编码层中的双向LSTM。

注意力流可对问题和文本材料中的信息进行融合和交互，通过将注意力向量"流"入随后的建模层，避免了过早地进行总结（加权平均）而导致的信息丢失问题。注意力从两个方向计算：从文本材料到问题（Context-to-query），从问题到文本材料（Query-to-context）。

文本材料与问题之间词级别的相似度矩阵为 $S \in \mathbb{R}^{I \times J}$，其中每个元素

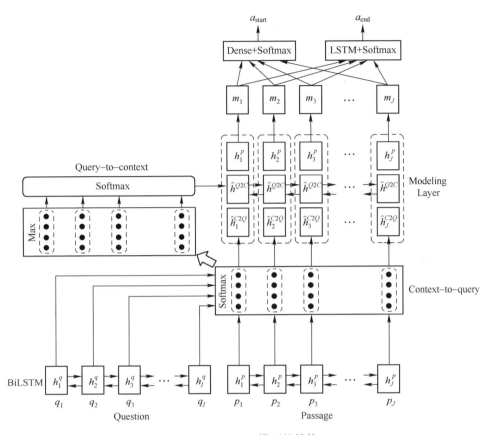

图 6-12　BiDAF 模型的结构

$$s_{ij} = \mathrm{sim}_{w_s}(\boldsymbol{h}_i^q, \boldsymbol{h}_j^p) \tag{6-27}$$

其中，相似度函数

$$\mathrm{sim}_{w_s}(\boldsymbol{h}_i^q, \boldsymbol{h}_j^p) = \boldsymbol{w}_s^{\mathrm{T}} \mathrm{concat}(\boldsymbol{h}_i^q; \boldsymbol{h}_j^p; \boldsymbol{h}_i^q \circ \boldsymbol{h}_j^p) \tag{6-28}$$

其中，∘表示向量对应位置相乘；$\boldsymbol{w}_s$ 是可训练的参数。从文本材料到问题的注意力表示向量

$$\hat{\boldsymbol{h}}_j^{C2Q} = \sum_i \alpha_{ij} \boldsymbol{h}_i^q \tag{6-29}$$

与推理模块相同，其中

$$\alpha_{ij} = \frac{\exp(s_{ij})}{\sum_k \exp(s_{kj})} \tag{6-30}$$

除此之外，BiDAF 模型增加了从问题到文本材料的注意力表示向量，即

$$\hat{\boldsymbol{h}}^{Q2C} = \sum_j \beta_j \boldsymbol{h}_j^p \tag{6-31}$$

其中

$$\beta_j = \frac{\exp(\max_i s_{ij})}{\sum_k \exp(\max_i s_{ik})} \tag{6-32}$$

建模层使用两层 BiLSTM 综合原文本材料表示及从文本材料到问题、从问题到文本材料两个注意力表示的信息，即

$$\boldsymbol{M} = \mathrm{BiLSTM}(f(\boldsymbol{H}^p; \hat{\boldsymbol{H}}^{C2Q}; \hat{\boldsymbol{h}}^{Q2C})) \tag{6-33}$$

其中，$\hat{\boldsymbol{H}}^{C2Q}$ 为文本材料到问题的注意力表示向量矩阵；$\hat{\boldsymbol{h}}^{Q2C}$ 为单一向量，需要复制 J 次，使其与文本材料的长度相同；f 为融合函数，可以是一层全连接神经网络或简单的向量拼接。

（3）R-NET[67]

R-NET 是微软亚洲研究院于 2017 年提出的模型，在被提出时，在 SQuAD 和 MS MARCO 数据集上测试，取得了当时的最佳排名。R-NET 模型的结构如图 6-13 所示。

给定单词级别和字符级别的表示向量，R-NET 模型首先使用双向 GRU 来编码问题和文本材料，然后使用基于门控注意力的 RNN 融合来自问题和文本材料的信息，并使用自注意力层获得文本材料的最终表示。输出层基于类似于指针网络的方式来预测答案的边界，使用问题的注意力表示向量作为指针网络的初始状态向量。

基于门控注意力的 RNN 将文本材料到问题的注意力融入 RNN 模型，在 RNN 循环的每一步均计算问题的注意力表示，并加入门控机制，通过比较文本材料中的每个词与问句的相关程度，滤除无关部分，强调重要部分。基于门控注意力的 RNN 表示为

$$\hat{\boldsymbol{h}}_t^p = \mathrm{RNN}(\hat{\boldsymbol{h}}_{t-1}^p, g_t \odot \mathrm{concat}(\boldsymbol{h}_t^p; \boldsymbol{c}_t)) \tag{6-34}$$

$$\boldsymbol{c}_t = \sum_{i=1}^l \alpha_i \boldsymbol{h}_i^q \tag{6-35}$$

$$\alpha_i = \frac{\exp(s_i)}{\sum_k \exp(s_k)} \tag{6-36}$$

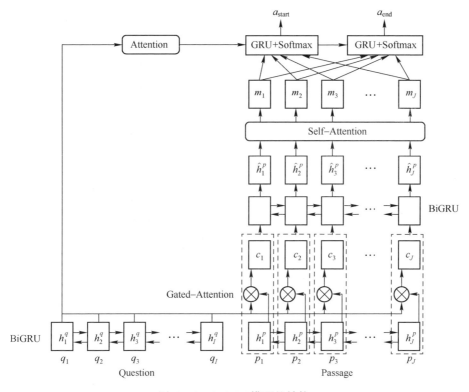

图 6-13　R-NET 模型的结构

$$s_i = \boldsymbol{v}^{\mathrm{T}}\tanh(\boldsymbol{W}^Q\boldsymbol{h}_i^q + \boldsymbol{W}^P\boldsymbol{h}_t^p + \boldsymbol{W}^M\hat{\boldsymbol{h}}_{t-1}^p) \tag{6-37}$$

$$g_t = \mathrm{sigmoid}(\boldsymbol{W}^g\mathrm{concat}(\boldsymbol{h}_t^p;\boldsymbol{c}_t)) \tag{6-38}$$

其中，$\boldsymbol{W}^Q$、$\boldsymbol{W}^P$、$\boldsymbol{W}^M$、$\boldsymbol{W}^g$ 均为可训练参数。

自注意力机制旨在解决 RNN 的长距离依赖问题，并利用全文信息对文本材料表示进行重新总结提炼，有助于解决指代消解等问题。自注意力机制可表示为

$$\boldsymbol{m}_t = \mathrm{RNN}(\boldsymbol{m}_{t-1},g_t\odot\mathrm{concat}(\hat{\boldsymbol{h}}_t^p;\boldsymbol{c}_t)) \tag{6-39}$$

$$\boldsymbol{c}_t = \sum_{i=1}^{I}\alpha_i\boldsymbol{h}_i^q \tag{6-40}$$

$$\alpha_i = \frac{\exp(s_i)}{\sum_k\exp(s_k)} \tag{6-41}$$

$$s_i = \boldsymbol{v}^{\mathrm{T}}\tanh(\boldsymbol{W}_{\mathrm{self-att}}^P\hat{\boldsymbol{h}}_i^p + \boldsymbol{W}_{\mathrm{self-att}}^M\boldsymbol{m}_{t-1}) \tag{6-42}$$

$$g_t = \mathrm{sigmoid}\left(\boldsymbol{W}_{\mathrm{self\text{-}att}}^g \mathrm{concat}\left(\hat{\boldsymbol{h}}_t^p ; \boldsymbol{c}_t\right)\right) \tag{6-43}$$

其中，$\boldsymbol{W}_{\mathrm{self\text{-}att}}^P$、$\boldsymbol{W}_{\mathrm{self\text{-}att}}^M$、$\boldsymbol{W}_{\mathrm{self\text{-}att}}^g$ 均为可训练参数；$\boldsymbol{m}_t$ 为工作记忆 $\boldsymbol{M}$ 中的向量。

（4）QANet[68]

上述模型主要基于 RNN 和注意力机制，由于 RNN 的序列性质，因此训练和测试通常耗时较长。QANet 模型在结构中避免使用 RNN，以提高机器阅读理解的速度。QANet 模型的结构如图 6-14 所示。

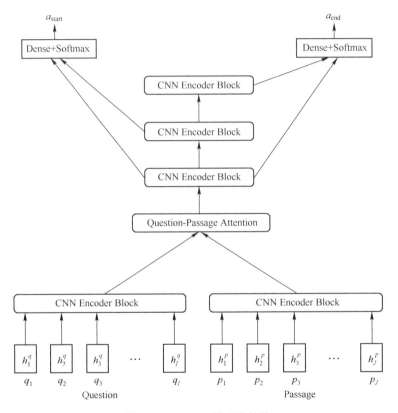

图 6-14　QANet 模型的结构

QANet 模型与其他模型的主要区别在于词汇编码层和上下文编码层仅使用了卷积神经网络（CNN）和自注意机制，没有使用常用的 RNN。深度卷积神经网络可以捕获文本的局部结构；多头（Multi-head）自注意机制可以建模整个文本材料的全局交互。QANet 模型实现了优于 RNN 模型的性能，使训练速度提高了 13 倍。

6.2.5　总结与展望

机器阅读理解是当下自然语言处理领域的一个热门任务，近年来各类数据集及新方法层出不穷。由于现有技术框架的制约和数据集的种种不足，虽然机器阅读理解取得了长足进展，但是距离与人类一样的"理解"水平仍有差距。例如，虽然基于 RNN 和注意力的浅层匹配方法在特定数据集上可以取得良好的性能，但是对于某些困难任务，如涉及复杂推理及深层次的语篇、语用及情感等信息的机器阅读理解任务，浅层匹配方法的性能仍有较大差距。

为了更接近真实的人类阅读理解，许多数据集被设计出来以测试机器阅读理解的高阶能力。

1. 基于知识的机器阅读理解

在当前的机器阅读理解任务中，系统仅仅需要基于给定的上下文从文档中抽取问题。例如，MCTest 数据集从特定的语料库（小说故事、儿童书籍等）中选取段落，以避免引入外部知识。与真实世界的问题相比，这些人为产生的问题通常过于简单。在人类阅读理解的过程中，当问题所需的知识超出文本材料的范围时，人类可以利用世界知识进行回答。外部知识被认为是目前机器阅读理解与人类阅读理解之间的最大差异之一。

针对上述问题，基于知识的机器阅读理解（KBMRC）被提出来，用于推动在机器阅读理解任务中引入世界知识的相关研究。KBMRC 可以被视为具有外部知识的增强型阅读理解，与传统模型的不同之处主要在于，系统在求解问题时，不仅仅需要文本材料和问题，还需要依赖从知识库中提取其他相关知识。KBMRC 面临的主要挑战如下。

① 关联知识的检索。虽然与一段文本相关的知识数量往往非常庞大，但求解问题往往只涉及其中的少量知识。同时，自然语言本身又具备歧义，例如"苹果"可以同时指水果和苹果公司。因此，如何检索与上下文和问题密切相关的知识，同时排除与解题无关的语义知识，是基于知识机器阅读理解系统的基础。

② 外部知识的整合。知识库中的知识与文本之间存在异构性。如何对异构的知识和文本进行编码，并将其与文本材料和问题的表示相结合以补充其

中缺少的信息，是亟待解决的重要研究问题。

2. 无答案问题

当前，机器阅读理解任务背后有一个潜在的假设，即在给定的文本材料中肯定存在正确的答案。该假设在现实世界中不一定成立。因为文本材料所涵盖的知识范围有限，经常会有从文本材料中无法找到答案的问题。因此，成熟的机器阅读理解系统应该能够区分无法回答的问题。SQuAD 2.0[60]即是一个代表性的包含无答案问题的机器阅读理解数据集。无答案问题与给定的文本材料相关，在文本材料中存在具有迷惑性的错误答案，可提升机器阅读理解系统的挑战性。无答案问题任务面临的挑战主要是对无答案问题的检测。也就是说，系统需要知道当前系统已知什么和未知什么，从而判断哪些问题无法给出答案。

3. 多文档机器阅读理解

在机器阅读理解任务中，相关的文本材料是预先确定的。这与人们的问答过程并不一致。人们通常会搜索所有可能相关的文档，并经综合多个文档的证据后给出答案。多文档机器阅读理解任务对每个问题均给出多个相关文档。系统需要综合各个文档中的多个信息给出答案。相比单文档机器阅读理解，多文档机器阅读理解所面临的主要挑战如下。

① 大规模文档语料库的检索。系统需要能够快速准确地从大规模文档语料库中检索相关的文档。该文档是系统做出正确回答的基础。

② 文档检索的噪声。多文档机器阅读理解可视为远距离监督的开放域问答任务。系统会检索到包含正确答案在内的与问题无关的噪声文档，相关模型的训练也会受到噪声文档的影响。

③ 多证据整合。对于一些复杂的问题，支撑答案的证据散布在一个文档的不同部分或不同的文档中。多文档机器阅读理解需要将这些证据整合在一起，才能正确地回答问题。

4. 对话机器阅读理解

机器阅读理解任务要求基于对给定文本材料的理解来回答问题，并假设问题之间相互独立。人们经常使用一系列相互关联的问题和回答来解决复杂的信息需求。例如，人们首先提出第一个问题并获得答案，然后根据该答案提出下一个问题以加深理解。这样一个迭代的过程就可被视为多轮对话。与传统的机器阅读理解相比，对话机器阅读理解所面临的主要挑战如下。

① 对话历史的建模。在机器阅读理解任务中，问题和答案仅基于给定的文本材料，问题之间相互独立。对话历史在对话机器阅读理解中起着重要作用，后续问题可能与先前问题和答案密切相关，并且先前出现的错误答案会影响后续问题的回答。

② 指代消解。指代消解是 NLP 的经典任务，在对话机器阅读理解中更具挑战性。共指现象可能发生在文本材料中，也可能出现在问答对中，且隐性共指现象在对话中更为常见。

总而言之，实现类人的机器阅读理解能力还有很长的路要走，仍然面临巨大的挑战和许多未来需要解决的开放性问题。为了达到深层次的机器阅读理解，我们需要进一步探究机器阅读理解背后的科学本质，以设计出能够超越现有浅层语义匹配的机器阅读理解模型。

6.3　人机对话系统

面向知识库的问答系统和机器阅读理解系统主要面向单轮的知识型问答需求。在实际生活中，有时不仅会面临比单轮的知识型问答更复杂的任务（如订票、预订住宿、解决使用特定产品过程中遇到的问题等），还会有除获取知识之外的交流需求（如聊天、情感陪护等），此时，往往需要对话系统来完成任务及满足需求。

近年来，随着信息技术的发展和智能终端的普及，人们对使用计算机解决复杂的信息需求有了越来越高的期待，人机对话系统越来越引起人们的广泛关注。具体而言，人机对话系统大致可以划分为面向任务型的对话系统和面向非任务型的聊天系统两种类型[69]。

（1）面向任务型的对话系统

面向任务型对话系统的目的是帮助用户完成某些复杂的任务，如预订住宿和餐馆、查找产品。面向任务型对话系统所解决的任务往往处于日常生活中的频繁场景，且需要多个步骤来完成。例如，"预订住宿"需要用户提供入住时间、离开时间、宾馆类型、价格区间、住宿区域等多个信息，需要系统根据用户提供的信息查询知识库并进行相关反馈，在对话过程中，系统还需要更新或修改用户的信息需求才能最终完成用户的复杂任务信息需求。在实际生活中，面向任务型对话系统的典型应用场景是个人助理和智能客服。

（2）面向非任务型的聊天系统

面向任务型的对话系统往往解决的是明确的任务需求。与面向任务型的对话系统不同，面向非任务型的聊天系统往往不具备明确的任务需求，主要目的是在对话过程中提供合理的信息和娱乐，如聊天和情感陪护[70]等。为了达到该目的，面向非任务型的聊天系统往往面向开放域，能够针对用户各种各样的信息需求提供合理的回复。在许多面向任务型的对话系统中，往往会嵌入面向非任务型的聊天系统来提升用户的体验。随着信息化社会的发展和老龄化社会的发展，面向非任务型的聊天系统在聊天伴侣、信息入口和情感陪护等方面都将起到越来越重要的作用。

近年来，人机对话系统的最新进展主要来自深度学习技术和大规模语料的获取这两方面的进步。首先是深度学习技术的进步。对于人机对话系统，深度学习技术可以通过大规模数据来学习有意义的特征表示和回复生成策略，摆脱对传统手工特征的依赖。同时，深度神经网络可以采用端到端的方式来建模人机对话系统，使人机对话系统的模型更简洁，从而摆脱了管道模型的错误传播问题。人机对话系统取得进展的另一个主要原因是大规模语料的获取。随着社交网络和信息化系统的发展，大规模对话（或类对话）语料可以方便地从信息系统中获得。例如，微博及其回复、社会化问答网站（如知乎）都提供了大量的类对话语料；客服系统等企业信息系统的日志也记录了大量的客服对话语料，可以直接用于人机对话系统的构建。

下面将详细介绍面向任务型的对话系统和面向非任务型的聊天系统，包括任务定义、典型架构、关键组件描述和代表性系统，并进一步描述深度学习技术如何利用表示算法提升现有性能，进而讨论一些重要的发展方向及挑战。

6.3.1 面向任务型的对话系统

面向任务型对话系统的目的是帮助用户完成某些特定任务。该任务往往涉及复杂的信息需求，需要进行多步的反馈迭代循环才能完成，因此无法使用单轮问答技术来解决。

面向任务型的对话系统一直受到学术界和产业界的广泛关注。经过多年的研究，目前面向任务型对话系统的典型架构（见图6-15）通常包含四个关键组件: 自然语言理解 (Natural Language Understandinng, NLU)、对话状态跟踪 (Dialog State Tracking, DST)、对话策略 (Dialog Policy, DP) 和自然语言生成 (Natural Language Generation, NLG)。

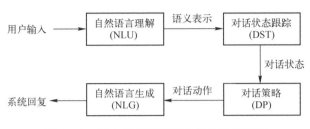

图 6-15　面向任务型对话系统的典型架构

由图 6-15 可知, 典型的对话过程被建模为如下的流水线结构:

① 由用户输入表达所需求的话语, 如 "帮我订一张明天去上海的高铁票"。在语音助手中, 用户通常使用语音与对话系统进行交互, 在这种情况下, 需要使用额外的语音识别模块将用户的语音输入转换为自然语言文本。

② 自然语言理解 (NLU) 组件将用户的输入解析为计算机可以理解的语义表示。例如对给定的①中的话语, 自然语言理解组件识别用户的需求领域是交通预定, 意图是订火车票, 关键槽位信息是 ｛目的地=上海, 时间=明天｝。

③ 对话状态跟踪 (DST) 组件建模了对话的状态, 并基于 NLU 组件的输出语义表示对对话状态进行更新。例如对给定的①中的话语, DST 组件判断当前话语距离完成还缺少出发地和车次等关键信息。

④ 对话策略 (DP) 组件根据对话状态选择合适的对话动作。常用的对话动作包括问好 (Hello)、询问额外信息 (Request)、确认信息 (Confirm) 等。例如对给定的①中的话语, DP 组件可能根据其策略选择询问用户出发地信息, 并生成 "Request (出发地)" 动作。

⑤ 自然语言生成 (NLG) 组件基于 DP 组件选择的动作, 将其表示为自然语言句子回复用户。例如对给定的①中的话语, NLG 组件将 Request (出发地) 的动作转换为自然语言后回复 "请问您从哪一个城市出发?"。

⑥ 返回到①, 直到完成用户的需求或任务失败。

6.3.1.1　面向任务型的对话系统组件介绍

下面将详细介绍面向任务型的对话系统中的组件和对应的代表性方法。

（1）自然语言理解（NLU）组件

给定用户的自然语言输入后，自然语言理解组件可将用户的话语解析为特定的语义表示，如语义框架、逻辑表达式、SQL语言等。与知识库问答系统检测使用的Lambda-表达式、SQL等语义表示不同，面向任务型的对话系统通常使用语义框架（Frame）作为语义表示语言。

例如，图6-16展示了在交通领域火车票预订的语义框架样例。图中，火车票预订是框架名称，出发时间、出发地等是语义槽位。语义框架通常对语义槽位的值规定额外的类型约束，例如出发地和目的地的槽位的值必须是CITY、出发时间的值必须是TIME等。

火车票预订	
出发时间	
出发地	
目的地	
火车类型	

图6-16　火车票预订的语义框架样例

基于语义框架，自然语言理解组件的任务就是将句子中的对应信息填入对应的语义槽位中。例如，将用户输入的"帮我订一张明天去上海的高铁票"中的上海和高铁分别填入火车票预订语义框架的目的地和火车类型槽位中：目的地＝上海，火车类型＝高铁。

为了完成目标，NLU组件通常需要经过两个关键子任务：一个是句子级的用户意图识别；另一个是词级别的信息抽取，如命名实体识别和槽位填充。图6-17展示了自然语言理解样例。

句子	预定	明天	到	上海	的	火车票
槽位	O	B-date	O	B-dest	O	O
意图	预定火车票					

图6-17　自然语言理解样例

用户意图识别的目的是将句子划分到不同的语义框架中，例如将"预定明天到上海的火车票"和"明天多少度"这两个句子分别划分到"预定火车票"和"天气查询"语义框架中。用户意图识别通常被建模成一个分类问题，输入是文本特征，输出是所属的意图分类，采用传统的机器学习模型，如 SVM、Adaboost 都可以解决。目前，用户意图识别的典型模型是基于深度学习的分类模型[71-73]。其中一种典型方法是基于卷积神经网络的分类方法[73]。该方法采用卷积神经网络学习用户输入句子的分类特征，并使用分类层（如 Softmax）得到句子的意图。

与用户意图识别不同，槽位填充通常被建模为序列标注问题：句子中的每一个词语均被标记上特定的槽位标签。例如，在图 6-17 中，"上海"的标记是 B-dest，表示语义槽位是目的地，"明天"被标记为 B-date，表示语义槽位为火车票的时间。目前，槽位填充的典型方法是基于深度学习的序列标注模型，如深度信念网络[71,74]和 RNN 架构[75,76]。文献[77]使用典型的 Bi-LSTM+CRF 架构来完成上述任务，即首先使用 Bi-LSTM 学习每一个词语的表示，然后使用 CRF 来解码每一个词语的语义标签。

虽然用户意图识别和槽位填充通常被建模为两个相互分离的任务，但是近年来也有越来越多的研究通过联合建模这两个任务来提升自然语言理解的性能[78,79]。联合建模的主要优势在于底层的表示学习部分可以共享用户意图识别和槽位填充的监督信息，同时联合架构可以充分建模用户意图和槽位之间的关联，可避免推理过程的错误传播，更容易达到全局最优。

（2）对话状态跟踪（DST）组件

对话状态跟踪组件的目的是根据用户输入和系统动作，管理并更新对话状态。在对话系统中，对话状态是当前对话轮数的对话历史的信息汇总表示，可代表人机对话过程中用户目标的达成状态。对话状态包含所有可能会影响后续决策的信息，如 NLU 模块的输出、用户的特征等。例如，在火车票预订场景中，只有当用户提供了完整的出发时间、出发地、目的地、火车类型的槽位信息后才能完成系统的信息需求。在每一轮对话过程中，DST 组件均需要估计并跟踪每一个槽位的完成程度等信息，并基于槽位信息判断对话是否完成，也就是能否基于当前信息确定用户的预定车次。

具体地说，一个 DST 组件的功能可以看成是从系统中的上一轮动作 a_t、用户输入 u_t 和系统当前状态 S_t 得到系统新状态的过程，即

$$S_t + u_t + a_t \rightarrow S_{t+1}$$

系统当前状态 S_t 表示到时间 t 为止的对话历史，可代表人机对话过程中用户目标的达成状态。

对话状态跟踪的主要难点来自两个方面：首先，对话状态空间极大，对一个有 n 个对话动作和 m 个槽位，每个槽位有 p 种取值的人机对话系统来说，其对话状态空间的数据为 np^m；其次，由于用户的真实意图是通过语言表达的，因此存在一定的模糊性，同时自然语言理解组件的准确率不高还会进一步带来噪声。

为了在大对话状态空间、有噪声和模糊性的条件下[80]建模对话状态，需要能够在对话状态空间紧凑地表示真实对话状态的多重假设。目前，大部分面向任务型的对话系统[81,82]都采用建模每个语义槽位值的概率分布方式来表示对话状态。

在模型方面，传统 DST 的代表性模型是 POMDP（Partially Observed Markov Decision Process，部分可观测马尔可夫过程）[83]方法。该方法假设对话过程是马尔可夫决策过程：对话初始状态为 s_0，从一个状态到下一个状态的转换通过转移概念 $p(s_t | s_{t-1}, a_{t-1})$ 来表示。近年来，也有许多深度学习模型被用于对话状态跟踪[84,85]，文献[85]使用 RNN 建模对话的状态分布和不同槽位值之间的关联和对话历史，在实现更优性能的同时，也能够通过神经网络表示的泛化能力来处理未观测实例的情况。

（3）对话策略（DP）组件

对话策略组件的目标是基于当前的对话状态选择合适的下一步对话动作。对话策略组件可形式化为从对话状态到对话动作的映射，即 $S_t \rightarrow a_t$。例如，如果用户说"我要去北京出差"，那么对话策略组件需要基于系统当前的状态 |Frame＝出差，目的地＝北京|，从可能的动作（如询问出发时间、询问出发地、询问交通工具类型）中选择合适的动作。例如，系统可能选择询问出发时间作为下一步的动作，也就是 Request（出发时间）。对话动作（Dialogue Act）是对话系统与用户的交互。一些常见的对话动作包括问候、问题、肯定、告知等[86]。

在模型方面，传统的对话策略模型包括基于规则的对话策略（MIT-ATIS）、基于有限状态自动机的对话策略、基于表格的对话策略和基于脚本的对话策略、基于规划的对话策略等。近年来，也有越来越多的研究使用深度学习来建模对话策略[87]，也就是用神经网络来建模从对话状态到对话动作 $S_t \rightarrow a_t$ 的映射过程，并使用对话语料进行端到端的训练。在文献[87]中，其作者使用 LSTM 的隐藏状态表示建模的对话状态 S_t，并使用 LSTM 的解码器作为对话策略组件生成对话动作 a_t。为了训练深度对话策略组件，该作者采用了增强学习的方法来进行高效的学习，取得了比传统方法更优的性能。

（4）自然语言生成（NLG）组件

自然语言生成组件的目的是将抽象的对话动作转化为自然语言表达。例如，给定系统动作 Request（出发地），NLU 组件生成方便用户阅读和理解的句子"请问您计划从什么地方出发？"。一个好的自然语言生成系统需要依赖多个不同的因素，如正确性、流畅性、可读性及多样性[88]。

在模型方面，传统的 NLG 组件往往采用基于模板的自然语言生成和基于规划的自然语言生成[89]。基于规划的自然语言生成采用三个阶段，分别是文档规划（生成句子的语义表示序列）、句子规划（生成句法结构和关键词）和表层规划（生成辅助词语和完整句子）。近年来，随着深度神经网络的发展，自然语言生成往往使用深度神经网络的模型[90]。在文献[90]中，系统使用双向 LSTM-RNN 来生成自然语言回复，并将对话动作信息作为隐藏状态。

6.3.1.2 端到端的任务型对话系统模型

目前的主流面向任务型的对话系统仍然将对话过程作为一个流水线来处理，使得在构建对话系统时需要设计多个组件，耗费大量的时间。多个组件会导致面向任务型对话系统的训练极为困难，因此需要采用强化学习才能进行训练。虽然已有许多研究工作都在使用深度神经网络来替换其中的特定组件，但是也只能在一定程度上缓解上述问题。

为了解决上述问题，近年来已有研究工作开始尝试构建端到端的任务型对话系统。与传统的流水线任务型对话系统不同，端到端的任务型对话系统将对话看作一个从对话历史到系统回复的端到端生成过程。其中，对话历史使用编码器进行编码；系统回复通过解码器生成。图 6-18 展示了端到端任务型对话系统的框架。

在模型方面，文献[91]和[92]构建了端到端的任务型神经网络对话系统。该系统使用编码器-解码器模型进行训练，并使用训练数据进行有监督训练。文献[93]提出使用端到端的

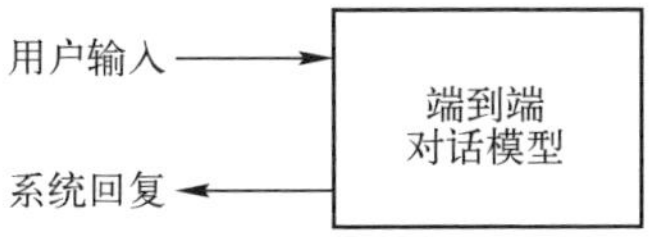

图 6-18　端到端任务型
对话系统的框架

强化学习方法，同时训练对话状态跟踪组件和对话策略组件，获得了更优的系统动作生成性能。文献［94］采用基于层次化循环神经网络的编码–解码模型建模任务型对话，对用户输入的句子采用双向 RNN 学习句子的语义表示，并使用一个 EncoderRNN 来建模整个对话历史的多个句子，最后使用 RNN 解码得到系统的输出。

6.3.1.3 总结

虽然近年来人机对话系统取得了长足的进步，但仍是一个极具挑战性的研究任务，有许多问题尚未解决。第一，当前的绝大部分人机对话系统仍然采用语义框架的槽位填充架构，在表示复杂的对话任务方面有诸多不足。第二，面向任务型对话系统的训练一直是最大的挑战之一：首先，面向任务型的对话系统包含多个组件，如何在多个组件之间分配训练信号一直是一个巨大的挑战；其次，面向任务型对话系统的内部状态空间巨大，对话的有标注语料难以获得，因此如何使用弱监督信号训练面向任务型对话系统就变成了一个巨大的挑战。第三，尽管近年来已有许多构建端到端任务型对话系统的尝试，但是目前仍然没有一个系统可以在完全端到端的同时取得良好的对话性能，完整的端到端任务型对话系统仍然任重道远。最后，人机对话系统的自动评估本身就是一个一直尚未解决的难题，目前采用的客观指标（如对话成功率、对话轮次）和主观指标（用户满意度、体验指标）都无法真正完整评估系统的性能。

6.3.2 面向非任务型的聊天系统

面向任务型的对话系统聚焦于完成订票和客服这种明确的复杂任务。面向非任务型的聊天系统所关注的是与用户进行的交流和娱乐[95]。其服务对象和聊天范围都具备一定的开放性，如娱乐机器人、面向老年人的情感陪护机器人等聊天机器人。目前市面上有多种不同的聊天机器人，如苹果的 Siri、谷歌的 Duplex、亚马逊的 Alexa、微软的小冰等。图 6-19 展示了一小段用户与聊天机器人的聊天样例（u 表示用户；s 表示聊天机器人）。

由图 6-19 可知，聊天机器人的核心目的是如何根据当前的语境和用户的输入生成合理的回复。为完成该目的，聊天机器人有两种主流方法：①检索式方法，其核心是从问答数据库中选择适合当前对话的回复；②生成式方法，如序列到序列（Seq2Seq）模型，其核心是基于当前对话的上下文生成适当的回复。

> u:好久不见
> s:是的，你怎样？
> u:很不错。我最近要去上海
> s:上海的东方明珠不错
> u:……

图 6-19　一小段用户与聊天机器人的聊天样例

（1）检索式方法

检索式方法[96]的核心是维护一个庞大的问答数据库，并系统地学习一个从用户输入到合适回复的匹配模型，通过寻找数据库中与用户问题相似问题的方式给出合适的回复。为了能够根据输入和语境给出合适的回复，已有许多匹配模型被开发出来，包括基于规则的匹配、分类器或基于深度学习的匹配神经网络。

检索式方法不需要生成新的回复，只需要从固定答案中挑选合适的回复即可。一方面，由于问答数据库中的回复一般是由制作者生成的，具备较高的质量与流畅度，因此由检索式方法生成的回复往往比由生成式方法生成的回复更加真实和自然[97]。另一方面，问答数据库必须能够尽可能地匹配系统的目标对象和目标需求，并且覆盖尽可能多的提问方式才能够更加精准地匹配用户问题。

（2）生成式方法

生成式方法的核心是基于用户输入，使用生成模型生成合适的回复作为输出。与检索式方法不同，生成式方法不依赖问答数据库生成回复，因而能够生成语料库中从未出现过的回复，在回复多样性和开放性方面有明显的优势。生成模型也可能会出现语法错误、流畅度不足等缺点。近年来，基于神经网络的生成式方法是聊天机器人的主流方法。

由于在微博、论坛、聊天软件、客服系统上均可收集海量的对话数据，可为构建由数据驱动的聊天机器人系统提供海量的数据支撑，因此目前聊天机器人系统的主流模式是在大量语料上训练神经网络生成模型（特别是序列到序列模型），直接生成反馈给用户的自然语言句子。神经网络序列到序列模型非常适合聊天机器人：①不需要与用户环境和后台知识库交互；②框架可以很容易地扩展到大规模训练语料上，因此可以很容易地扩展到开放域，实现对用户感兴趣话题的覆盖；③微博、社会网站等存在的大量对话交流数据，为构建由数据驱动的端到端神经回复生成模型提供了数据基础。下面将介绍两种代表性的神经网络生成模型，即序列到序列（Seq2Seq）模型[98]和层次RNN模型[99]。

（1）序列到序列模型

随着神经网络模型在机器翻译问题上取得的极大成功，研究人员发现可以把对话生成看成是一个机器翻译问题，将用户输入作为源语言，将系统回复作为目标语言。因此，文献[98]采用基于序列到序列的模型进行回复的生成。图 6-20 展示了序列到序列对话回复生成模型。

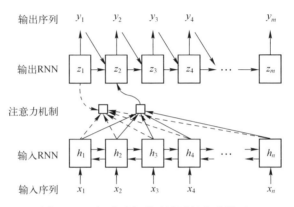

图 6-20　序列到序列对话回复生成模型

给定句子序列对$<Q,R>$，Seq2Seq 模型首先使用 Bi-LSTM 对输入 Q 进行编码，然后通过带注意力机制的解码模型进行解码，最终得到回复 R。

虽然序列到序列对话回复生成模型展示了神经网络模型在回复生成中的潜力，但是仍有诸多不足。首先，对话与翻译具有一定的差异性：一个问题可以有大量合理的回复，不像机器翻译那样存在有限的合理翻译。其次，序列到序列对话回复生成模型仅仅将语料表示为（Query，Response）的格式，可导致其建模完整上下文和生成符合当前情境的回复的能力不足。

（2）层次 RNN 模型（Hierarchical Recurrent Encoder-Decoder，HRED）[99]

与 Seq2Seq 模型仅仅建模单轮的（Query，Response）对应关系不同，HRED 模型认为每一个对话历史是一个对话轮次的序列，每一个对话轮次又是一个词汇的序列。基于此，HRED 模型使用层次化模型来解决 RNN（包括LSTM）建模上下文长度不够的问题。具体地说，HRED 模型使用一个两层的

RNN 来建模：一个是词级别的 RNN；另一个是对话轮次级别的 RNN。HRED 层次化模型如图 6-21 所示。

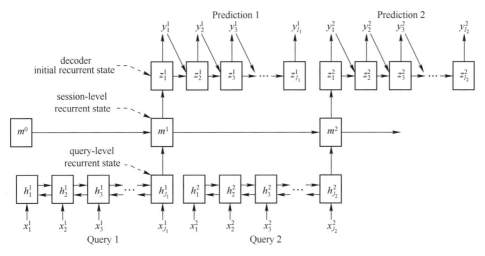

图 6-21　HRED 层次化模型

给定当前的对话上下文，HRED 模型首先使用词汇层的 RNN 来学习每一个词汇的表示，并使用最终的隐藏状态作为句子的表示；然后使用对话轮次级别的 RNN 来得到对话层的上下文表示，该 RNN 同时以当前用户输入的表示向量和之前对话轮次的表示向量作为输入。通过建立轮到轮之间的信息传递问题，HRED 模型可以有效地解决梯度消失/爆炸问题，从而建模非常长的对话上下文，并最终得到更加合理的回复。

虽然 HRED 模型展示了如何使用层次化 RNN 来解决建模长对话上下文的问题，但是神经网络生成模型仍有许多问题尚未解决。下面介绍几个亟待解决的问题。

① 语境整合问题。目前的聊天机器人更多地强调整合对话的上下文，忽略对其他语境的整合，如环境语境和人物语境。为了生成更合适的回复，聊天机器人还可能需要整合其他类型的语境数据，例如日期/时间、位置、用户信息、用户情绪等。

② 回复多样性/一致性问题。目前的聊天机器人系统经常会生成"不知道"或"是的"这样的安全回复。虽然这类回复可以适用于大部分输入问题的回复，但是并没有提供合适的信息。另外，现有的聊天机器人虽然能对语义类似的输入给出类似的回答，但是对关联的多个问题的回答却给出了不一

致的回复。因此，未来，聊天机器人需要在回答同样的问题时提升多样性，在回答所有问题时提升一致性。

③ 训练问题。目前的聊天机器人虽然采用与机器翻译相同的训练目标，但是与机器翻译不同，一个用户输入可以有非常多合理的回复，与参考回复不一致的回复不一定就是不合适的回复。这就导致了一个训练目标函数与实际应用目标的鸿沟，如何解决该鸿沟，也是一个重要的研究方向。

6.4　总结与未来的挑战

随着深度学习技术的成熟、大规模问答/对话语料的积累和大规模知识图谱的发展，自动问答和人机对话已经成为当前研究的前沿，并得到了迅速的发展，在各行各业中得到了广泛的应用。本章综述了自动问答和人机对话的几种主要形式。

① **知识库问答**：知识库问答使用给定知识库中的知识回答用户提出的问题。本章介绍了基于语义解析的知识库问答和基于神经网络的端到端知识库问答。

② **机器阅读理解**：机器阅读理解基于给定文档的信息生成用户问题的答案。本章介绍了机器阅读理解的任务定义和主流框架，包括 Match-LSTM+指针网络、BiDAF 和 QANet 等。

③ **人机对话系统**：人机对话系统通过多轮用户机器对话交互的方式来完成用户的复杂任务及对娱乐的需求等。本章介绍了面向任务型的对话系统和面向非任务型的聊天系统。

虽然目前的自动问答和人机对话技术已经取得了长足的进步，但远未成熟，仍存在诸多问题和挑战。纵观人机对话和自动问答的发展态势和技术现状，以下研究方向或问题有望成为未来整个领域和行业的关注重点。

① **在系统层，需要构建统一的人机对话框架**。目前，根据用户信息需求和数据源的不同，自动问答和人机对话被划分为任务型对话、知识库问答、阅读理解、聊天机器人等多个不同的场景和系统。在实际的人机对话过程中，不同的人机对话形式并非相互独立，往往相互穿插。例如，在购物过程中（任务型对话）会穿插闲聊（聊天）及基于商品文档的信息咨询（阅读理解）。因此，如何统一当前多种自动问答和人机对话的服务形式，构建一体化

的人机对话框架，实现用户多种信息需求的无缝自动切换，是人机对话研究的核心方向之一。

② **在模型层，构建完全端到端的人机对话系统仍然面临巨大的挑战。**近年来，已有许多研究工作试图构建完全端到端的人机对话系统。然而，由于人机对话系统涉及与现实世界和外部知识的交互，同时人机对话系统包含多个复杂的模块，因此如何设计、构建和训练完全端到端的高性能人机对话系统仍然面临巨大的挑战。

③ **在学习层，需要超越当前的有监督学习范式。**现有的人机对话系统（特别是深度神经网络模型）需要大量的监督语料。如果考虑到人机对话面向领域的开放性、人机对话系统的复杂性及许多系统面临的冷启动问题，则完全依赖于有监督学习范式将无法解决学习问题。如何构建高效、可扩展的其他学习范式，是一个亟待解决的问题。

④ **与常识、现实世界和情境建立联系。**用户在对话过程中可以充分利用根据经验所学习的常识知识、现实世界的状态和当前对话上下文的情境进行准确、合理、人性化的回复，而现有的人机对话系统仍然聚焦于学习大数据中问题和回复之间的隐藏模式，对如何利用常识知识、如何与现实世界的状态和当前对话上下文的情境建立联系仍然缺乏一个合理的框架。如何解决该问题是未来研究人机对话的一个重要方向。

参考文献

[1] Pinker S. The language instinct: How the mind creates language [M]. London: Penguin UK, 2003.

[2] Zelle J M, Mooney R J. Learning to Parse Database Queries Using Inductive Logic Programming [C] // Proceedings of the Thirteenth National Conference on Artificial Intelligence. 2008: 1050-1055.

[3] Minsky M. A Framework for Representing Knowledge [J]. Readings in Cognitive Science, 1988, 20 (3): 156-189.

[4] Wong Y W, Mooney R J. Learning for Semantic Parsing with Statistical Machine Translation [C] //Proceedings of Human Language Technology Conference of the North American Chapter of the Association of Computational Linguistics. 2006: 439-446.

[5] Lu W, Ng H T, Lee W S, et al. A generative model for parsing natural language to meaning representations [C] //Proceedings of Conference on Empirical Methods in Natural Language Processing. DBLP, 2008: 783-792.

[6] Kwiatkowski T, Zettlemoyer L, Goldwater S, et al. Inducing probabilistic CCG grammars from logical form with higher-order unification [C] //Proceedings of Conference on Empirical Methods in Natural Language

Processing. 2010：1223-1233.

［7］ Berant J, Chou A, Frostig R, et al. Semantic parsing on freebase from question-answer pairs ［C］//Proceedings of the 2013 Conference on Empirical Methods in Natural Language Processing. 2013：1533-1544.

［8］ Chen B, Sun L, Han X, et al. Sentence Rewriting for Semantic Parsing ［C］//Proceedings of the 54th Annual Meeting of the Association for Computational Linguistics（Volume 1：Long Papers）. 2016：766-777.

［9］ Zettlemoyer L S, Collins M. Learning to Map Sentences to Logical Form：Structured Classification with Probabilistic Categorial Grammars ［C］//Proceedings of the 21th Conference in Uncertainty in Artificail Intelligence. 2012：658-666.

［10］ Liang P, Jordan M I, Klein D. Learning Dependency-Based Compositional Semantics ［J］. Computational Linguistics, 2011, 39（2）：389-446.

［11］ Dong L, Lapata M. Language to Logical Form with Neural Attention ［C］//Proceedings of the 54th Annual Meeting of the Association for Computational Linguistics（Volume 1：Long Papers）. 2016：33-43.

［12］ Jia R, Liang P. Data Recombination for Neural Semantic Parsing ［C］//Proceedings of the 54th Annual Meeting of the Association for Computational Linguistics（Volume 1：Long Papers）. 2016：12-22.

［13］ Chen B, Sun L, Han X. Sequence-to-Action：End-to-End Semantic Graph Generation for Semantic Parsing ［C］//Proceedings of the 56th Annual Meeting of the Association for Computational Linguistics（Volume 1：Long Papers）. 2018：766-777.

［14］ Bahdanau D, Cho K, Bengio Y. Neural machine translation by jointly learning to align and translate ［DB/OL］.［2019-09-14］. https://arxiv. org/pdf/1409. 0473. pdf.

［15］ Hochreiter S, Schmidhuber J. Long short-term memory ［J］. Neural computation, 1997, 9（8）：1735-1780.

［16］ Goldman O, Latcinnik V, Nave E, et al. Weakly Supervised Semantic Parsing with Abstract Examples ［C］//Proceedings of the 56th Annual Meeting of the Association for Computational Linguistics（Volume 1：Long Papers）. 2018：1809-1819.

［17］ Misra D, Chang M W, He X, et al. Policy Shaping and Generalized Update Equations for Semantic Parsing from Denotations ［C］//Proceedings of the 2018 Conference on Empirical Methods in Natural Language Processing. 2018：2442-2452.

［18］ Saha A, Ansari G A, Laddha A, et al. Complex Program Induction for Querying Knowledge Bases in the Absence of Gold Programs ［J］. Transactions of the Association for Computational Linguistics, 2019, 7：185-200.

［19］ Herzig J, Berant J. Decoupling Structure and Lexicon for Zero-Shot Semantic Parsing ［C］//Proceedings of the 2018 Conference on Empirical Methods in Natural Language Processing. 2018：1619-1629.

［20］ Agrawal P, Jain P, Dalmia A, et al. Unified Semantic Parsing with Weak Supervision ［DB/OL］.［2019-09-14］. https://arxiv. org/pdf/1906. 05062. pdf.

［21］ Bordes A, Usunier N, Garcia-Duran A, et al. Translating embeddings for modeling multirelational data ［C］//Proceedings of Advances in neural information processing systems（NIPS）. 2013：2787-2795.

［22］ Huang E, Socher R, Manning C, et al. Improving word representations via global context and multiple word prototypes ［C］//Proceedings of the 50th Annual Meeting of the Association for Computational Linguistics：Long Papers-Volume 1. Association for Computational Linguistics, 2012：873-882.

［23］Yih W, He X, Meek C. Semantic parsing for single-relation question answering ［C］//Proceedings of the 52nd Annual Meeting of the Association for Computational Linguistics (Volume 2: Short Papers): volume 2. 2014: 643-648.

［24］Mikolov T, Sutskever I, Chen K, et al. Distributed representations of words and phrases and their compositionality ［C］//Proceedings of Advances in neural information processing systems. 2013: 3111-3119.

［25］Harris Z S. Distributional structure ［J］. Word, 1954, 10 (2-3): 146-162.

［26］An B, Han X. and Sun L. Model-Free Context-Aware Word Composition ［C］//Proceedings of the 27th International Conference on Computational Linguistics. 2018: 2834--2845.

［27］Pelletier F J. The principle of semantic compositionality ［J］. Topoi, 1994, 13 (1): 11-24.

［28］Blacoe W, Lapata M. A comparison of vector-based representations for semantic composition ［C］//Proceedings of the 2012 joint conference on empirical methods in natural language processing and computational natural language learning. Association for Computational Linguistics, 2012: 546-556.

［29］Socher R, Huang E H, Pennin J, Manning C D, Ng A Y. Dynamic pooling and unfolding recursive autoencoders for paraphrase detection ［C］//Proceedings of Advances in Neural Information Processing Systems 24. Granada, Spain, 2011: 801-809.

［30］Mikolov T, Karafiát M, Burget L, et al. Recurrent neural network based language model ［C］//Proceedings of Eleventh Annual Conference of the International Speech Communication Association. 2010.

［31］Le P, Zuidema W. Compositional distributional semantics with long short term memory ［DB/OL］. ［2019-09-14］. https://arxiv. org/pdf/1503. 02510. pdf.

［32］Xu J, Wang P, Tian G, et al. Short text clustering via convolutional neural networks ［C］//Proceedings of Conference of the North American Chapter of the Association for Computational Linguistics. 2015: 62-69.

［33］Peters M, Neumann M, Iyyer M, et al. Deep contextualized word representations ［DB/OL］. ［2019-09-14］. https://arxiv. org/pdf/1802. 05365. pdf.

［34］Devlin J, Chang M, Lee K, et al. Bert: Pre-training of deep bidirectional transformers for language understanding ［DB/OL］. ［2019-09-14］. https://arxiv. org/pdf/1810. 04805. pdf.

［35］Nickel M, Tresp V, Kriegel H P. A three-way model for collective learning on multi-relational data ［C］//Proceedings of International Conference on Machine Learning. 2011: 809-816.

［36］Yang B, Yih W t, He X, et al. Learning multi-relational semantics using neural-embedding models ［DB/OL］. ［2019-09-14］. https://arxiv. org/pdf/1411. 4072. pdf.

［37］Trouillon T, Welbl J, Riedel S, et al. Complex embeddings for simple link prediction ［C］// Proceedings of International Conference on Machine Learning. 2016: 2071-2080.

［38］Socher R, Chen D, Manning C, et al. Reasoning with neural tensor networks for knowledge base completion ［C］//Proceedings of International Conference on Intelligent Control & Information Processing. 2013: 464-469.

［39］Wang Z, Zhang J, Feng J, et al. Knowledge graph embedding by translating on hyperplanes. ［C］//Proceedings of Twenty-Eighth AAAI Conference on Artificial Intelligence. 2014: 1112-1119.

［40］Lin Y, Liu Z, Sun M, et al. Learning entity and relation embeddings for knowledge graph completion. ［C］//Proceedings of Twenty-Ninth AAAI Conference on Artificial Intelligence. 2015: 2181-2187.

［41］Bordes A, Chopra S, Weston J. Question answering with subgraph embeddings ［C］//Proceedings of the 2014 Conference on Empirical Methods in Natural Language Processing. Doha, Qatar: Association for

Computational Linguistic，2014：615-620.

［42］Fader A，Soderland S，Etzioni O，et al. Identifying relations for open information extraction ［C］//Proceedings of the conference on empirical methods in natural language processing. 2011：1535-1545.

［43］Bordes A，Chopra S，Weston J. Question answering with subgraph embeddings ［C］//Proceedings of the 2014 Conference on Empirical Methods in Natural Language Processing. Doha，Qatar：Association for Computational Linguistic，2014：615-620.

［44］Dong L，Wei F，Zhou M，et al. Question answering over freebase with multi-column convolutional neural networks ［C］//Proceedings of Meeting of the Association for Computational Linguistics and the International Joint Conference on Natural Language Processing. 2015：260-269.

［45］Lukovnikov D，Fischer A，Lehmann J. Neural network-based question answering over knowledge graphs on word and character level ［C］//Proceedings of International Conference on World Wide Web. 2017：1211-1220.

［46］Hao Y，Zhang Y，Liu K，et al. An end-to-end model for question answering over knowledge base with cross-attention combining global knowledge ［C］//Proceedings of Meeting of the Association for Computational Linguistics. 2017：221-231.

［47］安波，韩先培，孙乐. 融合知识表示的知识库问答系统 ［J］. 中国科学：信息科学，2018，48（11）：1521-1532.

［48］An B，Chen B，Han Xi，et al. Accurate text-enhanced knowledge graph representation learning ［C］//Proceedings of the 2018 Conference of the North American Chapter of the Association for Computational Linguistics：Human Language Technologies. 2018：745-755.

［49］Hermann K M，Kocisky T，Grefenstette E，et al. Teaching machines to read and comprehend ［C］//Proceedings of Advances in neural information processing systems. 2015：1693-1701.

［50］Richardson M，Burges C J C，Renshaw E. Mctest：A challenge dataset for the open-domain machine comprehension of text ［C］//Proceedings of the 2013 Conference on Empirical Methods in Natural Language Processing. 2013：193-203.

［51］Rajpurkar P，Zhang J，Lopyrev K，et al. Squad：100,000+ questions for machine comprehension of text ［DB/OL］. ［2019-09-14］. https://arxiv. org/pdf/1606. 05250. pdf.

［52］Ko č iský T，Schwarz J，Blunsom P，et al. The narrativeqa reading comprehension challenge ［J］. Transactions of the Association for Computational Linguistics，2018，6：317-328.

［53］Lehnert W G. The Process of Question Answering ［D］. New Haven：Department of Computer Science，Yale University，1977.

［54］Hill F，Bordes A，Chopra S，et al. The goldilocks principle：Reading children's books with explicit memory representations ［DB/OL］. ［2019-09-14］. https://arxiv. org/pdf/1511. 02301. pdf.

［55］Bajaj P，Campos D，and Craswell N，et al. MS MARCO：A Human-Generated MAchine Reading COmprehension Dataset ［DB/OL］. ［2019-09-14］. https://arxiv. org/pdf/1611. 09268. pdf.

［56］Joshi M，Choi E，Weld D S，et al. Triviaqa：A large scale distantly supervised challenge dataset for reading comprehension ［DB/OL］. ［2019-09-14］. https://arxiv. org/pdf/1705. 03551. pdf.

［57］Lai G，Xie Q，Liu H，et al. Race：Large-scale reading comprehension dataset from examinations ［DB/OL］. ［2019-09-14］. https://arxiv. org/pdf/1704. 04683. pdf.

［58］Welbl J，Stenetorp P，Riedel S. Constructing datasets for multi-hop reading comprehension across documents ［J］. Transactions of the Association for Computational Linguistics，2018，6：287-302.

[59] Khashabi D, Chaturvedi S, Roth M, et al. Looking beyond the surface: A challenge set for reading comprehension over multiple sentences [C] //Proceedings of the 2018 Conference of the North American Chapter of the Association for Computational Linguistics: Human Language Technologies, Volume 1 (Long Papers). 2018: 252-262.

[60] Rajpurkar P, Jia R, Liang P. Know What You Don't Know: Unanswerable Questions for SQuAD [DB/OL]. [2019-09-14]. https://arxiv. org/pdf/1806. 03822. pdf.

[61] Yang Z, Qi P, Zhang S, et al. Hotpotqa: A dataset for diverse, explainable multi-hop question answering [DB/OL]. [2019-09-14]. https://arxiv. org/pdf/1809. 09600. pdf.

[62] Reddy S, Chen D, Manning C D. Coqa: A conversational question answering challenge [J]. Transactions of the Association for Computational Linguistics, 2019, 7: 249-266.

[63] Peters M E, Neumann M, Iyyer M, et al. Deep contextualized word representations [DB/OL]. [2019-09-14]. https://arxiv. org/pdf/1802. 05365. pdf.

[64] Devlin J, Chang M, Lee K, et al. Bert: Pre-training of deep bidirectional transformers for language understanding [DB/OL]. [2019-09-14]. https://arxiv. org/pdf/1810. 04805. pdf.

[65] Wang S, Jiang J. Machine comprehension using match-LSTM and answer pointer. [C] //Proceedings of International Conference on Learning Representations, 2017: 1-15.

[66] Seo M, Kembhavi A, Farhadi A, et al. Bidirectional attention flow for machine comprehension [DB/OL]. [2019-09-14]. https://arxiv. org/pdf/1611. 01603. pdf.

[67] Wang W, Yang N, Wei F, et al. Gated self-matching networks for reading comprehension and question answering [C] //Proceedings of the 55th Annual Meeting of the Association for Computational Linguistics (Volume 1: Long Papers). 2017: 189-198.

[68] Yu A, Dohan D, Luong M, et al. Qanet: Combining local convolution with global self-attention for reading comprehension [DB/OL]. [2019-09-14]. https://arxiv. org/pdf/1804. 09541. pdf.

[69] Gao, J, Michel G, and Li L. Neural approaches to conversational AI [J]. Foundations and Trends in Information Retrieval, 2019, 13 (2-3): 127-298.

[70] Abdul-Kader S A, Woods J. Survey on chatbot design techniques in speech conversation systems [J]. International Journal of Advanced Computer Science and Applications, 2015.

[71] Bruni E, Fern`andez R. Adversarial evaluation for open-domain dialogue generation [C] //Proceedings of the 18th Annual SIGdial Meeting on Discourse and Dialogue, 2017: 284-288.

[72] Shen X, Su H, Li Y, et al. A conditional variational framework for dialog generation [C] //Proceedings of the 55th Annual Meeting of the Association for Computational Linguistics (Volume 2: Short Papers), Vancouver, Canada, July 2017: 504-509.

[73] Dǔsek O, Jurcicek F. A context-aware natural language generator for dialogue systems [C] //Proceedings of the 17th Annual Meeting of the Special Interest Group on Discourse and Dialogue, , Los Angeles, September 2016: 185-190.

[74] Cao K, Clark S. Latent variable dialogue models and their diversity [C] //Proceedings of the 15th Conference of the European Chapter of the Association for Computational Linguistics: Volume 2, Valencia, Spain, April 2017: 182-187.

[75] Li J, Miller A, Chopra S, et al. Learning through dialogue interactions by asking questions [DB/OL]. [2019-09-10]. https://arxiv. org/pdf/1612. 04936. pdf.

[76] Möller S, Englert R, Engelbrecht K, et al. Memo: towards automatic usability evaluation of spoken dia-

logue services by user error simulations ［C］//Proceedings of Ninth International Conference on Spoken Language Processing, 2006.

［77］ Yang X, Chen Y, Dilek H, et al. End-to-end joint learning of natural language understanding and dialogue manager ［C］//Proceedings of 2017 IEEE International Conference on Acoustics, Speech and Signal Processing（ICASSP）. IEEE, 2017.

［78］ Zhang X, Wang H. A Joint Model of Intent Determination and Slot Filling for Spoken Language Understanding ［C］//Proceedings of IJCAI, 2016.

［79］ Goo C, Gao G, Hsu Y, et al. Slot-Gated Modeling for Joint Slot Filling and Intent Prediction ［C］//Proceedings of NAACL, 2018.

［80］ Williams R J. Simple statistical gradient-following algorithms for connectionist reinforcement learning ［J］. Machine learning, 1992, 8（3-4）：229-256.

［81］ Vinyals O, Le Q. A neural conversational model ［DB/OL］. ［2019-09-10］. https：//arxiv. org/pdf/1606. 02424. pdf.

［82］ Vijayakumar A, Cogswell M, Selvaraju R, et al. Diverse beam search：Decoding diverse solutions from neural sequence models ［DB/OL］. ［2019-09-10］. https：//arxiv. org/pdf/1606. 02424. pdf.

［83］ Williams J, Young S. Scaling up POMDPs for dialog management：The 'summary POMDP' method ［C］//Proceedings of IEEE Workshop Autom. Speech Recognit. Understand, 2005：177-182.

［84］ Henderson M, Thomson B, Young S. Deep Neural Network Approach for the Dialog State Tracking Challenge ［C］//Proceedings of SigDial-13, 2013, Metz, France.

［85］ Mrksic N, O'Seaghdha D, Thomson B, et al. Multi-domain Dialog State Tracking using Recurrent Neural Networks ［C］//Proceedings of ACL 2015, Beijing, 2015.

［86］ Core M, Allen J. Coding Dialogs with the DAMSL Annotation Scheme ［C］//Proceedings of AAAI Fall Symposium on Communicative Action in Humans and Machines, 2015：28-35.

［87］ Cuayhuitl H, Keizer S, Lemon O. Strategic dialogue management via deep reinforcement learning ［DB/OL］. ［2019-09-10］. https：//arxiv. org/pdf/1511. 08099. pdf.

［88］ Serban I, Sordoni A, Bengio Y, et al. Building end-to-end dialogue systems using generative hierarchical neural network models ［C］//AAAI Conference on Artificial Intelligence, 2016.

［89］ Rambow O, Bangalore S, Walker M. Natural language generation in dialog systems ［C］//Proceedings of the first international conference on Human language technology research. Association for Computational Linguistics, 2001.

［90］ Wen T-H, Gasic M, Mrksic, et al. Semantically Conditioned LSTM-based Natural Language Generation for Spoken Dialogue Systems ［C］//Proceedings of EMNLP 2015, Lisbon, Portugal, 2015.

［91］ Tur G, Deng L, Hakkani-Tür D, et al. Towards deeper understanding：Deep convex networks for semantic utterance classification ［C］//Proceedings of the 2012 IEEE International Conference on Acoustics, Speech and Signal Processing（ICASSP）, IEEE, 2012：5045-5048.

［92］ Asghar N, Poupart P. Jiang X, et al. Deep active learning for dialogue generation ［C］//Proceedings of the 6th Joint Conference on Lexical and Computational Semantics, 2017：78-83.

［93］ Xing C, Wu W, Wu Y, et al. Topic augmented neural response generation with a joint attention mechanism ［DB/OL］. ［2019-09-10］. https：//arxiv. org/pdf/1606. 08340. pdf.

［94］ Serban I V, Sordoni A, Bengio Y, et al. Building end-to-end dialogue systems using generative hierarchical neural network models ［C］//Proceedings of Thirtieth AAAI Conference on Artificial

Intelligence. 2016.

［95］ Miller A, Fisch A, Dodge J, et al. Key-value memory networks for directly reading documents ［C］ // Proceedings of the 2016 Conference on Empirical Methods in Natural Language Processing, Austin, Texas, November 2016: 1400-1409.

［96］ Qiu X, Huang X. Convolutional Neural Tensor Network Architecture for Community-based Question Answering ［C］ //IJCAI, 2015.

［97］ Goddeau D, Meng H, Polifroni J, et al. A form-based dialogue manager for spoken language applications ［C］ //Proceedings of Fourth International Conference on Spoken Language Processing, volume 2, 1996: 701-704.

［98］ Ritter A, Cherry C, Dolan W. Data-Driven Response Generation in Social Media ［C］ //Proceedings of EMNLP, 2011: 583-593.

［99］ Sordoni A, Bengio Y, Vahabi H, et al. A hierarchical recurrent encoder-decoder for generative context-aware query suggestion ［C］ //Proceedings of the 24th ACM International on Conference on Information and Knowledge Management. ACM, 2015.

第 7 章

机器翻译

7.1 概况

7.1.1 任务的定义与研究的意义

机器翻译是研究如何利用计算机在没有人类参与的条件下将某自然语言（源语言）转换到另一自然语言（目标语言）的技术，是自然语言处理与人工智能领域的重要研究方向之一。在机器翻译出现以前，人类依靠掌握多种自然语言的专家进行人工翻译，使得自然语言互不相通的人类能够相互交流。然而，熟练掌握多种自然语言的专家数量终究有限，不能满足各个国家之间日渐增加的交流。机器翻译相比于人工翻译，具有人力成本低、处理速度快、应用层面广、可工业化等特点。随着机器翻译的发展，一方面，各个国家之间的政治、经济、文化交流得到加强；另一方面，其应用从少数知识群体向大众普及，使得民间层面的文化交流增加。机器翻译的发展将成为一种不可阻挡的趋势。

在机器翻译的实用价值方面，机器翻译所特有的人力成本低、处理速度快的特点使其得到不断发展。由第二次工业革命可以看出，人力的节省是经济发展的一大动力，即在需要高质量翻译的场景下，先由机器进行翻译，而后经过人工译员进行编辑、校对的翻译模式已经被广泛应用，有效降低了人力成本，保持了翻译的质量；在不需要整句翻译的场景下，如跨语言检索中对检索关键词进行翻译、电商平台中对商品名称和类别进行翻译，都可以有效达到预期的效果。大型互联网公司均有机器翻译的应用产品，如谷歌、百度、搜狗、微软等公司都推出了多语言在线翻译系统。有些公司甚至还推出了可随身携带的智能翻译机，如谷歌推出了针对互联网网页内容的翻译机、阿里巴巴推出了针对电商平台的翻译机、微信等社交平台应用了针对社交文本的翻译机。机器翻译的产品已经广泛应用在人们生活的方方面面。

在机器翻译的研究价值方面，作为语言学、计算机科学、数学等多个学科的交叉研究领域，机器翻译相关研究的发展与计算机技术、信息论、语言学、计算机系统等各学科的发展紧密相关。基础学科的突破将推动机器翻译应用的发展；机器翻译应用的发展又将带动基础学科的进步。例如，机器翻译发展的初期大量依靠语言学知识，在一定程度上推动了语言学的发展；大数据大算力时代的到来，机器翻译的广泛应用在一定程度上又推动了计算机硬件的发展。

翻译一般包括语音翻译和文本翻译。机器翻译一般指文本翻译。本书中的内容仅涉及文本翻译。根据机器翻译的发展历史，机器翻译经历了从理性主义方法到经验主义方法的转变。在机器翻译发展的初期，人们提出以基于规则的机器翻译为代表的理性主义方法，即计算机利用语言专家总结的翻译规则和人工编纂的双语词典进行翻译。基于规则的机器翻译方法相对生硬，其规则库的维护需要消耗巨大的人力。随着大数据时代的到来，语料库的规模逐渐增大，经验主义方法逐渐取代了理性主义方法。经验主义方法主张以数据为中心，通过数学模型对自然语言的转换进行建模，在大规模语料库上自动训练数学模型。统计机器翻译方法（基于统计的机器翻译方法）就是经验主义方法的一大代表。它的基本思想是利用隐结构和特征表现自然语言的规律，利用动态规划求得指数级搜索空间中的翻译答案。此后，神经机器翻译方法横空出世。有着完全以数据驱动、不需要语言知识、不需要设计特征等特点的神经机器翻译方法迅速取代了统计机器翻译方法，成为学术界与工业界的主流。神经机器翻译方法虽完全用数据驱动，但需要使用远高于理性主义方法的计算资源，并且不具有可解释性。不可否认的是，神经机器翻译方法将机器翻译的实用性推向了一个新的高度。

7.1.2 发展的历史

7.1.2.1 基于规则的机器翻译方法

以基于规则的机器翻译为代表的理性主义方法占据了从 20 世纪 50 年代至 20 世纪 90 年代时期的主流。基于规则的机器翻译（Rule-Based Machine Translation）需要语言学专家总结的翻译规则和人工编纂的双语词典，翻译过程主要可以分为三个阶段：①分析；②转换；③生成。分析阶段主要对源语言句子进行分词、词性标注、句法分析等，将源语言句子用一种树状结构表示出来。转换阶段是基于规则机器翻译方法的最重要阶段，需要应用语言学专家总结的句法转换规则，将源语言的句法结构转换为目标语言的句法结构，并应用人工编撰的双语词典将源语言的词转换为目标语言的词，使目标语言的树状结构符合目标语言的词法、语法特点。生成阶段将由树状结构表示的目标语言信息转换成目标语言的具体句子，并对生成的句子进行调序，通过插入、删除等操作，使生成的句子符合目标语言的时态、语态等规则。

基于规则的机器翻译结构图如图 7-1 所示。

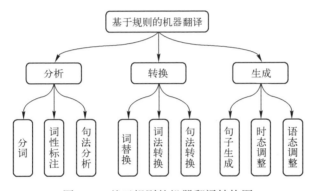

图 7-1　基于规则的机器翻译结构图

基于规则的机器翻译方法依靠语言学专家的知识及相对少量的语料，就可以建立一个语言对的翻译系统，例如阿拉伯语到日语，对于没有大量翻译实例存在的语言，可以快速建立翻译系统，具有对计算资源需求少、可解释性高的优点。

然而，随着规则的增加，规则之间的冲突频频发生，基于规则的机器翻译系统需要的人工维护成本显著增加，并且需要语言学专家持续地参与。随着互联网的发展和大数据时代的来临，大量的翻译实例涌现，基于规则的机器翻译方法不能有效地利用翻译实例来提升系统的性能。此时，理性主义方法陷入了瓶颈。经验主义方法依托大量的翻译实例，从翻译实例中学习，利用数学模型对翻译过程建模，逐渐取代了基于规则的机器翻译方法。经验主义方法降低了对语言学专家的需求，并将需求转换为对翻译实例的需求，使系统获得了空前的准确度和鲁棒性。虽然如此，但在语料匮乏的语言对上，基于规则的机器翻译方法仍是一个不二之选。在真正的商业机器翻译应用中，基于经验主义方法的不可控性，因此需要使用基于规则的机器翻译方法对翻译结果进行最直接、最快速的修正。

7.1.2.2　基于统计的机器翻译方法

由于基于规则的机器翻译方法无法有效地利用大量的翻译实例，因此日本学者长尾真（Makoto Nagao）[1] 提出了基于实例的机器翻译方法（Example-Based Machine Translation）。基于实例的机器翻译方法可有效利用翻译实例库，即首先对源语言句子进行切分，得到能在翻译实例库中匹配的短语片段，再将短语片段在翻译实例库中匹配，得到与短语片段相似的源语言实例片段，根据源语言实例片段对应的目标语言实例片段进行装配，最终得到目标语言的译句。可以看出，基于实例的机器翻译方法虽然在一定程度上利用了翻译实例库，但同时也要求翻译实例库对各种源语言实例片段的高覆盖程度。由于基于实例的机器翻译方法的匹配粒度非常粗，没有运用数学模型，无法运用最优化的方法，因此暴露了局限性。

基于统计的机器翻译方法（Statistical Machine Translation）与基于规则的机器翻译方法和基于实例的机器翻译方法不同，它利用数学模型对翻译过程建模，通过大量的翻译实例对数学模型进行训练，使其可以自动学习更细粒度的翻译知识，从而取得更好的翻译效果。基于统计的机器翻译方法因具有不需要语言学专家的参与、系统的可解释性高、翻译质量高等特点而受到了学术界和工业界的青睐，使机器翻译系统第一次有了商业实用的可能性。

基于统计的机器翻译方法的核心思想在于，使用数学模型对翻译过程中的短语片段分割、短语片段转换、顺序调整等进行建模，使得对于任意源语言句子 s 及对应的潜在译文句子 t 都可以得到 t 作为 s 的译文的整体概率 $P(t\,|\,s)$。整体概率 $P(t\,|\,s)$ 是翻译过程分阶段概率的组合。此时，翻译问题被转化为一个最优化问题，即给定源语言句子 s，需要找到使整体概率 $P(t\,|\,s)$ 最大的译文 t，即

$$\hat{t} = \underset{t}{\mathrm{argmax}}\, P(t\,|\,s)$$

然而，由于语言的复杂性，翻译过程的每个阶段都有相当数量的潜在结果，因此导致最终译文的潜在结果数量巨大。如何在指数级的搜索空间寻找到整体概率 $P(t\,|\,s)$ 最大的译文 t 是对基于统计的机器翻译方法的一大挑战。总体而言，基于统计的机器翻译方法包含三个基本问题：①建模问题，即如何对整体概率 $P(t\,|\,s)$ 建模；②模型参数估计问题，即如何训练数学模型中的

参数；③解码问题，即如何高效地在巨大的搜索空间找到最优的译文。

对于这些问题，学术界给出了不少解决方案。在建模问题上，IBM Waston（沃森）研究中心的 Brown 等人[2] 提出了噪声信道模型；AT&T Bell（贝尔）实验室的 Gale 和 Church[3] 提出了统计句子对齐模型；Koehn 等人[4] 提出了基于短语的翻译模型；Och 和 Ney 等人[5] 提出了基于对数的线性模型；Wu 和 Chiang 等人[6,7] 提出了基于形式化文法的模型；Yamada 和 Knight 等人[8] 提出了在语言学上基于句法的模型。在模型参数的估计问题上，常用的做法是极大似然估计。在解码问题上，一般使用在语音识别中常用的柱搜索进行解码。

虽然统计机器翻译方法引入了数学模型，使模型可以在大量翻译实例上自动学习细粒度的翻译知识，但是也面临一些问题。例如，统计机器翻译方法所依赖的大规模离散化双语对应表和语言模型占据了过多的存储空间，在翻译过程中有较强的假设，且假设未必是最合适的。基于深度学习的机器翻译方法进一步取代了统计机器翻译方法，并成为经验主义方法的首要方法。

7.1.2.3　基于深度学习的机器翻译方法

早在 20 世纪 90 年代，就有研究人员在机器翻译任务中尝试采用基于神经网络的方法[9,10]。这些工作与当前的很多主流神经机器翻译方法类似，因受限于当时的计算资源和语料，所以并没有得到广泛的关注。

进入 21 世纪，深度学习方法开始在各个领域飞速发展。在翻译领域，开始出现将神经语言模型整合到传统的统计机器翻译系统中[11]。2013 年，Kalchbrenner 等人[12] 重新提出了基于神经网络的机器翻译方法（简称神经机器翻译方法）。该方法采用编码器-解码器架构实现序列翻译。2014 年，Sutskever 等人[13] 在端到端机器翻译方法中引入长短时记忆（Long Short-Term Memory，LSTM），有效解决了之前模型存在的"梯度消失"和"梯度爆炸"问题。

尽管这些工作在翻译短句子时能够达到不错的效果，但由于任意长度的句子都被映射到固定长度的向量，因此对长句子的翻译质量明显下降。对此，Bahdanau 等人[14] 在前述框架的基础上，进一步引入了注意力机制，即通过在解码过程中动态地计算所需的上下文信息来解决长距离依赖问题。

以前的研究工作往往局限在英语和法语之间的翻译。对此，Wu 等人[15] 针对 6 种语言对，对比了基于统计的机器翻译方法和基于深度学习的机器翻译方法，发现在大规模语料中，基于深度学习的机器翻译方法具有明显而稳定的优势。至此，基于深度学习的机器翻译方法，尤其是其中的神经机器翻译方法取代了统计机器翻译方法，成为工业界和学术界最受欢迎的机器翻译方法之一。

在之前的很长时间，基于循环神经网络的神经机器翻译模型一直都是主流。然而近年来，一些学者提出将循环神经网络作为翻译模型具有局限性[16,17]，并尝试使用其他神经网络来构建翻译模型。Gehring 等人[17] 提出了一种基于卷积神经网络的编码器，充分利用编码的并行性，在提升翻译质量的同时，极大地加快了模型的训练速度。Gehring 等人[18] 更进一步设计了完全基于卷积神经网络的翻译模型，使得翻译模型可以完全并行训练。Wu 等人[19] 提出了轻量卷积（LightConv）和动态卷积（DynamicConv）的方法，能够显著减少网络参数，提升训练速度，其翻译模型的翻译质量达到了目前的最优水平。谷歌的研究人员提出了完全脱离循环神经网络和卷积神经网络的Transformer 模型。该模型仅仅使用了注意力机制和简单的残差连接[20]。在文献[20]中，其作者提出了多头注意力（Multi-Head Attention）和自注意力（Self-Attention）两种注意力机制。通过两种注意力机制的融合，翻译模型在训练速度上超过了当时的所有其他基于循环神经网络或卷积神经网络的翻译模型，并在英德、英法翻译任务中达到了最好的翻译结果。目前，前沿的神经机器翻译系统研究多数都是在 Transformer 模型基础上开展的。

7.2 神经机器翻译

7.2.1 核心模型

端到端神经机器翻译方法由英国牛津大学的 Kalchbrenner 和 Blunsom[21] 首先提出。该架构采用编码器-解码器的形式实现序列到序列的学习过程。给定一对源语言、目标语言的句对，具体的学习过程是，首先使用编码器将源端句子映射到连续、实值、稠密的嵌入空间，得到源端句子的向量表示；然后使用解码器基于源端句子的向量表示输出相应的目标语言句子。在神经机器翻译的训练过程中，优化的目标即为解码器输出的句子和给定目标语言句子的差距。与统计机器翻译多模块的复杂结构相比，端到端神经机器翻译方法的编码器–解码器形式简洁优美，对之后无数神经机器翻译模型架构的设计起到了指导作用：编码器采用卷积神经网络（Convolutional Neural Network）[22]；解码器采用循环神经网络（Recurrent Neural Network）[23,24]。

　　然而，这一简洁优美的端到端神经机器翻译模型最初并没有获得理想的翻译性能。其中一个重要的原因是在训练循环神经网络时面临严重的"梯度消失"和"梯度爆炸"问题[25,26]。这便是下面将要介绍的 RNNencdec 模型的重要突破口。

7.2.1.1　RNNencdec 模型

　　为解决先前工作中严重的"梯度消失"和"梯度爆炸"问题，谷歌公司的 Sutskever 等人[13]将长短时记忆（Long Short-Term Memory，LSTM）结构引入端到端神经机器翻译方法中。长短时记忆（LSTM）单元是循环神经网络（RNN）单元的一个变种。其创新之处在于引入了门控机制（Gating），改善了循环神经网络的"梯度消失"和"梯度爆炸"问题。与 Kalchbrenner 和 Blunsom[21]在 2013 年提出的神经机器翻译方法不同，无论编码器还是解码器，Sutskever 等人[13]在模型中均采用了循环神经网络。

　　基于编码器–解码器的 RNNencdec 模型框架如图 7-2 所示。

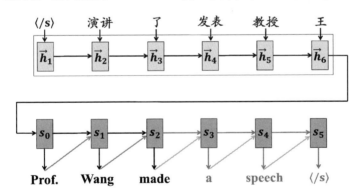

图 7-2　基于编码器–解码器的 RNNencdec 模型框架

　　由图 7-2 可知，由 RNNencdec 构成的神经机器翻译系统的翻译效果得到了大幅提升。仅就翻译质量而言，其效果与当时最强的统计机器翻译模型基本相当，甚至还要更好一些；从模型复杂度来看，因其不再需要传统的统计机器翻译模型中复杂的译文选择、语序调整等模块，而是由神经网络端到端地学习复杂的表示，所以研究思路大受当时研究者的欢迎。

尽管和先前的工作相比，RNNencdec 模型已经有了许多重大突破，但其架构存在一个严重的问题，即在编码器端，任意长度的源语言句子最后都会被映射为一个固定维度的向量。固定维度的向量表示对于较短的源语言句子来说是一种时间和空间上的浪费，对于较长的源语言句子来说又局限了编码器的表达能力，使其无法充分捕捉源语言句子中的完整信息，进而导致对较长的源语言句子的翻译质量明显下降[27]。在 Sutskever 等人提出 RNNencdec 模型的论文中，一个重要的技巧是将源端句子逆序输入，而对目标端句子正向输出。在其论文中指出，这样的做法可以使得模型能够更好地捕捉句子之间的短距离依赖，从而使得模型的优化过程更加容易。图 7-2 中，以中英文翻译为例，给定源语言中文句子"王教授发表了演讲 〈/s〉"，其中"〈/s〉"为句尾结束标记。在编码器部分，该句子以逆序作为输入，在通过编码得到源语言句子的向量表示后，作为解码器的输入信息进行解码，生成对应的英文翻译"Prof. Wang made a speech 〈/s〉"。解码过程在解码器生成句尾结束标记"〈/s〉"后结束。在生成目标端句子的过程中，解码器会同时受源端句子和已生成的目标端句子的指导。图 7-2 中展示的是模型输出目标端句子中的词"made"时的情形。注意，这种逆序输入-正序输出的做法的确使得源端句子中的"王""教授"等词与目标端句子中的"Prof.""Wang"等词的时间步距离更短。然而，这一技巧并不能解决本质问题；RNNencdec 模型的表达能力仍受到编码器输出的固定维度向量表示的限制。这便是将要介绍的 RNNsearch 模型的突破重点。

7.2.1.2　RNNsearch 模型

RNNencdec 模型表达能力的瓶颈在于编码器只能将源端句子映射为一个固定维度的单一上下文向量。为解决这一问题，Bengio 研究组在 RNNencdec 模型的基础上引入注意力机制，打破了之前模型表达能力的瓶颈，奠定了在神经机器翻译模型中的主流地位[14]。

注意力机制的工作原理：在解码阶段，当预测目标端的当前词时，需要重新计算一个源语言句子中的有用信息来帮助解码器进行预测，即在每次预测新位置的词之前，都需要重新计算此时应该需要用到源语言句子中的哪些信息。这是一个实时动态的上下文向量。相比之下，RNNencdec 模型使用一个固定维度的单一上下文向量来压缩源端整个句子的信息，同时依靠该向量来指导目标端全部词的生成，因此表达能力显然不如 RNNsearch 模型。由于实时动态的源端句子的信息类似于翻译当下词时需要注意源语言端特定的那部分内容，因此这种方法得名为注意力机制。

以图 7-3 为例，基于注意力机制的神经机器翻译模型使用双向循环神经网络来生成源语言句子"王教授发表了演讲〈/s〉"中的词向量表示序列。该向量由正向和反向循环神经网络中每个词所对应的隐层状态拼接得到。其中，正向循环神经网络自左向右建模，生成的词向量包含左侧的历史信息；反向循环神经网络自右向左建模，生成的词向量包含右侧的未来信息。注意，由于注意力机制解决了长距离依赖的问题，因此已经无需对源语言句子采取逆序操作。

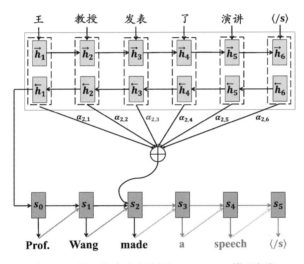

图 7-3　基于注意力机制的 RNNsearch 模型框架

图 7-3 给出了解码时注意力机制的工作过程。以解码器生成第三个词 made 时的情况为例：注意力机制需要实时计算当前时刻的上下文向量 c_i，即时刻 $i=2$，上下文向量需要指导生成目标端的词 made。c_i 由编码器输出的各隐层状态向量按照一定的概率分布加权得到，即

$$c_i = \sum_{j=1}^{T_x} \alpha_{i,j} \, h_j$$

其中，T_x 为源端句子长度，图 7-3 中的 $T_x=6$；$\alpha_{i,j}$ 为在时刻 i 时的上下文向量中，分配在隐层状态向量 h_j 上的概率，即

$$\alpha_{i,j} = \frac{\exp(e_{i,j})}{\sum_{k=1}^{T_x} \exp(e_{i,k})}$$

其中，分母的作用是归一化，保持 $\sum_{j=1}^{T_x} \alpha_{i,j} = 1$；分子中的 $e_{i,j}$ 可进一步由

$$e_{i,j} = a(s_{i-1}, h_j)$$

给出，即 $e_{i,j}$ 表示 j 输入位置的源端词和 i 输出位置的目标端词的对齐程度，其中的 a 由一个前馈神经网络来实现。注意到，这样的一种给对齐程度打分的模型是完全从数据中学到的，与传统机器翻译模型中显式的对齐模块相比，是一个隐变量。这也是提出 RNNsearch 模型的作者 Bahdanau 等人[14]将论文命名为"同时学习对齐和翻译"的原因。

注意力机制从此大放异彩。直到目前，研究者仍在提出不同的注意力变种①。又由于注意力机制表现出了一定的对齐能力，因此许多研究者致力于探究注意力机制的可解释性问题[28-30]。2016 年，谷歌公司针对 6 种语言对的翻译任务，对比了基于短语的统计机器翻译模型和神经机器翻译的 RNNsearch 模型②，发现 RNNsearch 模型所代表的神经机器翻译在大规模训练语料中的翻译效果能够获得稳定而显著的提升[15]。从此，神经机器翻译代替了统计机器翻译，成为谷歌、搜狗等商业翻译系统的核心技术，并获得了广泛的关注和研究。

然而，RNNsearch 模型并非没有缺陷。可以看到，RNNsearch 模型仍然基于 RNNencdec 模型，其编码器和解码器仍由长短时记忆（LSTM）神经网络组成。LSTM 是串行的：对于一个序列，LSTM 将对序列中的词按先后顺序一个一个地处理，导致 RNNsearch 模型仍然存在效率低下的问题；序列中不同位置词信息的传递距离不同，在 RNNsearch 模型的编码器中生成各个隐层状态向量时，会存在对文本的特征挖掘不够充分的问题。而终于，该问题有了一种优美的解决方案。这便是下一节将要介绍的 Transformer 模型的突破重点。

7.2.1.3 Transformer 模型

RNNsearch 模型的缺陷在于由 LSTM 串行性所带来的效率低下问题，以及

---

① 可参考有关机器翻译资料中的 Attention Mechanism 部分，参见 https://github.com/THUNLP-MT/MT-Reading-List\#attention_mechanism。

② 虽然具体的系统有许多提升性能的小技巧，但整体框架采用的是 RNNsearch 的框架。

序列中不同位置词信息的传递距离不同所带来的无法深度挖掘文本特征的问题。2017 年 6 月，谷歌公司提出了 Transformer 模型[20]。虽然 Transformer 模型仍是由一个编码器和一个解码器组成的，但其彻底抛弃了 LSTM 或 CNN 等，全部训练和预测过程仅仅通过简单的矩阵运算即可完成。Transformer 模型相对于 RNNsearch 模型在翻译效果和效率方面都有显著提升，已成为神经机器翻译领域的主流模型。

Transformer 模型中的编码器部分如图 7-4 所示。

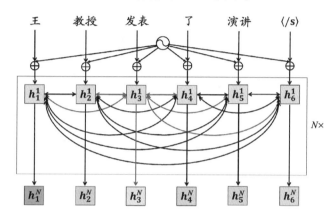

图 7-4　Transformer 模型中的编码器部分

Transformer 模型采用自注意力机制取代 RNNsearch 模型中编码器和解码器使用的 LSTM，更重要的是提出了注意力机制的多头变种（Multi-Head Attention），进一步提升了模型的表达能力。下面仍以翻译源语言中文句子"王教授发表了演讲 〈/s〉"为例，分别给出 Transformer 模型中编码器和解码器的工作过程。

图 7-4 给出了 Transformer 模型中编码器部分的将源端句子编码为隐层状态序列的多头自注意力的工作过程。由图可知，编码器由 N 个自注意力层构成。

（1）自注意力机制

自注意力的定义①为

$$Z = \text{softmax}\left(\frac{QW^Q(KW^K)^{\text{T}}}{\sqrt{d_k}}\right)VW^V$$

---

①　对自注意力和多头自注意力的诠释受到了 Michael Collins 的作品 *Successes and Challenges in Neural Models for Speech and Language*（《语音和语言神经模型的成功与挑战》）的启发。

其中，d 为词嵌入向量的维度；定义序列长度为 n，则 $\boldsymbol{H} = [h_1, h_2, \cdots, h_n] \in \mathbb{R}^{n \times d}$ 为该序列的向量表示矩阵，在编码器部分，有 $\boldsymbol{Q} = \boldsymbol{K} = \boldsymbol{V} = \boldsymbol{H}$；定义 d_k 为隐层状态所处的低维空间的维度；$\boldsymbol{W}^Q$、$\boldsymbol{W}^K$、$\boldsymbol{W}^V$ 为参与自注意力运算的参数矩阵，其中 $\boldsymbol{W}^Q$、$\boldsymbol{W}^K \in \mathbb{R}^{d \times l}$，$\boldsymbol{W}^V \in \mathbb{R}^{d \times o}$。$\boldsymbol{W}^Q$、$\boldsymbol{W}^K$、$\boldsymbol{W}^V$ 的作用如下：

① $\boldsymbol{V}\boldsymbol{W}^V$ 相当于将原来 $n \times d$ 的向量表示矩阵线性映射为一个 $n \times o$ 的表示矩阵；同理，$\boldsymbol{Q}\boldsymbol{W}^Q$ 和 $\boldsymbol{K}\boldsymbol{W}^K$ 相当于将原来 $n \times d$ 的向量表示矩阵线性映射为一个 $n \times d_k$ 的表示矩阵。

② $\boldsymbol{Q}\boldsymbol{W}^Q(\boldsymbol{K}\boldsymbol{W}^K)^{\mathrm{T}}$ 是一个 $n \times n$ 的矩阵，表示序列到序列自身的两两位置之间的关系，以内积的形式体现，虽然内积矩阵是 $n \times n$ 的，但秩为 d_k，因此处于一个低维的矩阵流形上。

③ $\mathrm{softmax}\left(\dfrac{\boldsymbol{Q}\boldsymbol{W}^Q(\boldsymbol{K}\boldsymbol{W}^K)^{\mathrm{T}}}{\sqrt{d_k}}\right)$ 将内积矩阵变换为非负且每行的和为 1 的概率分布矩阵，与 RNNsearch 模型注意力机制中 α 参数的功能相同，将内积矩阵除以 $\sqrt{d_k}$ 的作用是防止其在开始阶段变得太大。

内积矩阵直接表达了序列自注意力的信息，将其转换为概率分布矩阵后并作用在向量表示矩阵上，就相当于把自注意力的信息赋给了这个序列，从而得到新的序列 $\boldsymbol{Z}$，将 $\boldsymbol{Z}$ 进行残差变换、层正则化并作用于前馈神经网络后，传入下一个自注意力层，再次进行同样的操作。经过 N 轮之后，就得到了编码器的输出，即提取出的上下文向量序列。

在（单头）自注意力机制中，$d = o$。自注意力机制让任意两个位置的词对之间都有直接的内积作用，相当于将信息传递的距离最小化，并能提取到丰富且全面的上下文向量序列。事实上，自注意力机制并非 Transformer 模型作者 Vaswani 等人的原创，而是由 Lin 等人最早提出的[31]。

Transformer 模型创新地引入多头注意力机制，由其挖掘到的上下文向量特征的表达能力得到了进一步的加强，内涵更加丰富全面。

（2）多头注意力机制

多头注意力机制分为多头自注意力机制和多头编码器-解码器注意力机制。Transformer 模型中的解码器部分如图 7-5 所示。解码器可生成目标端的第三个词 made。下面以多头自注意力机制为例进行介绍。

多头自注意力机制是对自注意力机制的一种改进，在自注意力机制上，记"多头"的"头"数为 h，有 $o = \dfrac{d}{h}$。

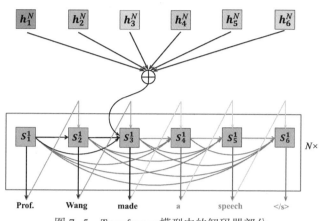

图 7-5　Transformer 模型中的解码器部分

多头自注意力的定义为

$$Z_i = \mathrm{softmax}\left(\frac{QW_i^Q(KW_i^K)^{\mathrm{T}}}{\sqrt{d_k}}\right)VW_i^V$$

其中，i 从 1 遍历至 h。Z^i 为多头自注意力机制中的一个"头"，将全部"头"拼接到一起，即

$$Z = \mathrm{Concat}_i(Z^i)$$

得到的向量表示矩阵 M 与自注意力 Z 的大小相同。相比之下，自注意力机制只使用一组 (Q, K, V) 矩阵参数来学习上下文特征，而多头自注意力机制则使用 h 组独立的参数分别进行学习。对比实验结果，采用多头自注意力机制模型的翻译效果要更好。因此可以推测，多头自注意力机制在挖掘到更加丰富全面的特征信息后，对 Z 进行残差变换、层正则化并作用于前馈神经网络，传入下一个多头自注意力层，再次进行同样的操作。

多头编码器–解码器注意力机制采用对编码器部分对源端序列提取特征序列和解码器部分对目标端序列提取的特征序列进行内积操作，达到跨接编码器和解码器的作用。

Transformer 模型的解码器也由 N 层组成：在每一层中，首先是目标端的多头自注意力机制，用于充分挖掘已生成部分句子的特征；然后将已生成部分句子的特征序列和编码器对源端序列提取的特征序列一同作为多头编码器–解码器注意力机制的输入，经计算得到类似于 RNNsearch 模型中的对齐打分。

多头自注意力机制采用的完全是简单的矩阵运算，可以进行高度并行化计算，打破了 LSTM 串行运算的瓶颈。因为多头自注意力机制没有考虑位序关系，所以需要显式地加入位序信息。见图 7-4，Transformer 模型采用正弦位置编码的方法加入位序，形式化为

$$PE_{(pos,2i)} = \sin\left(\frac{pos}{10000^{\frac{2i}{d_{model}}}}\right)$$

$$PE_{(pos,2i+1)} = \cos\left(\frac{pos}{10000^{\frac{2i}{d_{model}}}}\right)$$

Transformer 模型的性能取得了突破性的提升，并引起了研究者的广泛关注。当前，研究者对 Transformer 模型乃至整个神经机器翻译领域中存在的融合先验知识、低资源语言翻译、可解释性等问题，仍在不断探索。

7.2.2 关键技术

7.2.2.1 "未登录词" 处理

相比统计机器翻译，神经机器翻译在得到性能提升的同时，还面临着一些新的问题。问题之一便是 "未登录词" 问题。神经机器翻译在解码时会通过对整个目标语言词表的归一化来计算译文的概率分布。在一种语言中，词的数量往往会达到十几万个或几十万个；在一些形态变化丰富的语言中（如德语），词的数量可以达到百万、千万量级。如果要对所有的词进行归一化，则无疑会带来严重的计算效率和计算资源方面的问题。为了避免模型在时间和空间上的过大开销，神经机器翻译通常会限制源语言词表和目标语言词表中词的数量，只保留高频词（3 万个至 8 万个），其他低频词一律按照 "未登录词" 处理，用符号 "UNK" 取代。由于低频词往往是一些表达具体意义的实词，因此被 "UNK" 替代会破坏句子原本的结构和语义的完整性，使模型难以对源语言句子的完整语义信息进行准确的建模，严重影响了生成译文的流利程度。

为了解决词表规模受限的问题，研究人员提出了许多不同的方法。这些方法主要可以分为两类：一类是替换和采样的方法；另一类是使用更细粒度文本单元［例如字母、字、语素和子词（Subword）等］的方法。

（1）替换和采样

Luong 等人[32]提出在目标语言句子中对"未登录词"进行标记，并用神经机器翻译方法翻译完成后，借助传统的统计机器翻译方法中的词对齐信息，将目标语言句子中标记的"未登录词"所对应的源语言句子中的词，用查双语词典的方式替换成对应的目标语言句子中的词。Li 等人[33]在此基础上进一步提出了一种"替换–翻译–恢复"的方法。该方法首先使用单语语料和双语平行语料训练出语义相似度模型和双语词表；然后在训练阶段将源语言句子中的"未登录词"，使用之前训练好的语义相似度模型替换成语义相似的高频词，在解码阶段生成替换词后句子的对应译文，并将译文中与源语言句子中被替换词对齐的词，根据之前训练的双语词表恢复成对应的目标语言句子中的词。Gulcehre 等人[34]注意到，一些低频词（如表达命名实体的词）的译文可以直接从源语言句子中拷贝。为此，他们使用指针的想法为神经机器翻译方法引入一种高效的拷贝机制：在解码阶段，使用一个神经网络来决定当前译文是拷贝源语言句子中的词，还是从目标语言句子的词表中选择。Jean 等人[35]提出了一种基于重要性采样的方法；在训练时，将训练语料切分成几部分，每部分分别在训练前构建一个子集词表，用于该部分语料的训练；在解码时，为每个源语言句子构建一个目标语言句子的词表，该词表由目标语言句子中的 K 个高频词和 K' 个由词对齐模型得到的源语言句子中最高概率翻译词一起构成，其中 K 和 K' 取决于计算设备的计算能力。该方法可在不显著增加模型计算复杂度的同时，使用大规模目标语言句子中的词表。

（2）使用更细粒度的文本单元

替换和采样的方法在总体上流程较为复杂，多依赖于词表，很难建模新词的语义表示，因此一部分研究者认为，应该使用更细粒度的文本单元来解决词表规模受限的问题。Costa-Jussa 和 Fonollosa[36]使用了字母级的编码，在编码器中使用字母嵌入表示，通过卷积神经网络和高速网络层将字母嵌入表示编码成词嵌入表示，再使用词嵌入表示进行翻译。Luong 和 Manning[37]提出了词-字母混合模型，在编码时，若遇到"未登录词"，则使用字母级编码器生成"未登录词"的词表示，否则使用词级编码器生成词表示；在解码时，若遇到"未登录词"，则使用字母级解码器生成字母序列，否则使用词级解码器生成词序列。该模型融合了词模型和字母模型的优点，既能够较快速地训

219

练并得到高频词的高质量翻译，还能在很大程度上解决"未登录词"的表示问题。不过，字母级的编码和解码均存在一个通病，即字母序列会大幅增加文本的序列长度，使训练变得困难，并且在处理像汉语这样孤立语性质的语言时，仍然依赖于分词结果的好坏。Yang 等人[38]提出利用卷积操作的方法，即首先使用源语言当前词上下文的词级别信息和字符嵌入表示共同组成当前词的表示向量，然后使用双向循环神经网络进行编码，并在中英翻译任务上证明行之有效。Chung 等人[39]设计了一种双时间尺度的神经网络解码器，可以在完整的字母序列上学习词嵌入表示而不依赖于词的切分。Sennrich 等人[40]发现有些语言中的很多词存在重复的片段，比如命名实体、同根词、形态变化等。这些类似于语素的片段往往有语义或语法上的意义。因此，Sennrich 等人以字母和词的中间单元——子词（Subword）作为基本建模单位，首先利用字节对编码技术（Byte Pair Encoding）来自动找出训练语料中的子词单位，然后以此为基础构建神经机器翻译模型。这种方法有效缓解了目标语言词表受限的问题，提升了翻译模型的性能。Oda 等人[41]使用二进制编码对目标词的语义进行表示，压缩了词表规模，避免了对目标语言词表的归一化操作。为了保证模型性能，Oda 等人只对低频词使用二进制编码预测，对于高频词则采用常规策略。

以上方法有效缓解了在采用神经机器翻译方法时词表规模受限的问题。其中大部分方法的有效性都只在一些常用语言对上进行了验证，仍然需要在更多包含各种形态变化形式的语言上进行进一步的验证。

7.2.2.2　先验知识融合

神经机器翻译模型是由数据驱动的，可自动从平行语料中学习翻译规则，包含一些知识、语义和句法结构等。由于神经机器翻译模型无法学习到数据之外的先验知识，因此存在明显的短板。神经机器翻译模型中蕴含的翻译规则都是用连续的向量表示的，因其很难从语言学的角度进行解释，所以难以调试和分析。先验知识的引入可能有助于增加神经机器翻译模型的可解释性，可在翻译时给神经机器翻译模型提供更多有价值的信息。然而，先验知识的表示通常都是离散的，例如双语词典、翻译规则等，将离散的先验知识表示引入使用连续向量的神经机器翻译模型是一项挑战。因此，如何将人类的先验知识和由数据驱动的神经网络方法结合起来已经成为机器翻译的一个重要研究方向。

（1）修改模型架构或目标函数

Cohn 等人[42]在神经机器翻译模型的目标函数中增加了额外的约束来限制词的翻译繁殖率。Arthur 等人[43]引入了双语词典，在神经机器翻译模型解码时，由注意力机制来决定当前目标语言词是由模型生成的还是由双语词典提供的，由此来改善低频词的翻译。Zhang 等人[44]提出了一个引入先验知识的神经机器翻译通用框架。在该框架中，先验知识首先被表示成对数线性的模型特征，然后通过后验正则化技术最小化模型学习到的译文分布和编码先验知识译文分布的 KL 散度，取得了很好的效果，相比之前的方法，不仅更充分地利用了先验知识，还可以推广到其他自然语言处理任务中。Shi 等人[45]认为神经机器翻译模型对源语言句子中的主要信息没有明确的定义，可能会导致主要信息的漏译，因此提出引入外部知识库来连接两种语言的语义空间，在翻译时，首先从源语言句子中抽取主要信息，并将这些信息编码成向量表示，然后基于向量表示来生成译文，从而确保源语言句子中的主要信息不被遗漏。Zhang 等人[46]引入主题信息来捕捉篇章级别的上下文。还有研究者提出在解码的时候，首先生成一个序列化的短语成分树，然后将这个序列化的短语成分树当作译文的模板，以此来并行解码生成各个译文短语[47]，可以在保证译文质量的前提下有效加速模型的解码过程。

（2）融入句法规则信息

自然语言的一大特征是有特定的句法规则。尽管 Shi 等人[48]证明了基于循环神经网络的编码器能够学习到源语言句子中的句法信息，但是采用神经机器翻译方法所翻译的译文有时仍然会违反句法规则。对于长距离的依赖关系，模型往往更容易出错。因此如何将语言学知识，特别是精确的句法规则融入神经机器翻译模型获得了越来越多的关注。融入句法规则的神经机器翻译模型可以更容易地建模长句子的语义表示，同时深层次的结构信息也能为语言结构差异较大的语言对的翻译提供更充分的信息。目前，相关的研究主要集中在融入源语言句法规则信息和融入目标语言句法规则信息。

（3）融入源语言句法规则信息

融入源语言句法规则信息的目的是获得源语言句子更好的语义表示。比较自然的做法是将句法树的结构作为编码器的结构，使用树状循环神经网络对源语言句子编码。Eriguchi 等人[49]使用序列编码器和树状循环神经网络编码器顺序编码的同时，按照源语言句法规则递归地进行自下而上的编码；在解码阶段，注意力机制同时参照源语言词的隐层状态和源语言句法短语的隐层状态，在英日翻译上取得了显著效果。Eriguchi 等人[50]在多任务框架下同时训练翻译模型和语法生成模型，并引入一个循环神经网络语法生成器[51]作为一个额外的解码器，负责生成解析源语言树时的动作序列，训练时，可同时最大化译文和解析动作序列的最大似然。这种方法的优势是在测试时不需要额外的句法规则。Li 等人[52]将源语言句子的句法树转换为句法标签序列，并提出将三种编码器融入句法规则，都取得了不错的效果：

① 平行编码器。词循环神经网络和标签循环神经网络分别独立地对词序列和标签序列进行编码。词向量表示由这两个神经网络的隐层状态表示拼接得到。

② 层次化编码器。底层的编码器用于编码标签序列，其输出和词序列一起作为顶层编码器的输入。

③ 混合编码器。将句法树按照深度优先搜索转换成词和标签的混合序列，解码时仅使用词对应的向量表示。

Chen 等人[53]在编码器和解码器中都融入了源语言句法规则：在编码器端，将编码器改成自上而下和自下而上的双向树状编码器；在解码器端，将文献[54]的词覆盖率模型扩展为树结点覆盖率模型，为树的每一个结点均设置一个依赖于孩子结点的覆盖率向量。这种建模方法使注意力机制更加关注词组信息，可避免单个词获得过多注意力而被反复翻译的"过翻译"问题，保证了译文的连续性。Ma 等人[55]提出了基于句法森林编码器的翻译模型。该模型可以有效降低句法分析错误传播对编码器建模的负面影响。

（4）融入目标语言句法规则信息

在神经机器翻译中融入目标语言句法规则信息是为了利用句法结构改善译文生成的合理性。Stahlberg 等人[56]在解码器的预测概率中加入了基于句法的由统计机器翻译模型产生的翻译推断概率，扩展了搜索空间。由于该做法不仅将统计机器翻译模型分为两个单独的子模型，而且在翻译时还需要统计机器翻译模型提供的翻译概率，因此存在明显的不合理性。更合理的做法应该是在同一个模型中同时建模并利用句法规则信息。Aharoni 和 Goldberg[57]根据句法树将目标语言句子转换成一个线性序列。该序列包含目标语言句子的词和句法结构标记，并使用传统的基于注意力机制的序列到序列模型直接训练。这种简单的做法虽然引入了目标语言的句法规则信息，但是没有修改模型框架和目标函数，不能充分利用目标语言的句法规则信息。Zhou 等人[58]进一步提出在解码器端引入一个额外的组块层，用于自动学习由词到词组的生成。Zhou 等人还在组块层上引入了句法标签用以学习准确的组块表示。Wu 等人[59]在解码器端引入了一个额外的解码器来解析已生成译文的依存结构序列信息，所得到的已生成译文在依存结构上的序列表示可以作为额外的输入来指导后续译文的生成。

以上方法从不同的角度尝试了在神经机器翻译中加入先验知识的指导，并取得了不错的效果。特别是语言的句法规则信息被认为是可以提高神经机器翻译准确性的重要知识。现有的探索虽然在一定程度上提高了模型的性能，但是在充分利用诸如句法规则信息的外部知识方面仍有很大不足，如何更充分地在神经机器翻译模型中利用外部知识仍然是一个值得探索的问题。

7.2.2.3 训练准则

神经机器翻译在训练时普遍使用极大似然估计作为目标函数。端到端神经机器翻译的预测概率为

$$P(y \mid x;\theta) = \prod_{n=1}^{N} P(y_n \mid x, y_{<n};\theta)$$

其中，$x = x_1, x_2, \cdots, x_m$ 是源语言句子；$y = y_1, y_2, \cdots, y_N$ 是目标语言句子；m、N 分别是源语言句子和目标语言句子的长度；θ 是模型参数；$y_{<n} = y_1, y_2, \cdots, y_{n-1}$ 是部分翻译结果。

假设数据集为 $D = \{<x^{(s)}, y^{(s)}>\}_{s=1}^{S}$，训练准则为优化数据集的最大似然，即

$$\hat{\theta}_{\mathrm{MLE}} = \underset{\theta}{\mathrm{argmax}} \{ \mathcal{L}(\theta) \}$$

其中，目标函数：

$$\mathcal{L}(\theta) = \sum_{s=1}^{S} \log P(y^{(s)} \mid x^{(s)};\theta) = \sum_{s=1}^{S} \sum_{n=1}^{N(S)} \log P(y_n^{(s)} \mid x^{(s)}, y_{<n}^{(s)};\theta)$$

其中，$N^{(S)}$ 为第 s 句目标语言句子 $y^{(s)}$ 的长度。

尽管应用广泛，但是这种常见的目标函数主要存在以下两个问题：①解码时存在训练和测试不一致的情况：训练时，解码器在生成目标语言词时使用的是所观察到的实际上下文信息；测试时，解码器使用的是先前预测的目

标语言词。②词级别的损失函数，例如广泛使用的交叉熵所优化的是每一个目标语言词的预测概率。训练准则没有考虑到目标语言词和上下文的依赖关系。而机器翻译的评价指标（如 BLEU）往往定义在句子或篇章级别上，并计算译文和参考文本的 N 元（N-gram）共现率，使评价存在一定的偏差。因此，Wiseman 和 Rush[60] 提出混合增量式交叉熵增强学习算法，将机器翻译的翻译指标（比如 BLEU 或 ROUGE）融入模型的训练过程中。他们将测试阶段的柱状搜索（Beam Search）与训练结合，避免了传统方法中由局部训练（Local Training）所导致的错误传播，消除了训练与测试的不一致。有研究者分析了将 BLEU 作为翻译模型训练指标会导致的缺陷[61]。例如，BLEU 指标无法给出局部奖励，其奖励数值区间有限；BLEU 指标仅仅判断了文字之间的相似度，无法真正判断语义相似度。对此，Wiseman 和 Rush 提出了一个基于语义相似度的奖励函数以代替 BLEU 指标，并在训练过程中用于优化翻译模型。

Shen 等人[62] 提出最小风险训练（Minimum Risk Training）方法，将最小错误率训练方法[63] 应用到神经机器翻译中。最小风险训练方法用最小化训练数据的期望损失函数作为目标函数。其优势在于：①把评测指标作为损失函数，可有效缓解传统机器翻译方法中训练和测试不一致的问题；②与模型架构无关，可以应用到任何端到端的神经机器翻译模型上，且损失函数也不必是可微的，具有很好的可推广性。为了解决训练和测试不一致的问题，有研究提出了一种新的训练方法[64]：在模型训练的时候，不仅要从标准译文序列中采样上下文，还要从模型预测的序列中采样上下文，使模型在训练过程中能够有效模拟测试情景，使其在训练和测试时尽可能保持一致。

7.2.2.4　低资源语言翻译

神经机器翻译模型因为采用端到端的方式进行训练，因此在训练时需要使用平行语料，不能直接使用单语语料。又因为神经机器翻译模型的结构复杂、参数多，因此在训练时，需要依赖于大规模的平行语料数据。在平行语料数据较少的情况下，神经机器翻译模型的翻译质量会严重下降，甚至低于统计机器翻译模型。然而，由于在现实中有许多语言对，尤其是一些含有小语种的语言对，只有很少的平行语料数据，甚至没有平行语料数据，因此需要研究一些方法来提高低资源神经机器翻译模型的翻译质量。

第一，有部分研究尝试使用半监督的方法训练神经机器翻译模型，即在用小规模的平行语料数据训练神经机器翻译模型的过程中，利用大规模的单语语料数据辅助训练，以提高低资源条件下神经机器翻译模型的翻译质量。Sennrich 等人[65]提出了一种基于回译（Back-Translation）的方法，利用目标语言的单语语料辅助神经机器翻译模型的训练。这种方法首先用小规模的平行语料数据训练一个目标语言到源语言的翻译模型，将目标语言的单语语料翻译为源语言，得到大规模的伪平行语料，并将原小规模的平行语料和大规模的伪平行语料混合后，用于训练最终的源语言到目标语言的翻译模型。Zhang 和 Zong[66]提出了两种不同的方法，使用源语言单语语料辅助神经机器翻译模型的训练：①基于自学习（Self-Learning）的方法，将源语言单语语料翻译到由目标语言构成的伪平行语料；②基于多任务学习的方法，引入单语语料数据中句子重排序的任务作为辅助任务。Cheng 等人[67]提出，可以采用自编码器的方式，利用源语言和目标语言的单语语料辅助神经机器翻译模型的训练。这种方法可同时训练源语言到目标语言和目标语言到源语言两个方向的翻译模型，并认为这两个翻译模型按照两种不同的次序连接，分别构成源语言和目标语言的自编码器。训练目标包括两个翻译模型上翻译任务中的训练，以及两个自编码器重构任务中的训练。

第二，有部分研究尝试使用无监督的方法训练神经机器翻译模型，即在完全没有平行语料数据的条件下，仅使用单语语料训练翻译模型。Lample 等人[68]提出了一种基于自编码器的无监督神经机器翻译模型。其中，编码器将句子映射到潜在的语义空间，解码器将语义空间中的向量重构回原始的句子。若将源语言句子和目标语言句子映射到同一个潜在的语义空间，则使用源语言的编码器和目标语言的解码器就可以完成翻译。这种方法的训练目标包括：①去噪自编码器的训练；②基于回译的翻译任务训练；③对抗训练，使两个编码器输出向量所在的潜在语义空间尽可能接近。Artetxe 等人[69]基于跨语言的单词嵌入表示，提出了一种共享编码器的无监督神经机器翻译模型。其训练目标与 Lample 等人[68]提出的前两个训练目标类似。后续对无监督神经机器翻译模型的研究进一步改进了性能。例如，Lample 等人[70]用无监督统计机器翻译模型来生成无监督神经机器翻译模型所训练的第一次迭代时所需的伪平行语料；Artetxe 等人[71]又在 Lample 等人[70]的研究基础上，提出无监督神经机器翻译模型训练所用伪平行语料的来源，可以由无监督统计机器翻译模型逐步过渡到无监督神经机器翻译模型，在过渡期间，由无监督神经机器翻译模型所生成的伪平行语料比例逐渐增大；Yang 等人[72]在 Lample 等人[68]提出的无监督神经机器翻译模型的基础上，又进行了多方面的改进，主要包括：①采用多层的、部分共享的编码器和解码器；②引入新的对抗训练任务，使模型的翻译结果在风格上尽可能无法与真实语料中的句子区分；Sun 等人[73]提出，在无监督神经机器翻译模型的训练过程中，将跨语言单词嵌入表示和无监督翻译模型进行联合训练，能够提高无监督翻译模型的质量；Pourdamghani 等人[74]提出，可以先将源语言的单语语料逐单词翻译为目标语言后，代替原来的源语言单语语料用于无监督机器翻译模型；Sen 等人[75]将 Artetxe 等人[69]的方法扩展到多语言的无监督神经机器翻译模型；Ruiter 等人[76]提出了一种自监督学习方法，能仅用单语语料数据训练神经机器翻译模型，可将寻找语料中语言不同但内容相似的句子作为一个辅助任务，向机器翻译模型的训练提供监督信号。

第三，有部分研究注意到，如果源语言和目标语言之间缺乏平行语料数据，且它们和第三种语言之间都有大规模的平行语料数据，则可以借助第三种语言，即用枢轴（Pivot）语言来辅助源语言到目标语言翻译模型的训练。Cheng 等人[77]提出，可以分别训练源语言到枢轴语言的翻译模型和枢轴语言到目标语言的翻译模型，在翻译时，依次将源语言句子翻译到枢轴语言和目标语言。然而，Cheng 等人[77]也指出，这种方法存在错误传播问题，因此利用两个翻译模型中枢轴语言的单词嵌入表示之间的联系来训练两个翻译模型。还有研究尝试通过其他方式减少错误传播问题。例如，Zheng 等人[78]提出，可以用一个枢轴语言到源语言的翻译模型指导源语言到目标语言翻译模型的训练，使源语言到目标语言翻译模型的期望似然最大化；Chen 等人[79]假设，一个源语言句子翻译到目标语言句子的概率应当接近该源语言句子在平行语料中对应的枢轴语言句子翻译到目标语言句子的概率；基于这一假设，Chen 等人又提出了一种用枢轴语言到目标语言的翻译模型，指导源语言到目标语言翻译模型的训练方法；Ren 等人[80]通过联合的双向 EM 算法最大化源语言句子翻译到枢轴语言句子的概率的方法，实现基于枢轴语言的低资源机器翻译；Leng 等人[81]将基于枢轴语言的低资源机器翻译方法应用到无监督神经机器翻译模型中，以提高两种关系较远的语言之间的无监督机器翻译的质量，即先学习一条源语言和目标语言之

间的路线，然后在翻译时，依次将源语言句子翻译到路线上的每一种枢轴
语言，最后翻译到目标语言。

第四，有部分研究尝试使用小规模的平行语料数据，人工生成大规模的
平行语料数据，即数据增广的方法。Fadaee 等人[82]提出了一种基于单词替换
的数据增广方法，将平行句对的源语言句子中的部分单词替换为罕见单词，
并在目标语言句子中进行对应的替换。Gao 等人[83]提出，可以通过将单词的
嵌入表示替换为与被替换单词语义相似的词的嵌入表示的平均值来实现数据
增广。Xia 等人[84]提出了一种借助枢轴语言进行数据增广的方法：以一种与
低资源语言相关联的高资源语言作为枢轴语言，将高资源语言语料中的所有
单词根据词典替换为低资源语言的单词，并用无监督神经机器翻译模型对替
换后的句子进行进一步的调整。

第五，有部分研究关注了特定领域所适用的在机器翻译模型训练中缺乏
平行语料数据的问题。Axelrod 等人[85]针对这一问题，提出了从大规模平行语
料数据中选择一部分与特定领域语料相似数据的方法，即数据选择的方法。
van der Wees 等人[86]基于 Axelrod 等人的方法，提出了动态数据选择的方法，
即从大规模平行语料中所选取的数据随训练过程的推进而动态变化。Wang 等
人[87]提出，可以将数据选择的方法运用到机器翻译训练数据去噪的任务中。
Wang 等人[88]结合 van der Wees 等人[86]和 Wang 等人[87]的方法进行数据选择，
并逐步从大规模训练数据中排除特定领域外的和翻译质量差的数据，以得到
特定领域内的、高质量的训练数据。

第六，有部分研究尝试将高资源语言对上训练的模型迁移到低资源语言
对上训练的模型，即通过迁移学习的方法实现低资源机器翻译。Zoph 等人[89]
提出了一种基于迁移学习的低资源神经机器翻译的实现方法。这种方法要求
选择一个目标语言和低资源语言对相同的高资源语言对，并在高资源语言对
上训练神经机器翻译模型后，在保持目标语言单词嵌入表示不变的情况下，
训练低资源语言对上的神经机器翻译模型。Kim 等人[90]对 Zoph 等人[89]的迁
移学习方法进行了三点改进：①使用跨语言的单词嵌入表示；②在训练高资
源语言对上的神经机器翻译模型时加入噪声；③用高资源语言对上的平行语
料人工生成低资源语言对上的伪平行语料。Gu 等人[91]在多语言神经机器翻译
模型的编码器中使用了不同语言之间的词级别和句子级别表示的共享，使低
资源语言对上的神经机器翻译模型能够利用高资源语言对上的神经机器翻译

模型提供的信息。

此外，还有一些采用其他方法实现低资源神经机器翻译的研究，例如 Gu 等人[92]提出，可以使用与神经机器翻译模型无关的元学习（Model-Agnostic Meta-Learning，MAML）方法实现低资源神经机器翻译，并基于多种高资源语言对上的翻译任务进行训练，使神经机器翻译模型能够适应低资源语言对上的翻译任务；Sennrich 等人[93]提出，即使不使用额外的单语数据或多语数据，也可以通过对神经机器翻译模型的参数和实现方法进行调整，使低资源神经机器翻译模型的翻译质量得到大幅提高。

7.2.2.5 质量预估

一般来说，评价机器翻译质量的方法是比较机器翻译结果和参考翻译之间的差异。机器翻译质量预估（Quality Estimation）指的是在没有参考翻译的情况下，在不同层次（句子、词、短语和文档）上估计来自未知机器翻译系统给定翻译的质量得分或类别[94]。在下文中将机器翻译质量预估简称为质量预估。

下面举例说明质量预估的预估内容和评价方法。在图 7-6 中，从上到下分别是中文源句、英文后编辑结果和英文机器翻译，展示了三种词级质量标注的标签：在机器翻译中每个词的翻译是否正确的标签、在机器翻译中每两个词之间是否漏词的标签，以及源句中每个词是否被错误翻译的标签。除词级标注以外，还可以计算出句子级的 HTER（Human Translation Edit Rate）：编辑次数/参考翻译词数=13.3%。

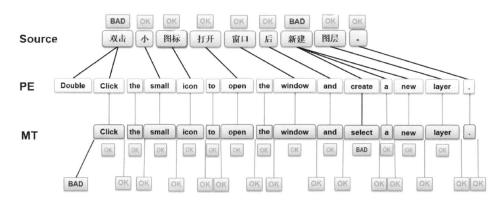

图 7-6　质量预估实例

质量预估有很多潜在的用途。首先，它可以用来对机器翻译结果的质量进行估计，提示用户当前机器翻译结果的好坏。其次，质量预估还可以和后编辑结合起来，提示后编辑系统哪些部分需要进行后编辑，以提高机器翻译系统的输出质量。质量预估还可以用于在不同机器翻译系统的输出之间进行选择，甚至可以作为一种评价指标，成为 BLEU[95] 等自动评价方法的补充。2019 年，WMT 的质量预估共享任务引入了"质量预估作为无参考翻译的度量指标"子任务[96]。结果表明，质量预估系统判断翻译系统质量的能力已经达到和 BLEU 相近的水平了。

最早进行质量预估的 Blatz 等人[97] 在词级和句子级进行了尝试，将词级质量预估建模成了一个二分类任务，分别用朴素贝叶斯分类器和多层感知机分类器进行训练，并将句子级质量预估建模成一个回归任务，用多层感知机进行训练。Specia 等人[98] 在句子级下用偏最小二乘回归（Partial Least Squares，PLS）方法进行拟合；Soricut 等人[99] 使用了回归决策树；Specia 等人[94] 后来还使用了支持向量回归。近年来，QUETCH、POSTECH 和 QEBrain 等模型引入了深度学习和预训练方法[100-102]，均取得了良好的效果。

7.2.2.6　鲁棒性与不确定性

机器翻译系统的鲁棒性（Robustness）指的是当系统输入的文本出现微小的变化，甚至错误时，系统能够进行稳定翻译并得到译文的能力，反映了一个系统能否有效地抵抗错误。在实际使用场景中，机器翻译系统的输入通常不能保证是符合语法规范的标准化句子，提高鲁棒性可以使机器翻译系统能够在复杂多变的实际使用场景中稳定工作。

人们在阅读一段文字时，少量的错误通常不会影响对文字内容的理解。但是神经机器翻译模型对文本中的错误非常敏感[103]，一个标点符号的错误、一个同义词的替换都可能令神经机器翻译模型无法进行正确翻译。因此，近几年，如何提高神经机器翻译模型的鲁棒性备受关注。近期有关机器翻译模型鲁棒性的研究主要从以下几个角度出发：

① 构造有噪声的数据，使用有噪声的数据训练机器翻译模型，期望增强机器翻译模型在有噪声场景下的鲁棒性[103-106]；

② 改进机器翻译模型结构，让机器翻译模型具备更强的抗噪声能力[103,107,108]；

③ 设计新的训练准则，有针对性地提高机器翻译模型的鲁棒性[109]。

　　下面介绍利用有噪声数据训练模型来提高神经机器翻译模型鲁棒性的方法。Belinkov 和 Bisk[103]使用一个外部数据集，将训练数据输入端句子中的词替换为自然场景下可能出现的错误形式。Anastasopoulos 等人[106]使用一个特殊的数据集，且源端句子来自非母语人士，来训练神经机器翻译模型。除了模拟自然场景下可能出现的噪声，还有一些研究使用人工合成的噪声，比如 Belinkov 和 Bisk[103]随机打乱每个单词中字母的顺序来构造拼写错误；Zhao 等人[110]使用生成对抗网络来生成噪声数据；Vaibhav 等人[105]设计了一种基于概率的随机化噪声引入机制来构造丰富的有噪声数据；Cheng 等人[109]基于神经网络的梯度进行词替换来构造有噪声数据。所有这些方法所构造的有噪声数据都可以在一定程度上提高神经机器翻译模型的鲁棒性。由于现实场景中的噪声通常是变化多端、难以预料的，因此这些方法往往只能提高机器翻译模型对抗一种或几种噪声的能力，泛化能力有待提高。

　　另外一类研究是在使用有噪声数据的基础上，通过改进机器翻译模型结构，使机器翻译模型在结构上具备一定的抗噪声能力。Belinkov 和 Bisk[103]设计了一种字母级的编码器，可通过对一个单词中的不同字母取平均来提高对乱序拼写错误的抵抗能力。Cheng 等人[107]通过加入一个判别器来对抗训练的方式，增强机器翻译模型编码器对输入端微小扰动的稳定性，使机器翻译模型在一些微小错误的句子中表现得更好。Liu 等人[108]发现很多噪声都是由同音字引起的，若在词嵌入的基础上加入音素嵌入，则可有效提高机器翻译模型对同音字噪声的抵抗力。

　　除此之外，Cheng 等人[109]还提出了攻击-抵抗的训练框架，通过在输入端和输出端同时加入噪声来进一步增强机器翻译模型的鲁棒性。另外还有很多研究提出了有关鲁棒性的评估框架[111,112]，可以更好地量化与评估机器翻译模型的鲁棒性。

　　机器学习任务中的不确定性通常可以划分为机器翻译模型不确定性和数据不确定性[113]。机器翻译任务中还有一个内在的不确定性，那就是一个源句子可对应不止一个正确的译文。Ott 等人[114]系统地分析了机器翻译任务中的内在不确定性，并从不确定性的角度出发解释了机器翻译任务中的几个难题，这对机器翻译不确定性分析领域有很大的启发意义。目前，机器翻译任务中的不确定性分析还处在起步阶段，有待于更多研究者进行探索。

7.2.2.7 可解释性

目前，尽管神经机器翻译模型在很多语言对上都达到了最好的水平，并且被应用到了很多商用机器翻译产品中[115,116]，但是仍然存在着一些问题。一个比较受关注的问题就是机器翻译模型的可解释性较差。由于机器翻译模型内部的隐层状态通常是高维的实数向量，且有大量的非线性函数[117,118]，因此很难理解其中包含的信息。若想实现可靠、可控的机器翻译系统，则增加系统的可解释性是十分必要的。目前有很多研究聚焦在解释机器翻译系统中的深度神经网络模型，大致可以分为以下几类：

① 度量模型内部结构对模型输出的影响[119-121]；

② 通过设计辅助任务来研究模型（或模型中的某一部分）是否可以捕捉到特定的信息[122-125]。

Ding 等人[119]提出使用相关性层间传播算法（Layer-wise Relevance Propagation，LRP）来计算任意词对神经网络模型中任意单元的相关性。他们通过实验发现，与注意力权重（Attention Weight）相比，使用 LRP 计算得到的相关性可以更好地解释一些翻译出错的现象。Strobelt 等人[120]编写了一个开源的可视化工具，用来查看序列到序列模型内部的向量表示，所关注的是神经网络内部的数字特征。这些研究均是基于训练神经网络（RNN）来分析的，在 Transformer 模型结构被提出并广泛使用后，又有很多研究者开始研究 Transformer 模型结构的可解释性[118]。Voita 等人[121]分析了 Transformer 模型中不同注意力头（Attention Head）的作用，研究了三种注意力功能（Attention Function），包括位置捕捉、语义捕捉及低频词捕捉，通过检测注意力权重的分布，发现具备以上一种或多种注意力功能的注意力头通常和 LRP 计算出来的重要注意力头相符，通过实验证明，可以对 Transformer 模型进行剪枝，剪掉没有表现出注意力功能的注意力头对模型的表现只有微小的影响。

另一类研究是设计辅助任务，即研究机器翻译模型是否可以捕捉特定信息。Dalvi 等人[123]提出语义相关性分析（Linguistic Correlation Analysis）任务来解释神经网络中间状态特定维度所代表的语言学信息，并提出用机器翻译模型之间相关性分析（Cross-model Correlation Analysis）任务来检测主要作用的单元。这对机器翻译模型的压缩和架构搜索有着重要的作用。Raganato 和 Tiedemann 发现在 Transformer 模型中，句子中的单词之间可以通过一个自注意力机制（Self-Attention）得出一个相关性系数[122]，由其可以将句子组织成一个树结构，在训练数据较多的任务（比如英法翻译）中，由 Transformer 模型中所提取的树结构与标准依赖树更接近。他们还用机器翻译模型学习到的隐层表示进行序列标注任务，如命名实体识别（Named-entity Recognition）等。这些任务可以体现机器翻译模型的中间表示是否包含特定的语义信息。通过实验发现，BLEU 越高的机器翻译模型，在序列标注任务中表现得就越好，说明在机器翻译任务中表现更好的模型的确可以更好地捕捉到句子中的语义信息。Yang 等人[124]发现 Transformer 模型中的注意力网络可以学习到词序信息。Li 等人[125]研究了 Transformer 模型在双语单词对齐任务中的能力。这些工作都说明结合语言学现象可以帮助研究者更好地解释与理解神经机器翻译模型。

7.3 数据与评测

机器翻译评测主要指的是在同一数据集上对不同机器翻译系统的翻译质量所进行的对比和评估。其方式通常是由第三方组织发放训练集和测试集，回收测试结果，并针对测试结果给出评价和排名。与此同时，参加评测的系统开发者会对系统进行说明。

机器翻译评测对机器翻译的研究具有至关重要的作用，因为只有通过评测，才能得知机器翻译系统存在的问题。公开评测还可以促进不同的机器翻译系统开发者进行沟通和交流，加速机器翻译领域的发展。

7.3.1 数据集

各国学术界和政府部门都高度关注机器翻译系统的技术评测，出现了面向应用和注重评测的趋势。国内外比较著名的机器翻译评测活动包括 NIST（National Institute of Standards and Technology，美国国家标准与技术研究院）机器翻译公开评测、机器翻译研讨会（Workshop on Machine Translation，WMT）评测等。

日本国家科学信息系统中心（National Center for Science Information Systems，NACSIS）策划主办了 NTCIR（NACSIS Test Collections for IR），主要关注中、日、韩等亚洲语种的相关信息处理，涉及信息检索、问答系统、文

本摘要、信息抽取等多项任务。其目的是建立一个亚洲语言标准测试集，作为信息检索与自然语言处理研究的基础数据。从 1998 年至今，NTCIR 已经成功举办了多次评测，对亚洲语言信息处理技术产生了很大影响。

由美国国家标准与技术研究院组织的 NIST 评测始于 2001 年，为机器翻译技术的对比及交流提供了良好的平台，引导了更多研究者关注机器翻译技术的核心问题。NIST 评测主要进行的是汉语和阿拉伯语与英语之间的机器翻译评测。其评测方法一般采用自动评测和人工评测相结合，可鼓励更多的研究者对现有的评测方法进行改进。NIST 评测所提供的数据集具有认可度高、数据质量高等特点，深受广大研究者的喜爱。

CWMT（China Workshop on Machine Translation）是我国机器翻译领域的权威会议。2005 年，为了推动我国统计机器翻译的发展，中科院自动化所、计算所和厦门大学联合发起并组织了第一届统计机器翻译研讨会（CWMT 2005），并在之后又组织了多次研讨评测，对于推动我国机器翻译技术的研究和开发产生了积极而深远的影响。CWMT 主要针对汉语、英语及蒙古语、藏语、维吾尔语等少数民族语言进行评测。每年都吸引国内外近 20 家企业及科研机构参加评测，包括日本 NICT 研究所、微软亚洲研究院、韩国 SYSTRAN 公司等。CWMT 评测活动的影响越来越大，得到广大业内人士的高度认可。

WMT 是另一个有影响力的机器翻译评测活动。自 2006 年起，每年组织一次。每一次的评测都是全球各大高校、科技公司及学术机构自身机器翻译实力的较量，可以见证机器翻译技术的不断进步。WMT 主要关注欧洲语言之间的机器翻译评测，涉及的语言包括英语、德语、芬兰语、捷克语、罗马尼亚语等十多种语言，在 2017 年加入了汉英的机器翻译评测任务。WMT 一般以英语为核心，探索英语与其他语言机器翻译的性能。WMT 公开的数据集经常被相关研究者使用。

IWSLT（International Workshop on Spoken Language Translation）是国际舞台上备受关注的与口语相关的机器翻译评测比赛，涉及英语、法语、德语、捷克语、汉语、阿拉伯语等众多语言，并在 2016 年加入日常对话的机器翻译评测。IWSLT 除有文本到文本的机器翻译评测外，还有自动语音识别及由语音转为其他语言文本的评测。

WAT（Workshop on Asia Translation）是最近几年由日本科学振兴机构（JST）、情报通信研究机构（NICT）等多家机构联合举办的机器翻译评测活动，主要关注亚洲语言的机器翻译评测，为亚洲各国之间的交流融合提供便利，针对科技论文领域的机器翻译测评是其一大特色。

以上机器翻译评测各有特色，一般均采用人工评测与自动评测相结合的方法进行评测。

7.3.2　技术评测

一般来说，机器翻译评测的方法可以分为两大类：人工评测和自动评测。人工评测主要依赖相关语言的从业人员对机器翻译系统的翻译结果进行人工审阅，优点为评测准确，缺点为评测周期长、成本高，且具有主观性。

自动评测指的是通过对比机器翻译结果和参考翻译的差异性对机器翻译性能进行评测，优点为评测速度快、客观，缺点为评测不完全准确。自动评测的方法主要可以分为三类：基于 n 元语法匹配的方式（BLEU、NIST 等）、基于编辑距离的方式（WER、PER、TER 等）和基于词对齐的方式（METEOR 等）。

基于 n-gram 的双语评测 BLEU（BiLingual Evaluation Understudy）[95] 首先统计机器翻译和参考翻译中共同出现的 n-gram 的数目，然后把统计得到的 n-gram 的数目除以机器翻译的单词总数，通过综合不同 n-gram 的结果得到最终的评测结果。该方法的思路是非常直接的：机器翻译中出现的词和参考翻译中重复的词越多，机器翻译越好。该思路虽好，但并没有考虑到召回率，即会偏好更短的机器翻译。因此，在实际应用的 BLEU 指标中对这一点进行了改进。NIST 是 BLEU 的一种改进。它并不是简单地将匹配的 n 元词的数目累加起来，而是先求出每个 n 元词的信息量，再累加起来，最后除以机器翻译的 n 元词总数。

WER（Word Error Rate，错词率）是一个在词上基于 Levenshtein 距离计算编辑距离①的评测指标。PER（Position-Independent Word Error Rate，位置无关的错词率）是对 WER 的改进，可以允许词或短语位置的变化。

METEOR 出现的目的是解决一些 BLEU 中固有的缺陷[126]。它的主要思想是通过词汇的相似度进行对齐，利用 WordNet（一种基于认知语言学的英语词

---

① Levenshtein 距离又称编辑距离，是指两个字符串之间，由一个转换成另一个所需的最少编辑操作次数。

典）等少量外部资源增加同义词的对齐概率。

7.4　开源工具

7.4.1　统计机器翻译开源工具

Moses：Moses 是一个被广泛使用的 SMT 系统，主要由爱丁堡大学研究开发，可提供多种功能与方法，并支持基于短语的模型和基于句法的模型。Moses 实现了被称为因子翻译模型（Factored Translation Model）的基于短语的翻译系统的扩展模型，能够在模型中加入额外的语言信息，允许将复杂的结构作为输入，如字格（Word Lattices）或混淆网络。Moses 支持多线程和多进程解码，可提供多种实用的脚本和工具，详情参见 http://www.statmt.org/moses/。

NiuTrans：NiuTrans 是由东北大学自然语言处理实验室开发的一个开源的统计机器翻译系统。该系统支持基于短语的模型、基于层次结构的模型和基于句法的模型。其特点在于完全使用 C/C++ 编程语言进行编码，具有运行速度快、运行时占用的内存少及易于上手等优点。NiuTrans 内置一个简单有效的 n-元语言模型，支持多线程功能，详情参见 http://www.niutrans.com/。

Joshua：Joshua 是由约翰丝霍普金斯大学开发的开源机器翻译系统，目前已经正式成为阿帕奇孵化器（Apache Incubator）项目，由于使用 Java 语言开发，因此具有很好的扩展性和可移植性。Joshua 提供了一个基于 Hadoop 的语法提取器，详情参见 https://cwiki.apache.org/confluence/display/JOSHUA/。

SAMT：SAMT 是由卡耐基梅隆大学机器翻译小组研究开发的语法增强（Syntax-Augmented）SMT 系统，从训练集合中抽取机器翻译规则，如层次规则（Hierarchical Rules）或语法增强规则。该系统的特点是利用简单却高效的方式来抽取句法信息，不仅在许多机器翻译任务中取得了较好的效果，甚至在有些条件下还超越了基于结构的短语机器翻译模型。由于最新版本的 SAMT 是基于 Hadoop 实现的，因此支持大规模数据的分布式处理，详情参见 https://www.cs.cmu.edu/~zollmann/samt/。

cdec：cdec 是由卡耐基梅隆大学语言技术研究所的 Chris Dyer 等人开发的

统计机器翻译系统。该系统具有模块化架构，采用通用的内部表示，可在架构内实验各种算法和模型，因此除可作为解码器外，还可以在 SMT 中用作对齐器或更通用的学习架构。cdec 使用 C++实现，效率高，可扩展性强，可提供一个灵活的 Python 交互接口（Pycdec），详情参见 http://www.cdec-decoder.org/?title=Main%20Page。

Stanford Phrasal：Stanford Phrasal 是由斯坦福大学自然语言处理小组开发的目前最先进的统计机器翻译系统之一。其特点之一在于提供了使用简单的 API 来实现新的解码方法。除了可支持基于短语的机器翻译模型，该系统还可支持非层次的基于短语的机器翻译模型，可以使用非连续的短语进行机器翻译，提供了在没有见过的数据集上的更好的泛化能力。Stanford Phrasal 使用 Java 语言编写，详情参见 https://nlp.stanford.edu/phrasal/。

Jane：Jane 是由德国亚琛工业大学的人类语言技术与模式识别小组开发的开源统计机器翻译模型，支持基于短语的模型和基于层次结构的模型，提供了许多先进的技术和功能。该系统使用 C++编写，目前仅支持 Linux 平台，详情参见 http://www-i6.informatik.rwth-aachen.de/jane/。

7.4.2　神经机器翻译开源工具

Tensor2Tensor：Tensor2Tensor 是由谷歌推出的，是基于 TensorFlow 深度学习框架的模型库。该模型库除了支持神经机器翻译，还提供了多种对深度建模问题的支持。Tensor2Tensor 所采用的 Transformer 模型与基于循环神经网络或卷积神经网络的模型不同，主要使用自注意力（Self-Attention）机制进行序列建模，在训练时，由于其框架的天然优势，因此能够充分发挥多 GPU 协作并行计算的优势，大大提升了训练速度。由于没有循环神经网络那样复杂的结构，因此在解码时速度更快。在机器翻译质量上，Tensor2Tensor 大幅超过了传统的基于循环神经网络的神经机器翻译系统，详情参见 https://github.com/tensorflow/tensor2tensor。

OpenNMT：OpenNMT 是由哈佛大学自然语言处理研究组和 SY-STRAN 公司共同开发的神经机器翻译系统，目前由 SYSTRAN 进行维护。该系统起初基于 Torch 框架采用 Lua 语言开发，目前同时提供主流的 PyTorch 和 TensorFlow 两种深度学习框架的实现版本，接口简单，设计实用，易于扩展，具有高度可配置的模型架构和训练流程，可实现多种主流的机器翻译模型，能够很好地支持真实数据中的应用。OpenNMT 可以扩展到其他的序列任务中，如文本生成、语音转文本等，详情参见 http://opennmt. net/。

Nematus：Nematus 是由爱丁堡大学开发的开源 NMT 系统。其最新版本基于 Tensorflow 框架，支持 RNN 和 Transformer 架构，并实现了多种扩展 RNN 架构的模型。此外，该系统还提供了 13 种不同翻译方向的预训练机器翻译模型，其翻译质量基本都能达到对应任务的最佳。总体来说，Nematus 是一个功能完善、翻译效果较好并且易于上手的系统，详情参见 https://github. com/EdinburghNLP/nematus。

GroundHog：GroundHog 是由蒙特利尔大学 LISA 实验室基于 Theano 框架开发的框架，使用 Python 语言编写。该框架希望能够提供实现复杂循环神经网络模型的灵活、高效的方式和多种循环网络模型（如 DT-RNN、DOT-RNN等）。在此基础上，Bahdanau 又开发了 GroundHog 神经机器翻译系统，得到了学术界的广泛认可。目前，GroungHog 已经不再进行维护，研究者已将精力投入到了另一个基于 Theano 框架的 Blocks 中。Blocks 也提供了神经机器翻译模型的实现方式，详情参见 https://github. com/lisa-groundhog/GroundHog。

Marian：Marian 是一个纯粹使用 C++语言实现的神经机器翻译系统，主要由波兰波兹南密茨凯维奇大学（Adam Mickiewicz University，AMU）和爱丁堡大学开发，能进行快速的多 GPU 训练，具有最少的对外部程序的依赖。该系统能够提供对所有主流翻译模型和训练方法的支持，具有非常高的训练效率，详情参见 https://marian-nmt. github. io。

Fairseq：Fairseq 是由 Facebook AI 研究院（FAIR）发布的基于 Pytorch 的序列到序列工具包。该工具包除了提供基于循环网络的机器翻译模型、Transformer 模型，还包括了基于 CNN 的机器翻译模型，如轻量卷积模型（LightConv）和动态卷积（DynamicConv）模型等。基于卷积的机器翻译模型较其他模型具有效率高、参数少等优势，一直是神经机器翻译领域的研究方向之一。除支持机器翻译任务外，Fairseq 还支持其他的序列任务，如文本生成等，详情参见https://github. com/pytorch/fairseq。

SockEye：SockEye 是由亚马逊开发的基于 MXNet 框架的序列到序列任务框架，实现了目前最佳的编码器-解码器结构，如 RNNsearch、Transformer 和ConvS2S 等，并为其提供了合适的默认参数值，方便用户使用。由于基于MXNet API，因此 SockEye 同时具有陈述式和命令式的编程风格，详情参见

https：//awslabs. github. io/sockeye/。

斯坦福 NMT 开源代码库：斯坦福 NMT 开源代码库是由斯坦福大学自然语言处理小组（Stanford NLP）实现的当时最佳结果的代码库，包括基于字词混合的 hybrid NMT 系统、基于注意力机制的 NMT 系统和剪枝压缩的 pruning NMT 系统。该代码库是使用 Matlab 实现的，详情参见 https：//nlp. stanford. edu/projects/nmt/。

THUMT：THUMT 是由清华大学自然语言处理与社会人文计算实验室开发的神经机器翻译系统，有 Tensorflow 和 Theano 两个版本，支持主流的神经机器翻译模型和训练方法。值得一提的是，该系统提供了最小风险的训练方法，支持基于层级相关反馈（Layer-wise Relevance Propagation，LRP）的可视化分析，详情参见 http://thumt. thunlp. org/。

7.5　总结与展望

机器翻译技术从诞生发展到今天，曾发生过多次重大改变，主流方法从基于规则的机器翻译模型，发展到基于统计的机器翻译模型，再到目前的基于深度神经网络的神经机器翻译模型。相比之下，神经机器翻译模型需要大规模的平行语料库才能进行训练，所生成的译文流畅度大大提高，更符合人类的阅读习惯，代表性的模型包括端到端的序列到序列模型[127]、基于注意力机制的循环神经网络模型[117]及目前被广泛使用的 Transformer 模型[118]。

除了模型架构的变化，还有很多对翻译质量有重大影响的关键技术被提出，包括"未登录词"处理、字节对编码（Byte Pair Encoding，BPE）[128]、先验知识融合、训练准则的改进、训练测试偏差的消除等。为了能够让神经网络模型在小规模数据中达到更好的效果，很多研究者在低资源机器翻译场景下取得了一系列突破性的进展[129-135]。翻译质量预估是一个非常重要的方向，对译文质量进行可靠的自动评测对提升机器翻译系统具有重要的意义。

尽管目前神经机器翻译模型在很多场景下可以取得很好的表现，但是还存在许多问题有待解决，比如神经网络的可解释性较差、端到端的工作机制有些问题、模型内部的非线性问题以及内部隐层状态的实数化表示问题等，都让人们无法像理解之前的模型那样理解神经机器翻译模型。另外，神经网络对输入扰动的稳定性较差，在真实场景下容易产生一些难以预料的翻译错误。由于目前对神经网络的工作机制理解不够深入，因此很多时候对翻译错误很难定位。要准确定位翻译错误并进一步提升机器翻译系统的性能，对可解释性[119-121]与鲁棒性[103,107,108]的研究是必不可少的。

　　机器翻译一直是自然语言处理领域的核心方向之一。作为连接世界各地不同语言的桥梁，自动化、智能化、高可用、广覆盖的机器翻译技术一直是人类追求的目标。从 20 世纪开始，就有无数研究者开始尝试构建高性能的机器翻译系统，他们推动着机器翻译技术从基于规则的机器翻译模型，到基于统计的机器翻译模型，再到神经机器翻译模型。目前，基于深度学习的机器翻译模型已经可以达到很好的效果，在某些特定领域的特定语言的翻译任务中，甚至可以达到媲美人类的表现。尽管如此，今天的主流机器翻译模型仍然存在着很多问题，比如过于依赖大规模训练数据、模型可解释性不足等。这些问题将会吸引更多的研究者投身其中，揭开语言与翻译的更多奥秘。

参考文献

［1］ Nagao M. A framework of a mechanical translation between Japanese and English by analogy principle ［M］//Elithorn A, Banerji R. Artificial and Human Intelligence. Amsterdam: Elsevier Science Publishers, 1984.

［2］ Brown P E, Stephen A, Pietra D, et al. The Mathematics of Statistical Machine Translation: Parameter Estimation ［J］. Computational Linguistics, 1993, (19) 2: 263-311.

［3］ Gale W A, Church K W. A program for aligning sentences in bilingual corpora ［J］. Computational Linguistics, 1993.

［4］ Koehn P, Och F J, Marcu D, et al. Statistical phrase-based translation ［C］//Proceedings of North American chapter of the Association for Computational Linguistics, 2003: 48-54.

［5］ Och F J, Ney H. Discriminative Training and Maximum Entropy Models for Statistical Machine Translation ［C］//Proceedings of Meeting of the association for computational linguistics, 2002: 295-302.

［6］ Wu D. Stochastic inversion transduction grammars and bilingual parsing of parallel corpora ［J］. Computational Linguistics, 1997, (23) 2: 263-311.

［7］ Chiang D. A Hierarchical Phrase-Based Model for Statistical Machine Translation ［C］//Proceedings of ACL 2005, 43rd Annual Meeting of the Association for Computational Linguistics, Proceedings of the Conference, 25-30 June 2005, University of Michigan, USA. DBLP, 2005.

［8］ Yamada K, Knight K. A syntax-based statistical translation model ［C］//Proceedings of the 39th Annual Meeting on Association for Computational Linguistics. Association for Computational Linguistics, 2001.

［9］ Neco R P, Forcada M L. Asynchronous translations with recurrent neural nets ［C］//Proceedings of International Conference on Neural Networks, IEEE, 1997.

［10］ Castano A, Casacuberta F. A connectionist approach to machine translation ［C］//Proceedings of Fifth

European Conference on Speech Communication and Technology. 1997.

［11］ Schwenk, Holger. Continuous–Space Language Models for Statistical Machine Translation ［J］. The Prague Bulletin of Mathematical Linguistics, 2010, 93（1）.

［12］ Kalchbrenner N, Blunsom P. Recurrent continuous translation models ［C］//Proceedings of the 2013 Conference on Empirical Methods in Natural Language Processing. 2013: 1700−1709.

［13］ Sutskever I, Vinyals O, Le Q V. Sequence to sequence learning with neural networks ［C］//Proceedings of Advances in Neural Information Processing Systems. 2014: 3104−3112.

［14］ Bahdanau D, Cho K, Bengio Y. Neural machine translation by jointly learning to align and translate ［DB/OL］. ［2019−08−05］. https://arxiv. org/pdf/1409. 0473. pdf.

［15］ Wu Y, Schuster M, Chen Z, et al. Google's neural machine translation system: Bridging the gap between human and machine translation ［DB/OL］. ［2019−08−05］. https://arxiv. org/pdf/1609. 08144. pdf.

［16］ Wang M, Lu Z, Zhou J, et al. Deep neural machine translation with linear associative unit ［DB/OL］. ［2019−08−05］. https://arxiv. org/pdf/1705. 00861. pdf.

［17］ Gehring J, Auli M, Grangier D, et al. A convolutional encoder model for neural machine translation ［DB/OL］. ［2019−08−05］. https://arxiv. org/pdf/1611. 02344. pdf.

［18］ Gehring J, Auli M, Grangier D, et al. Convolutional sequence to sequence learning ［C］//Proceedings of the 34th International Conference on Machine Learning−Volume 70, 2017: 1243−1252.

［19］ Wu F, Fan A, Baevski A, et al. Pay less attention with lightweight and dynamic convolutions ［DB/OL］. ［2019−08−05］. https://arxiv. org/pdf/1901. 10430. pdf.

［20］ Vaswani A, Shazeer N, Parmar N, et al. Attention is all you need ［C］//Proceedings of Advances in Neural Information Processing Systems. 2017: 5998−6008.

［21］ Kalchbrenner N, Blunsom P. Recurrent continuous translation models ［C］//Proceedings of the 2013 Conference on Empirical Methods in Natural Language Processing. 2013: 1700−1709.

［22］ LeCun Y, Bengio Y. Convolutional networks for images, speech, and time series ［J］. The handbook of brain theory and neural networks, 1995, 3361（10）: 1995.

［23］ Cho K, Van Merriënboer B, Gulcehre C, et al. Learning phrase representations using RNN encoder−decoder for statistical machine translation ［DB/OL］. ［2019−08−05］. https://arxiv. org/pdf/1406. 1078. pdf.

［24］ Hochreiter S, Schmidhuber J. Long short−term memory ［J］. Neural computation, 1997, 9（8）: 1735−1780.

［25］ Bengio Y, Simard P, Frasconi P. Learning long–term dependencies with gradient descent is difficult ［J］. IEEE transactions on neural networks, 1994, 5（2）: 157−166.

［26］ Hochreiter S. Untersuchungen zu dynamischen neuronalen Netzen ［J］. Diploma, Technische Universität München, 1991, 91（1）.

［27］ Koehn P, Knowles R. Six challenges for neural machine translation ［DB/OL］. ［2019−08−05］. https://arxiv. org/pdf/1706. 03872. pdf.

［28］ Serrano S, Smith N A. Is Attention Interpretable? ［C］//Proceedings of the 57th Annual Meeting of the Association for Computational Linguistics, 2019: 2931−2951.

［29］ Jain S, Wallace B C. Attention is not explanation ［DB/OL］. ［2019−08−05］. https://arxiv. org/pdf/1902. 10186. pdf.

［30］ Jain S, Wallace B C. Attention is not Explanation ［DB/OL］. ［2019−08−05］. https://arxiv. org/pdf/1902. 10186. pdf.

［31］ Lin Z, Feng M, Santos C N D, et al. A Structured Self–Attentive Sentence Embedding ［DB/OL］. https://arxiv. org/pdf/1703. 03130. pdf.

［32］ Luong M T. Addressing the Rare Word Problem in Neural Machine Translation ［J］. Bulletin of University of Agricultural Sciences and Veterinary Medicine Cluj–Napoca. Veterinary Medicine, 2014, 27 （2）：82–86.

［33］ Li X, Zhang J, Zong C. Towards zero unknown word in neural machine translation ［C］ //Proceedings of International Joint Conference on Artificial Intelligence, 2016.

［34］ Gulcehre C, Ahn S, Nallapati R, et al. Pointing the unknown words ［DB/OL］. ［2019–08–05］. https://arxiv. org/pdf/1603. 08148. pdf.

［35］ Jean S, Cho K, Memisevic R, et al. On using very large target vocabulary for neural machine translation ［DB/OL］. ［2019–08–05］. https://arxiv. org/pdf/1412. 2007. pdf.

［36］ Costa–Jussa M R, Fonollosa J A R. Character–based neural machine translation ［DB/OL］. ［2019–08–05］. https://arxiv. org/pdf/1603. 00810. pdf.

［37］ Luong M T, Manning C D. Achieving open vocabulary neural machine translation with hybrid word–character models ［DB/OL］. ［2019–08–05］. https://arxiv. org/pdf/1604. 00788. pdf.

［38］ Yang Z, Chen W, Wang F, et al. A character–aware encoder for neural machine translation ［C］ //Proceedings of COLING 2016, the 26th International Conference on Computational Linguistics：Technical Papers. 2016：3063–3070.

［39］ Chung J, Cho K, Bengio Y. A character–level decoder without explicit segmentation for neural machine translation ［DB/OL］. ［2019–08–05］. https://arxiv. org/pdf/1603. 06147. pdf.

［40］ Sennrich R, Haddow B, Birch A. Neural machine translation of rare words with subword units ［DB/OL］. ［2019–08–05］. https://arxiv. org/pdf/1508. 07909. pdf.

［41］ Oda Y, Arthur P, Neubig G, et al. Neural machine translation via binary code prediction ［DB/OL］. ［2019–08–05］. https://arxiv. org/pdf/1704. 06918. pdf.

［42］ Cohn T, Hoang C D V, Vymolova E, et al. Incorporating structural alignment biases into an attentional neural translation model ［DB/OL］. ［2019–08–05］. https://arxiv. org/pdf/1601. 01085. pdf.

［43］ Arthur P, Neubig G, Nakamura S. Incorporating discrete translation lexicons into neural machine translation ［DB/OL］. ［2019–08–05］. https://arxiv. org/pdf/1606. 02006. pdf.

［44］ Zhang J, Wang M, Liu Q, et al. Incorporating word reordering knowledge into attention–based neural machine translation ［C］ //Proceedings of the 55th Annual Meeting of the Association for Computational Linguistics （Volume 1：Long Papers）. 2017：1524–1534.

［45］ Shi C, Liu S, Ren S, et al. Knowledge–based semantic embedding for machine translation ［C］ //Proceedings of the 54th Annual Meeting of the Association for Computational Linguistics （Volume 1：Long Papers）. 2016：2245–2254.

［46］ Zhang J, Li L, Way A, et al. Topic – informed neural machine translation ［C］ //Proceedings of COLING 2016, the 26th International Conference on Computational Linguistics：Technical Papers. 2016：1807–1817.

［47］ Akoury N, Krishna K, Iyyer M. Syntactically Supervised Transformers for Faster Neural Machine Translation ［DB/OL］. ［2019–08–05］. https://arxiv. org/pdf/1906. 02780. pdf.

［48］ Shi X, Padhi I, Knight K. Does string–based neural MT learn source syntax? ［C］ //Proceedings of the 2016 Conference on Empirical Methods in Natural Language Processing. 2016：1526–1534.

［49］ Eriguchi A，Hashimoto K，Tsuruoka Y. Tree-to-sequence attentional neural machine translation［DB/OL］．［2019-08-05］. https://arxiv. org/pdf/1603. 06075. pdf.

［50］ Eriguchi A，Tsuruoka Y，Cho K. Learning to parse and translate improves neural machine translation［DB/OL］．［2019-08-05］. https://arxiv. org/pdf/1702. 03525. pdf.

［51］ Dyer C，Kuncoro A，Ballesteros M，et al. Recurrent neural network grammars［DB/OL］．［2019-08-05］. https://arxiv. org/pdf/1602. 07776. pdf.

［52］ Li J，Xiong D，Tu Z，et al. Modeling source syntax for neural machine translation［DB/OL］．［2019-08-05］. https://arxiv. org/pdf/1705. 01020. pdf.

［53］ Chen H，Huang S，Chiang D，et al. Improved neural machine translation with a syntax-aware encoder and decoder［DB/OL］．［2019-08-05］. https://arxiv. org/pdf/1707. 05436. pdf.

［54］ Tu Z，Lu Z，Liu Y，et al. Modeling coverage for neural machine translation［DB/OL］．［2019-08-05］. https://arxiv. org/pdf/1601. 04811. pdf.

［55］ Ma C，Tamura A，Utiyama M，et al. Forest-based neural machine translation［C］//Proceedings of the 56th Annual Meeting of the Association for Computational Linguistics（Volume 1：Long Papers）. 2018：1253-1263.

［56］ Stahlberg F，Hasler E，Waite A，et al. Syntactically guided neural machine translation［DB/OL］．［2019-08-05］. https://arxiv. org/pdf/1605. 04569. pdf.

［57］ Aharoni R，Goldberg Y. Towards string-to-tree neural machine translation［DB/OL］．［2019-08-05］. https://arxiv. org/pdf/1704. 04743. pdf.

［58］ Zhou H，Tu Z，Huang S，et al. Chunk-based bi-scale decoder for neural machine translation［DB/OL］．［2019-08-05］. https://arxiv. org/pdf/1705. 01452. pdf.

［59］ Wu S，Zhang D，Yang N，et al. Sequence-to-dependency neural machine translation［C］//Proceedings of the 55th Annual Meeting of the Association for Computational Linguistics（Volume 1：Long Papers）. 2017：698-707.

［60］ Wiseman S，Rush A M. Sequence-to-sequence learning as beam-search optimization［DB/OL］．［2019-08-05］. https://arxiv. org/pdf/1606. 02960. pdf.

［61］ Wieting J，Berg-Kirkpatrick T，Gimpel K，et al. Beyond BLEU：Training Neural Machine Translation with Semantic Similarity［DB/OL］．［2019-08-05］. https://arxiv. org/pdf/1909. 06694. pdf.

［62］ Shen S，Cheng Y，IIe Z，et al. Minimum risk training for neural machine translation［DB/OL］．［2019-08-05］. https://arxiv. org/pdf/1512. 02433. pdf.

［63］ Och F J. Minimum error rate training in statistical machine translation［C］//Proceedings of the 41st Annual Meeting on Association for Computational Linguistics-Volume 1. Association for Computational Linguistics，2003：160-167.

［64］ Zhang W，Feng Y，Meng F，et al. Bridging the Gap between Training and Inference for Neural Machine Translation［DB/OL］．［2019-08-05］. https://arxiv. org/pdf/1906. 02448. pdf.

［65］ Sennrich R，Haddow B，Birch A. Improving neural machine translation models with monolingual data［DB/OL］．［2019-08-05］. https://arxiv. org/pdf/1511. 06709. pdf.

［66］ Zhang J，Zong C. Exploiting source-side monolingual data in neural machine translation［C］//Proceedings of the 2016 Conference on Empirical Methods in Natural Language Processing. 2016：1535-1545.

［67］ Cheng Y，Xu W，He Z J，et al. Semi-supervised learning for neural machine translation［DB/OL］.

[2019-10-31]. https://arxiv.org/abs/1606.04596.

[68] Lample G, Conneau A, Denoyer L, et al. Unsupervised machine translation using monolingual corpora only [DB/OL]. [2019-08-05]. https://arxiv.org/pdf/1711.00043.pdf.

[69] Artetxe M, Labaka G, Agirre E, et al. Unsupervised neural machine translation [DB/OL]. [2019-08-05]. https://arxiv.org/pdf/1710.11041.pdf.

[70] Lample G, Ott M, Conneau A, et al. Phrase-based & neural unsupervised machine translation [DB/OL]. [2019-08-05]. https://arxiv.org/pdf/1804.07755.pdf.

[71] Artetxe M, Labaka G, Agirre E. An effective approach to unsupervised machine translation [DB/OL]. [2019-08-05]. https://arxiv.org/pdf/1902.01313.pdf.

[72] Yang Z, Chen W, Wang F, et al. Unsupervised neural machine translation with weight sharing [DB/OL]. [2019-08-05]. https://arxiv.org/pdf/1804.09057.pdf.

[73] Sun H, Wang R, Chen K, et al. Unsupervised Bilingual Word Embedding Agreement for Unsupervised Neural Machine Translation [C] //Proceedings of the 57th Annual Meeting of the Association for Computational Linguistics. 2019: 1235-1245.

[74] Pourdamghani N, Aldarrab N, Ghazvininejad M, et al. Translating Translationese: A Two-Step Approach to Unsupervised Machine Translation [C] //Proceedings of the 57th Conference of the Association for Computational Linguistics, 2019, 3057-3062.

[75] Sen S, Gupta K K, Ekbal A, et al. Multilingual Unsupervised NMT using Shared Encoder and Language-Specific Decoders [C] //Proceedings of the 57th Annual Meeting of the Association for Computational Linguistics. 2019: 3083-3089.

[76] Ruiter D, Espana-Bonet C, van Genabith J. Self-Supervised Neural Machine Translation [C] //Proceedings of the 57th Conference of the Association for Computational Linguistics, 2019, 1828-1834.

[77] Cheng Y. Joint training for pivot-based neural machine translation [M] //Joint Training for Neural Machine Translation. Singapore: Springer, 2019: 41-54.

[78] Zheng H, Cheng Y, Liu Y. Maximum Expected Likelihood Estimation for Zero-resource Neural Machine Translation [C] //Proceedings of IJCAI. 2017: 4251-4257.

[79] Chen Y, Liu Y, Cheng Y, et al. A teacher-student framework for zero-resource neural machine translation [DB/OL]. [2019-08-05]. https://arxiv.org/pdf/1705.00753.pdf.

[80] Ren S, Chen W, Liu S, et al. Triangular architecture for rare language translation [DB/OL]. [2019-08-05]. https://arxiv.org/pdf/1805.04813.pdf.

[81] Leng Y, Tan X, Qin T, et al. Unsupervised Pivot Translation for Distant Languages [DB/OL]. [2019-08-05]. https://arxiv.org/pdf/1906.02461.pdf.

[82] Fadaee M, Bisazza A, Monz C. Data augmentation for low-resource neural machine translation [DB/OL]. [2019-08-05]. https://arxiv.org/pdf/1705.00440.pdf.

[83] Gao F, Zhu J, Wu L, et al. Soft Contextual Data Augmentation for Neural Machine Translation [C] //Proceedings of the 57th Annual Meeting of the Association for Computational Linguistics. 2019: 5539-5544.

[84] Xia M, Kong X, Anastasopoulos A, et al. Generalized Data Augmentation for Low-Resource Translation [DB/OL]. [2019-08-05]. https://arxiv.org/pdf/1906.03785.pdf.

[85] Axelrod A, He X, Gao J. Domain adaptation via pseudo in-domain data selection [C] //Proceedings of the conference on empirical methods in natural language processing. Association for Computational Lin-

243

guistics, 2011: 355-362.

[86] van der Wees M, Bisazza A, Monz C. Dynamic data selection for neural machine translation [DB/OL]. [2019-08-05]. https://arxiv.org/pdf/1708.00712.pdf.

[87] Wang W, Watanabe T, Hughes M, et al. Denoising neural machine translation training with trusted data and online data selection [DB/OL]. [2019-08-05]. https://arxiv.org/pdf/1809.00068.pdf.

[88] Wang W, Caswell I, Chelba C. Dynamically Composing Domain-Data Selection with Clean-Data Selection by" Co-Curricular Learning" for Neural Machine Translation [DB/OL]. [2019-08-05]. https://arxiv.org/pdf/1906.01130.pdf.

[89] Zoph B, Yuret D, May J, et al. Transfer learning for low-resource neural machine translation [DB/OL]. [2019-08-05]. https://arxiv.org/pdf/1604.02201.pdf.

[90] Kim Y, Gao Y, Ney H. Effective Cross-lingual Transfer of Neural Machine Translation Models without Shared Vocabularies [DB/OL]. [2019-08-05]. https://arxiv.org/pdf/1905.05475.pdf.

[91] Gu J, Hassan H, Devlin J, et al. Universal neural machine translation for extremely low resource languages [DB/OL]. [2019-08-05]. https://arxiv.org/pdf/1802.05368.pdf.

[92] Gu J, Wang Y, Chen Y, et al. Meta-learning for low-resource neural machine translation [DB/OL]. [2019-08-05]. https://arxiv.org/pdf/1808.08437.pdf.

[93] Sennrich R, Zhang B. Revisiting Low-Resource Neural Machine Translation: A Case Study [DB/OL]. [2019-08-05]. https://arxiv.org/pdf/1905.11901.pdf.

[94] Specia L, Shah K, De Souza J G C, et al. QuEst-A translation quality estimation framework [C] // Proceedings of the 51st Annual Meeting of the Association for Computational Linguistics: System Demonstrations. 2013: 79-84.

[95] Papineni K, Roukos S, Ward T, et al. BLEU: a method for automatic evaluation of machine translation [C] //Proceedings of the 40th annual meeting on association for computational linguistics. Association for Computational Linguistics, 2002: 311-318.

[96] Fonseca E, Yankovskaya L, Martins A F T, et al. Findings of the WMT 2019 Shared Tasks on Quality Estimation [C] //Proceedings of the Fourth Conference on Machine Translation (Volume 3: Shared Task Papers, Day 2). 2019: 1-10.

[97] Blatz J, Fitzgerald E, Foster G, et al. Confidence estimation for machine translation [C] //Coling 2004: Proceedings of the 20th international conference on computational linguistics. 2004: 315-321.

[98] Specia L, Turchi M, Cancedda N, et al. Estimating the sentence-level quality of machine translation systems [C] //Proceedings of the 13th Conference of the European Association for Machine Translation. 2009: 28-37.

[99] Soricut R, Bach N, Wang Z. The SDL language weaver systems in the WMT12 quality estimation shared task [C] //Proceedings of the Seventh Workshop on Statistical Machine Translation. Association for Computational Linguistics, 2012: 145-151.

[100] Kreutzer J, Schamoni S, Riezler S. Quality estimation from scratch (quetch): Deep learning for word-level translation quality estimation [C] //Proceedings of the Tenth Workshop on Statistical Machine Translation. 2015: 316-322.

[101] Kim H, Jung H Y, Kwon H, et al. Predictor-Estimator: Neural quality estimation based on target word prediction for machine translation [J]. ACM Transactions on Asian and Low-Resource Language Information Processing (TALLIP), 2017, 17 (1): 3.

[102] Fan K, Wang J, Li B, et al. "Bilingual Expert" Can Find Translation Errors [C] //Proceedings of the AAAI Conference on Artificial Intelligence. 2019, 33: 6367-6374.

[103] Belinkov Y, Bisk Y. Synthetic and natural noise both break neural machine translation [DB/OL]. [2019-08-05]. https://arxiv. org/pdf/1711. 02173. pdf.

[104] Ebrahimi J, Lowd D, Dou D. On adversarial examples for character-level neural machine translation [DB/OL]. [2019-08-05]. https://arxiv. org/pdf/1806. 09030. pdf.

[105] Vaibhav V, Singh S, Stewart C, et al. Improving Robustness of Machine Translation with Synthetic Noise [C] //Proceedings of the 2019 Conference of the North American Chapter of the Association for Computational Linguistics: Human Language Technologies, Volume 1 (Long and Short Papers). 2019: 1916-1920.

[106] Anastasopoulos A, Lui A, Nguyen T Q, et al. Neural machine translation of text from non-native speakers [C] //Proceedings of the 2019 Conference of the North American Chapter of the Association for Computational Linguistics: Human Language Technologies, Volume 1 (Long and Short Papers). 2019: 3070-3080.

[107] Cheng Y, Tu Z, Meng F, et al. Towards robust neural machine translation [DB/OL]. [2019-08-05]. https://arxiv. org/pdf/. pdf.

[108] Liu H, Ma M, Huang L, et al. Robust neural machine translation with joint textual and phonetic embedding [DB/OL]. [2019-08-05]. https://arxiv. org/pdf/1810. 06729. pdf.

[109] Cheng Y, Jiang L, Macherey W. Robust Neural Machine Translation with Doubly Adversarial Inputs [DB/OL]. [2019-08-05]. https://arxiv. org/pdf/1906. 02443. pdf.

[110] Zhao Z, Dua D, Singh S. Generating natural adversarial examples [DB/OL]. [2019-08-05]. https://arxiv. org/pdf/1710. 11342. pdf.

[111] Michel P, Neubig G. Mtnt: A testbed for machine translation of noisy text [DB/OL]. [2019-08-05]. https://arxiv. org/pdf/1809. 00388. pdf.

[112] Michel P, Li X, Neubig G, et al. On Evaluation of Adversarial Perturbations for Sequence-to-Sequence Models [DB/OL]. [2019-08-05]. https://arxiv. org/pdf/1903. 06620. pdf.

[113] Xiao Y, Wang W Y. Quantifying Uncertainties in Natural Language Processing Tasks [C] //Proceedings of the AAAI Conference on Artificial Intelligence. 2019, 33: 7322-7329.

[114] Ott M, Auli M, Grangier D, et al. Analyzing uncertainty in neural machine translation [DB/OL]. [2019-08-05]. https://arxiv. org/pdf/1803. 00047. pdf.

[115] Wu Y, Schuster M, Chen Z, et al. Google's neural machine translation system: Bridging the gap between human and machine translation [DB/OL]. [2019-08-05]. https://arxiv. org/pdf/1609. 08144. pdf.

[116] Hassan H, Aue A, Chen C, et al. Achieving human parity on automatic chinese to english news translation [DB/OL]. [2019-08-05]. https://arxiv. org/pdf/1803. 05567. pdf.

[117] Bahdanau D, Cho K, Bengio Y. Neural machine translation by jointly learning to align and translate [DB/OL]. [2019-08-05]. https://arxiv. org/pdf/1409. 0473. pdf.

[118] Vaswani A, Shazeer N, Parmar N, et al. Attention is all you need [C] //Advances in neural information processing systems. 2017: 5998-6008.

[119] Ding Y, Liu Y, Luan H, et al. Visualizing and understanding neural machine translation [C] //Proceedings of the 55th Annual Meeting of the Association for Computational Linguistics (Volume 1: Long Papers). 2017: 1150-1159.

［120］ Strobelt H, Gehrmann S, Behrisch M, et al. Seq2seq-v is: A visual debugging tool for sequence-to-sequence models ［J］. IEEE transactions on visualization and computer graphics, 2018, 25（1）: 353-363.

［121］ Voita E, Talbot D, Moiseev F, et al. Analyzing Multi-Head Self-Attention: Specialized Heads Do the Heavy Lifting, the Rest Can Be Pruned ［DB/OL］. ［2019-08-05］. https://arxiv. org/pdf/1905. 09418. pdf.

［122］ Raganato A, Tiedemann J. An analysis of encoder representations in transformer-based machine translation ［C］//Proceedings of the 2018 EMNLP Workshop BlackboxNLP: Analyzing and Interpreting Neural Networks for NLP. 2018: 287-297.

［123］ Dalvi F, Durrani N, Sajjad H, et al. What is one grain of sand in the desert? analyzing individual neurons in deep nlp models ［C］//Proceedings of the AAAI Conference on Artificial Intelligence（AAAI）, 2019.

［124］ Yang B, Wang L, Wong D F, et al. Assessing the Ability of Self-Attention Networks to Learn Word Order ［DB/OL］. ［2019-08-05］. https://arxiv. org/pdf/1906. 00592. pdf.

［125］ Li X, Li G, Liu L, et al. On the Word Alignment from Neural Machine Translation ［C］//Proceedings of the 57th Annual Meeting of the Association for Computational Linguistics. 2019: 1293-1303.

［126］ Banerjee S, Lavie A. METEOR: An automatic metric for MT evaluation with improved correlation with human judgments ［C］//Proceedings of the acl workshop on intrinsic and extrinsic evaluation measures for machine translation and/or summarization. 2005: 65-72.

［127］ Sutskever I, Vinyals O, Le Q V. Sequence to sequence learning with neural networks ［C］//Advances in neural information processing systems. 2014: 3104-3112.

［128］ Sennrich R, Haddow B, Birch A. Neural machine translation of rare words with subword units ［DB/OL］. ［2019-08-05］. https://arxiv. org/pdf/1508. 07909. pdf.

［129］ Sennrich R, Haddow B, Birch A. Improving neural machine translation models with monolingual data ［DB/OL］. ［2019-08-05］. https://arxiv. org/pdf/1511. 06709. pdf.

［130］ Cheng Y. Semi-supervised learning for neural machine translation ［M］//Joint Training for Neural Machine Translation. Singapore: Springer, 2019: 25-40.

［131］ Zoph B, Yuret D, May J, et al. Transfer learning for low-resource neural machine translation ［DB/OL］. ［2019-08-05］. https://arxiv. org/pdf/1604. 02201. pdf.

［132］ Chen Y, Liu Y, Cheng Y, et al. A teacher-student framework for zero-resource neural machine translation ［DB/OL］. ［2019-08-05］. https://arxiv. org/pdf/1705. 00753. pdf.

［133］ Fadaee M, Bisazza A, Monz C. Data augmentation for low-resource neural machine translation ［DB/OL］. ［2019-08-05］. https://arxiv. org/pdf/1705. 00440. pdf.

［134］ Ren S, Chen W, Liu S, et al. Triangular architecture for rare language translation ［DB/OL］. ［2019-08-05］. https://arxiv. org/pdf/1805. 04813. pdf.

［135］ Koehn P, Och F J, Marcu D, et al. Statistical phrase-based translation ［C］//Proceedings of North American Chapter of the Association for Computational Linguistics, 2003: 48-54.

第 8 章

信息检索与信息推荐

8.1 概述

当今世界正朝着数字化时代迈进，呈现出信息社会化、社会信息化的大趋势。信息的生产与消费促进了信息产业和信息技术的飞速发展。互联网规模和信息资源的迅猛发展带来了信息过载的问题，海量的信息输入超过了个体接收和处理信息的能力，过量的信息影响了人们对信息的理解、利用和相应决策。因此，信息检索与信息推荐技术应运而生。信息检索技术可以帮助人们快速查找所需信息，满足人们的主流需求；信息推荐技术能够在分析预测人们需求的基础上，为人们推送有用信息，提供个性化的服务。

信息检索与信息推荐技术的产生和发展有效地提高了人们获取信息的效率，优化了信息服务系统。随着人们对信息化技术依赖的加强，信息检索与信息推荐将会朝着更加智能化、个性化、专业化的方向发展，在数字化和信息化的社会中将起到更为重要的作用。

8.1.1 信息检索的概念与发展

8.1.1.1 信息检索的概念

信息检索（Information Retrieval，IR）是指信息的表示、存储、组织、搜索和访问[1]。信息检索有广义和狭义之分。广义的信息检索全称为信息的存储与检索，是指将信息按一定的方式加工、整理、组织并存储后，根据用户的需要将相关信息准确查找出来的过程。狭义的信息检索仅指信息查询（Information Search），即用户根据需要，借助检索工具，提出查询要求，数据库匹配出相关的信息。

信息检索的主要环节包括信息内容的获取与分析、信息集合与索引的构建、用户查询的处理及搜索结果的检索与排序。其中，用户查询的处理及搜索结果的检索与排序是整个环节中的重要部分。当用户向系统输入查询信息时，信息检索过程开始。信息检索系统会对用户查询进行分析和扩展等处理，通过检索索引，返回匹配结果。由于匹配结果可能很多，因此信息检索系统会进一步估计匹配结果与用户查询的相关性，并根据相关性对匹配结果进行排序，向用户显示相关性排名靠前的匹配结果列表（答案集）。信息检索框架[2]如图 8-1 所示。

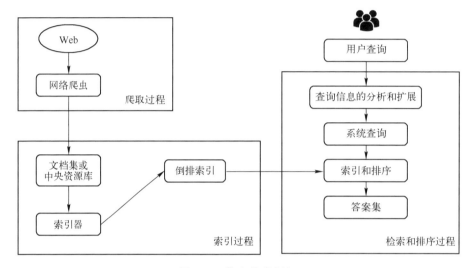

图 8-1　信息检索框架

8.1.1.2　信息检索的发展

用户使用信息检索系统的目的是获取所需的信息。因此，信息技术的进步和用户需求的变化对信息检索的发展有着重要的影响[3]。根据技术的演化，信息检索的发展可分为三个阶段。

（1）数字图书馆/文档电子化时代

1954 年，范内瓦·布什（Vannevar Bush）在《大西洋月刊》发表了一篇名为《诚如所思》（As We May Think）的文章。在这篇文章影响了几代的计算机科学家的文章中，范内瓦·布什就如何存储和访问信息，提出了自己的设想。文章指出：未来会出现一种设备，使个人能存储所有书籍、记录、通信，并可以通过机械化的方式快速灵活地进行查询。该设备将成为对个人记忆的扩展和补充。这一设想概括了信息检索在数字图书馆时代的特征，即对文档全文内容的快速检索。

　　受限于当时的科技水平，范内瓦·布什设想的设备是一个机械化的设备，将使用微缩胶卷存储文档和信息。值得一提的是，在布什的设想中，使用该设备的用户可以在检索到一个文档后，为该文档创建一个指向另一个文档的链接。这种用户创建的链接也将被保存在系统中，成为一种关联索引，帮助用户在未来访问该文档时能快速地找到相关的其他文档。这种创建文档间链接的设想，启发了后来链接（Links）概念的提出和万维网（Web）系统的设计。

　　1957 年，汉斯·彼得·卢恩（Hans Peter Luhn）在论文 *A Statistical Approach to Mechanized Encoding and Searching of Literary Information*（《一种机械化的编码和搜索文献信息的统计方法》）中提出了一种以概念（Notions）作为索引单元的文档检索方法。卢恩提出可以构建概念的词典，根据每个概念是否在文档中出现来对文档进行自动编码和索引。根据概念出现的次数和位置，可为其赋予不同的权重。在进行信息查询时，对于查询也会进行编码，可以通过统计方法在编码后的查询和文档间进行匹配。尽管卢恩并未实现采用该方法的信息检索系统，但他的思路启发了向量空间模型、词项加权、基于统计而不是布尔逻辑的匹配等信息检索研究中的重要思想。

　　20 世纪 60 年代，杰拉德·索尔顿（Gerard Salton）创造了信息检索系统 SMART（Salton's Magic Automatic Retrieval of Text，索尔顿的魔法自动文本检索），推进了信息检索相关研究水平的提升。在 1961—1965 年进行的一系列相关研究工作中，索尔顿等人在信息检索中引入了词项和文档关联矩阵，提出可以将查询表示为一个向量，进而通过计算表示查询的向量和表示文档的向量间的余弦相似度（Cosine Correlation）来计算查询和文档之间的相关性。SMART 系统被认为是最早使用向量空间检索模型的信息检索系统。

　　20 世纪 60 年代信息检索研究的另一项突破来自西里尔·克莱弗登（Cyril Cleverdon）在克兰菲尔德大学进行的有关如何测试和评价信息检索系统的工作。克莱弗登提出可以通过构建包含待检索文档、查询、查询和文档之间的相关性标注的测试集合（Test collections），以实验的方式测试、评价和比较不同的信息检索系统。克莱弗登提出的思路和克兰菲尔德测试集合的构建，使得研究者能方便地比较不同信息检索方法的性能，有效地促进了信息检索研究的发展。这种通过构建测试集合对信息检索系统进行评价的方法，被后续一系列信息检索领域评测会议（如美国国家标准管理局组织的 TREC 评测和日本国立情报学研究所组织的 NTCIR 评测）沿用至今。

1968 年，朱莉・贝丝・洛文斯（Julie Beth Lovins）在麻省理工学院开发了词干抽取算法（Stemming Algorithm），威廉・库珀（William Cooper）提出了 Cooper 评估指标。这个评估指标目前已在多个应用程序中大量使用。

在数字图书馆时代，信息检索技术主要应用于封闭数据集合、单机模式或专网内的主机-终端模式，在商业应用方面主要用来提供软件/解决方案、专网内的查询服务。

（2）早期互联网时代

随着信息技术的爆炸式发展，信息检索技术的发展发生了质的飞跃。蒂姆・伯纳斯-李（Tim Berners-Lee）基于尚未被商用的互联网提出了万维网（Web）的原型建议。1991 年 8 月，他在一台 NeXT 计算机上建立了第一个网站 http://nxoc01.cern.ch/。他一直坚持将公开和开放作为万维网的灵魂。

1994 年，第一届国际万维网会议（International World Wide Web Conference）召开，借助 Hyper-text（超链接文本）和 Links（链接），万维网能够把不同计算机中的文本、图像、声音等链接起来，使得"链接一切"成为可能，信息检索技术由此进入了早期互联网时代，即以链接分析为代表的大规模 Web 搜索。

在这个时期，学术界和产业界都发生了深刻变化。国际上开始细分不同检索任务的评价方法和探讨大规模 Web 数据的评测标准。国内在 2003 年召开了第一届全国搜索引擎和网上信息挖掘学术研讨会；2004 年召开了第一届全国信息检索与内容安全学术会议。产业界主要表现为第一代搜索引擎和第二代搜索引擎的出现。第一代网络搜索引擎包括 AltaVista、Excite、WebCrawler 和 Yahoo。第二代搜索引擎的代表是 1998 年创建的 Google 和 2000 年 1 月创建的中文搜索引擎——百度。在百度之后，多家中文搜索引擎相继出现，如中搜、搜狗、搜搜和有道等。

这个时期的信息检索应用形态特征是开放的、大规模的、实时的、多媒体的，尤其巨型搜索引擎所采集的公开数据和用户访问日志等非公开数据，深刻地影响着信息检索领域的创新模式。

（3）Web 2.0 时代

在 Web 2.0 时代，用户对 Web 有了更深入的参与需求，对信息检索提出了更高的要求。信息搜索技术的发展开始更加关注用户需求，以实现内容与行为的精准 Web 搜索。随着各类 Web 2.0 应用的出现，搜索和信息检索技术被应用在更为广泛的领域，一系列垂直搜索场景和系统开始涌现。其中包括：在线社交网络中的用户搜索（People Search）和专家搜索（Expert Search）；视频分享网站上的视频搜索；购物网站上的商品搜索（Product Search）；移动环境下的移动搜索（Mobile Search），以及随着智能手机的普及而出现的应用搜索（App Search）。

这个时期的信息检索技术实现了内容数据与社会各侧面电子化数据（万维网、社交网、物联网、地理信息等）的全面融合，尤其社交网络数据的采集和大数据处理技术出现了社会化趋势。

8.1.2 信息推荐的概念与发展

8.1.2.1 信息推荐的概念

互联网规模和信息资源的迅猛增长带来了信息过载的问题，如何获取所需信息日益困难。以"信息推送"为服务模式的信息推荐系统，是当前解决信息过载问题的主要手段之一。信息推荐（Information Recommendation）是指系统向用户推荐其可能感兴趣的有用信息。它的实现主要依靠信息推荐系统。

信息推荐系统的基本原理是利用用户历史行为、评分、地理位置等多种信息推测用户的兴趣和需求，构建相应的用户画像（User Profile），从而推荐用户可能感兴趣的新闻、可能会购买的商品、可能会访问的地点等信息。根据所利用的信息和所采用的算法，信息推荐系统可分为基于协同过滤（Collaborative Filtering）的推荐系统、基于内容的推荐系统、基于人口统计数据的推荐系统、基于地理位置的推荐系统、基于知识的推荐系统、基于社交关系的推荐系统等。

8.1.2.2 信息推荐的发展历程

互联网的发展和普及为人们提供了一个全新的信息存储、加工、传递和使用的载体，网络信息迅速成为获取知识和信息的主要渠道之一。

一般认为，信息推荐系统（Recommender System）的研究始于 1994 年明尼苏达大学 Group Lens 研究组推出的 Group Lens 系统。该系统不仅首次提出了协同过滤的思想，并且为推荐问题建立了一个形式化的模型，为随后几十年信息推荐系统的发展带来了巨大影响。

之后，信息推荐系统的相关技术得到了进一步的发展和重视。1995 年 3 月，卡耐基梅隆大学的罗伯特·阿姆斯特朗（Robert Armstrong）等人在美国人工智能协会（AAAI）春季会议上提出了个性化导航系统 Web Watcher；斯坦福大学的马尔科·巴拉班诺维奇（Marko Balabanovic）等人在同一会议上推出了个性化推荐系统 LIRA；1997 年，AT&T 实验室提出了基于协作过滤的个性化推荐系统 PHOAKS 和 Referral Web；2000 年，NEC 研究院的科特·博莱克尔（Kurt Bollacker）等人为搜索引擎 CiteSeer 增加了个性化推荐功能；2003 年，谷歌开创了 AdWords 盈利模式，通过用户搜索的关键词来提供相关的广告；2007 年开始，谷歌为 AdWords 添加了个性化元素，不仅关注单词搜索的关键词，还对用户一段时间内的推荐历史进行记录和分析，由此了解用户的喜好和需求，更为精确地为用户呈现相关的广告内容；2009 年 7 月，国内首个推荐系统科研团队——北京百分点信息科技有限公司成立，专注于推荐引擎技术与解决方案的研究，在其推荐引擎技术与数据平台上汇集了国内外百余家知名电子商务网站与资讯类网站，可通过 B2C 网站每天为数以万计的消费者提供实时智能的商品推荐。

信息推荐系统的演变始终伴随着网络的发展。第一代信息推荐系统使用传统网站从以下三个来源收集信息：购买或使用过产品的基础内容数据；用户记录中收集的人口统计数据；从用户的项目偏好中收集的基于记忆的数据。第二代信息推荐系统收集社交信息，如朋友、关注者、跟随者等。第三代推荐系统使用网上集成设备提供的信息。

作为一种人机交互系统，信息推荐系统已经广泛应用于社会生活的各个方面，系统地探讨信息推荐系统的发展具有重要意义。

8.1.3 信息检索和信息推荐的联系和区别

信息检索与信息推荐都是用户获取信息的手段。无论在互联网上，还是在线下的生活场景中，这两种方式都大量并存，相互补充：信息检索需要用户主动提交查询信息；信息推荐通过分析用户的历史行为建模，从而主动地给用户推荐能够满足其兴趣和需求的信息。因此，从某种意义上，信息推荐系统和信息检索对于用户来说是两个互补的工具。信息检索满足用户有较为明确目的时的主动查询需求；信息推荐能够在用户没有明确目的时帮助用户发现感兴趣的新内容。目前，大多数互联网产品不仅提供搜索功能，还会根据用户的喜好进行推荐。例如，对提供音乐、新闻或电商服务的网站，不仅要提供搜索功能，使用户可以通过提交查询的方式搜索音乐、新闻或商品，同时还具有推荐功能，当用户没有明确需求，只想探索感兴趣的内容，或者打发无聊的时间时，为用户提供可满足需求的推荐，提升用户体验。

信息检索与信息推荐的区别具体可以分为以下几个方面。

首先，信息分发模式的不同。信息检索是用户主动进行信息获取的行动，用户的需求较为明确，并且会在查询结果无法满足需求时，主动地修改查询，进行下一轮检索。信息推荐会根据用户画像等信息推测用户当前的信息需求，主动地向用户推送信息或商品，用户被动地接收推荐信息，只有在推荐成功时，用户才会与推荐系统进行进一步的交互，如浏览推荐信息、购买推荐商品等。

其次，个性化程度的高低。信息检索虽然有一定程度的个性化，但是整体的个性化运作空间是比较小的，当需求非常明确时，查询结果的好坏通常没有太多个性化的差异。信息推荐的个性化运作空间要大很多，个性化对于推荐系统是非常重要的，以至于在很多时候，干脆就将推荐系统称为"个性化推荐"甚至"智能推荐"。

再次，需求时间不同。在设计信息检索排序算法时，需要想尽办法让最好的查询结果排在最前面，前三条的查询结果聚集了绝大多数的点击量。简单来说，"好"的信息检索算法可让用户获取查询结果的效率更高、停留时间更短。信息推荐恰恰相反，推荐算法和被推荐的内容往往是紧密结合在一起的，用户获取推荐结果的过程可以是持续的、长期的，衡量推荐系统是否足够好，往往要依据是否能让用户停留更多的时间，对用户兴趣的挖掘越深入，越"懂"用户，推荐的成功率越高，用户也越乐意留在推荐信息中。

最后，评价方法不同。信息检索的评价方式主要可分为在线评价和离线评价。在线评价主要采用 A/B 测试等方式，基于真实用户的在线行为来评价信息检索系统性能；离线评价通常基于 Cranfield 评价体系（克兰菲尔德评价体系）[4]，通过构建包含相关性标注的评价集合（Test Collection）对信息检索性能进行评价。信息推荐的评价主要基于用户行为，可以采用评分预测与真实评分的误差（MAE、RMSE 等）或 MAP、nDCG 等基于推荐结果排序的指标进行量化评价，也可以从业务角度进行侧面评价[5]。

8.2 信息检索与信息推荐的相关技术

随着信息产生媒体和载体的多样化，网络环境中的信息种类越来越多，信息总量不断增长，内容复杂多样。如何快速地获取信息，准确地将信息推荐给用户，急需相应的理论和技术来支持，利用相应的理论方法和技术手段汇集、过滤、存储、推荐信息，方能满足用户信息查询和获取的需要，提高信息的利用效率。本章遴选部分信息检索与信息推荐的相关技术进行介绍。

8.2.1 信息检索部分前沿技术

8.2.1.1 深度排序模型

排序问题是信息检索与信息推荐等领域的核心问题之一[6]。例如，信息检索需要将查询结果按照与用户查询信息的相关性进行排序；信息推荐需要把候选物品按照用户可能感兴趣的程度排序。排序结果的精准度和合理性会直接影响信息检索与信息推荐的质量。

（1）排序学习

传统排序模型的构建过程一般通过人工依据经验，提取排序特征和调整排序模型中所涉及的参数。随着影响排序性能因素的不断增加，排序特征种类繁多，传统排序模型的构建方法已不再适于处理如此多维和复杂的排序特征。机器学习方法具有能自动调节参数、融合多个模型的结果、通过正则化的方式避免过拟合等优点。因此，研究者尝试运用不同的机器学习方法来训练排序模型，以解决信息检索中的排序问题，并由此产生了信息检索与机器学习交叉的一个热点研究领域——排序学习（Learning to Rank）。与传统排序模型相比，排序学习的优势在于能够对众多排序特征进行优化组合，对相应的大量参数自动进行学习，从而得到一个高效精准的排序模型[7]。

排序学习根据训练方式分为三类，即逐点训练（Pointwise）排序学习、成对训练（Pairwise）排序学习和列表训练（Listwise）排序学习。其中，逐点训练排序学习的训练目标是优化一个文档的相关性分数估计，大部分的回归和分类机器学习方法都能用来训练逐点训练排序学习；成对训练排序学习每一次关注两个文档，对于给定的两个文档，会训练其相对顺序，比较流行的成对训练排序学习方法包括 RankNet[8]、LambdaRank[9] 和 LambdaMART[10]；列表训练排序学习直接对整个列表进行训练，目标为直接优化列表的相关性排序，可以直接优化相关性的排序指标，如 nDCG 等，也可以最小化刻画想要关注列表的某一特性的损失函数，如 ListNet[6] 和 ListMLE[11] 等模型。

大部分排序学习模型都需要使用标注数据（例如文档相关性等级）进行学习，当训练规模增加时，获取大规模且高质量的人工标注十分昂贵。因此，隐式的用户反馈，例如用户点击等信号被用来训练排序学习模型。用户的隐式反馈具有偏置性，会受到结果位置、展示形式的影响，在使用用户反馈进行排序学习时，需要去除这些偏置。这种排序学习被称作无偏置排序学习（Unbiased Learning to Rank）。根据所使用的用户交互信息类别，无偏置排序学习可以分为反事实排序学习（Counterfactual Learning to Rank）和在线排序学习（Online Learning to Rank）。其中，反事实排序学习使用用户的历史交互信息，通过学习用户模型，估计逆概权重（Inverse Propensity Weights）对用户的点击反馈进行加权，去除位置偏置等影响[12]；在线排序学习直接与用户进行交互，优化排序模型，如可以基于不同的排序算法给出排序列表，对其初始化并不断更新"插入排序列表（Multi-leaving）"，通过收集用户在该列表上的点击行为，在线优化排序模型[13]。

（2）深度学习

针对排序问题，传统的解决方案大多依赖于人工经验，由专家根据历史数据和排序特征，通过组合一系列排序规则得到排序公式。随着对排序问题研究的不断深入，目前比较常用的做法是利用机器学习技术解决排序问题。与传统的解决方案相比，基于机器学习的排序模型具有更高的计算效率和排序准确度，所得到的排序结果具有更强的客观性。近年来，深度学习（Deep Learning）成为学术研究的热点方向，并取得了一系列研究成果。深度学习算法模型与逻辑回归模型、支持向量机及决策树类算法等传统机器学习算法模型相比，主要区别体现在深度学习模型的网络结构包含更多更深的层级，并且明确强调特征表示学习的重要性。该模型基于神经网络模型，比简单的神经网络模型更复杂，所处理的问题更多样。最简单的深度学习算法模型莫过于多层感知机模型。深度指的就是隐藏层的数量，具有一个隐藏层的神经网络模型被称为浅层神经网络模型，具有两层或两层以上的神经网络模型被称为深层神经网络模型，也称为深度学习模型，如图 8-2 所示。该模型将传统的一次非线性转换为多次非线性运算组合。深层神经网络模型比传统的神经网络模型具有更强的表示能力[14]。

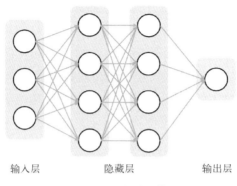

输入层   隐藏层   输出层

图 8-2　深度学习模型

（3）基于深度学习的排序模型

在深度排序模型（Deep Ranking Model）中，比较有代表性的是神经信息检索（Neural Information Retrieval）[15]模型。神经信息检索模型可分为基于表示的模型（Representation‐based）和基于交互信息的模型（Interaction‐based）。基于表示的模型可以利用深层神经网络对查询和文档进行编码，将其表示在同一个低维向量空间中，并通过计算查询向量和文档向量之间的相似度或距离来估计查询和文档的相关性，相似度越高或距离越近，查询词与对应的文档越相关。基于交互信息的模型首先将查询和文档中的每个词用词向量（Word Embedding）表示，再计算查询中的每个词和文档中每个词的相似度，得到一个能表达查询与文档之间匹配关系的交互矩阵，最后利用深层神经网络提取交互矩阵中的匹配信息和模式，估计查询和文档的相关性。

8.2.1.2　基于任务的信息检索

（1）任务的概念

任务的概念在信息查询和信息检索语境中被广泛使用。目前对任务的定义有两种不同的观点：一种是任务描述，其关注的重点是描述工作的某个特定部分，具体化任务的要求和目标，涵盖与任务目标相关的方法描述；第二种是任务过程，其关注的重点是做工作的某个特定部分，即任务是通过对任务的执行所显示出来的[16]。一个检索任务通常由一系列相关的（子）任务组成。

（2）任务的分类

以前的一些研究只单纯考虑任务本身对信息查询的影响。现在越来越多的研究开始对任务进行分类，从任务的不同层面进行研究，分析各类任务对信息查询的影响。在信息科学领域，研究者对各种不同类型的任务进行了分析，包括工作任务、信息搜索任务、信息查询任务、信息检索任务。工作任务被看作其他任务类型的驱动力，是指人们为了完成自己的工作职责而进行的活动。除工作任务外，与工作不相关的其他任务也能驱使人们进行信息检索。例如，每日的信息查询引起了越来越多研究者的关注，有大量研究调查了基于媒体、计划一次旅行、购物、天气和交通等方面的信息查询。

（3）基于任务的检索

对于完成一个任务而言，用户经常需要通过调整查询词来实现最终的目标；搜索引擎通过提供查询推荐的方式来协助用户更好地对任务需求进行描述；很多搜索引擎的查询建议主要侧重于帮助用户优化当前的查询，而不是识别和探索与当前复杂任务相关的内容。这些新挑战需要更多的技术来实现。信息查询与信息检索不应孤立对待，应与更大的任务情境相结合。为了更好地理解信息查询与信息检索的动态特性，需要从更广的角度，包括从情境和背景中来理解任务[17]。传统的信息查询研究是从系统的角色出发的，把用户看作被动的、独立的客观信息接收器。有研究表明，信息需求和信息查询过程取决于任务，工作任务驱动信息查询、信息搜索和信息检索的行为。近年来，随着对信息行为研究的不断深化，环境或情境对用户信息查询行为的影响逐渐成为一种共识。传统的方法忽视了环境或情境对用户检索行为的影响，从用户导向的信息系统评估角度来看，简单的检索请求是无法准确评价信息检索系统的绩效的。现在最常用的评估方法是实验法，即引导用户在信息检索系统中搜寻信息，与信息检索系统交互，从而产生检索的结果。

8.2.1.3　基于对话的信息检索

用户在信息检索过程中的会话行为是较为重要的一种即时信息检索。基于对话的检索（Conversational Retrieval）特别关注的是支持用于信息访问和信息检索的机器对话技术及其交互的接口。

（1）对话系统

随着手机等移动设备的普及和智能化，以及自然语言处理技术、语音识别技术、语音合成技术的发展，通过对话方式获取信息和服务成为发展趋势，从而导致了对话系统的产生。对话系统就其本质而言，就是信息检索系统，为用户提交查询语句或关键字检索结果。对话系统是在信息检索系统基础上的改进和延伸。查询关键字的输入方法由键盘输入改为语音输入。查询结果经排序整合后返回给用户。在交互过程中，用户可享受人机对话，增强了体验[18]。

（2）对话管理策略

现有的对话系统大多围绕语音识别、自然语言理解、对话管理模块、自然语言生成及语音合成这五个关键模块进行设计和开发。语音识别模块首先接收用户的语音信号，并产生一系列的文本识别假设，然后将其传递到自然语言理解模块，生成具有语义信息的格式化表达式，该表达式被传递到对话管理模块，对话管理模块根据当前输入和对话上下文产生下一个交互行为。自然语言生成模块在接收到对话管理模块的指令后，产生相应的文本信息，交由语音合成模块转化为语音输出。

对话管理模块是整个对话系统的核心，负责记录会话的历史记录信息，处理用户的对话，根据上下文语境解释当前输入，实时选择与用户通信的内容及方式，并产生下一步交互指令。对话管理模块所做的选择被称为策略。由于对话过程不仅是简单语句序列的罗列，还是参与对话双方共同完成的联合行动，导致对话管理的一个关键问题是不确定性。在对话过程中，双方通过交替提出或接受语句来建立及维护相互理解，其间的对话管理会经常在不确定的情况下进行决策。此时，对话管理模块的决策目标是最大限度地减少误解，使对话向有利于完成最终目标的方向发展。关于对话决策有很多理论研究作为支撑，一些系统会提前预指定每个环节的交互指令和状态。这些交互指令和状态不受用户输入的影响。其他系统会根据交互结构进行一些假设处理，并在与用户的交互过程中动态地决定下一个交互行为。

当前，对话系统已经走进了人们的生活，商业对话服务增加了对信息检索中更多以人为中心的交互需求[19]，已经产生了许多流行的个人助理，如Amazon Alexa、Apple Siri、Google Home、Microsoft Cortana等，用来进行人机聊天、报告天气和播放音乐等。

8.2.1.4　多媒体信息检索

随着信息技术的发展，信息的呈现方式出现多元化的趋势，信息检索也不再局限于单纯的文字检索，图像、视频等多媒体数据已经成为获取与传播信息的主要媒介，从各种形式的媒体源中提取判别性描述的技术问题提上了日程。

面对海量的多媒体数据，如何实现快速准确的信息检索，一直是多媒体研究领域的热点问题。最早的多媒体检索研究可以追溯到 20 世纪 70 年代末期，当时主要依赖人工标注生成媒体数据的文本标签，利用文本匹配完成检索。21 世纪初，随着计算机视觉、模式识别、机器学习等技术的进步，多媒体内容自动标注方法逐步得到发展，可用于大规模数据的管理与检索。

多媒体信息检索（Multimedia Information Retrieval，MIR）是计算机科学的研究学科，是指从多媒体数据源中提取语义信息。数据来源可以是直接可感知的媒体，比如音频、图像和视频，也可以是间接可感知的来源，比如文本、语义描述、生物信号及不可感知的来源。多媒体信息检索的基本流程如图 8-3 所示[20]。

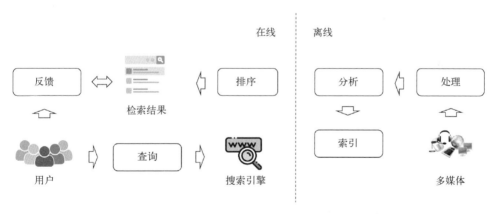

图 8-3　多媒体信息检索的基本流程

多媒体信息检索虽然经历了十几年的发展，但检索性能的提升依然受到"意图鸿沟"与"语义鸿沟"的制约。学术界针对此问题，提出了一系列查询技术帮助用户清楚地表达检索意图及反馈技术，以帮助系统准确地理解用户意图与媒体数据，有效提升了检索性能[21]。

8.2.1.5 跨语言信息检索

（1）跨语言信息检索的概念

由于互联网资源的多语言性和用户所使用语言的日益多样性，跨语言信息检索成为重要的研究领域。跨语言信息检索（Cross-language Information Retrieval，CLIR）是指用户以一种语言提问，检索出用另一种或几种语言描述的信息资源的信息检索技术和方法。在跨语言信息检索中，可将用户表达的信息需求，构造为检索提问式的语言，被称为源语言（Source Language），被检索的信息资源所使用的语言被称为目标语言（Target Language）。要实现语言之间的转换，首先要使计算机能理解自然语言文本的意义，然后能以自然语言文本来表达给定的意图、思想等。例如，自动识别一份文档中所有被提及的人与地点；识别文档的核心议题；在众多合同中，将各种条款与条件提取出来制作成表，或者结合精心选定的某些特征和文本中的某些元素识别一段文字，通过识别元素可以把某类文字与其他文字区别开来，如垃圾邮件和正常邮件等。跨语言信息检索建立在对自然语言理解的基础之上，关键问题是要使查询语言与文档语言在检索之前达成一致。用户以一种语言提问，可以检索出用另一种语言或多种语言描述的相关信息。例如，输入中文检索式，跨语言信息检索系统会返回用英文、日文等语言描述的信息。这些信息可以是文本信息，还可以是其他形式的信息[22]。

（2）跨语言信息检索的关键技术

跨语言信息检索主要涉及的关键技术有计算机信息检索技术、机器翻译技术和歧义消解技术。计算机信息检索技术用于完成提问与文档之间的匹配；机器翻译技术用于完成不同语言之间的语义对等；歧义消解技术用于解决在翻译过程中的多义和歧义问题。

计算机信息检索技术。计算机信息检索技术主要包括自动搜索技术、自动标引技术、语言处理技术和自动匹配技术。检索系统首先利用网络爬虫进行网络信息的搜集，然后利用自动标引技术对搜集的信息进行标引，并使用相应的语言处理技术实现两种语言的相对应，形成索引数据库。用户输入检索式，计算机将检索式与数据库中的索引项进行匹配，按检索式与标引项相关度的大小排序输出检索结果。

机器翻译技术。跨语言信息检索所要解决的问题实际上是一个语言处理问题，不同于单一语种的语言信息检索和机器翻译，也不是两种技术的简单叠加，而是一种有机的融合，有自身的特点和专门的研究内容。机器翻译技术实质上是一种能够将一种语言文本自动翻译成另一种语言文本的计算机程序。其核心是保持两种文本（源语言文本和目标语言文本）的语义对等。由于在翻译过程中，源语言文本中的词往往对应目标语言文本描述的几个词，所以要选择最合适的词或相关处理以达到意义上的一致。在跨语言信息检索中，翻译的准确性直接决定了检索的准确性，准确性的提高需要利用自然语言处理与机器翻译相结合的技术，由于涉及复杂的计算机语义分析技术，因此机器翻译的效果还远未达到所期望的水平。

歧义消解技术。跨语言信息检索涉及两种语言之间的相互转换，在转换过程中会出现歧义问题[23]，需要解决自然语言文本和对话各个层次上广泛存在的各种各样的歧义性或多义性。在自然语言中，一词多义和一义多词的现象是非常普遍的，对查询进行处理时，确定检索词的确切含义是非常重要的，即要把带有潜在歧义的自然语言输入转换成某种无歧义的计算机内部表示。这需要大量的知识和推理，对被检索的文献而言，要提高查准率，就需要明确文献中出现的检索词的含义，以判断其相关性。

跨语言信息检索的出现是为了满足网络资源语种多样性，克服用户掌握语言差异所带来的检索语言障碍。随着信息全球化进程的不断加快，对跨语言信息检索的需求越来越迫切。

8.2.1.6　基于隐私保护的信息检索

在社会生活与互联网接轨的同时，各种电子信息系统存储并积累了丰富的数据，由于本地存储的局限性和数据共享的迫切需求，为了节省本地存储空间、增加数据存取的灵活性，用户倾向于选择将本地存储的数据上传至第三方云服务器。由于本地存储的数据包含大量的个人隐私信息，因此在存储和共享过程中会直接或间接泄露个人隐私，造成诸多安全风险[24]，比如个人的医疗记录、搜索习惯及能够体现个人特征的敏感数据，可能会随着数据的发布和共享而被泄露，给用户带来严重的困扰。在发布和共享过程中，若原始数据被篡改，则可造成数据失真，导致错误的分析和无意义的研究，因此在实现隐私保护的同时，更要注意数据的真实性和可利用性，以保护数据本身的安全。目前，在实现数据共享的过程中如何更好地保护数据的安全及个人隐私已成为整个社会的广泛共识和学术领域的研究热点[25]。

隐私保护信息检索（Private Information Retrieval，PIR）是为了保障个人

隐私在公共网络平台上的私密性而采用的策略，当用户在数据库上检索信息时，可采用一定的方法来阻止数据库服务器知晓用户查询语句的相关信息，从而可保护用户的查询隐私。隐私保护信息检索的发展和普及不仅需要隐私保密技术的不断发展，还需要用户对隐私保护认知的不断增强。目前，很多国家都制定了相应的法律来保护公民的隐私，很多企业也制定了与用户隐私相关的服务条例。在当前现实生活中，医药数据库、专利数据库等对检索隐私有着较高要求的领域，隐私保护信息检索都具有很大的应用空间[26]。

目前，私有信息检索协议一般分为两类：第一类为信息论的私有信息检索，通常使用多个服务器存储数据库副本，通过向各个服务器发送不同的查询请求，利用返回的消息联合计算出用户的查询结果，由于单个服务器利用返回的消息无法计算出用户的查询信息，若假设攻击者的计算能力无限制，则虽然能够完美地保护用户的隐私，但是通信复杂度过高，且要求服务器之间互不通信，因此现实意义不大；第二类为计算性的私有信息检索，主要基于数学上的一些诸如二次剩余等假设，假设服务器在多项式时间内无法计算出用户发送的查询信息[27]。

8.2.1.7 基于用户行为分析的信息检索

由于信息检索过程是用户与信息检索系统进行交互的过程，分析和理解用户在该过程中的行为模式和规律，有助于进一步改进信息检索系统，提升用户体验。因此，搜索引擎用户行为的分析与建模受到了广泛关注，成为近年来信息检索领域的一个重要研究方向。

相关研究工作通常涉及以下三个步骤中的一个或多个：①用户行为分析；②用户行为建模；③基于用户行为模型改进信息检索系统。其中，用户行为分析旨在探究用户搜索行为的内在规律和影响用户搜索行为的外在因素。相关研究主要采用现场研究（Field Study）和实验室环境下的用户实验（Lab-based User Study）等手段搜集用户在使用信息检索系统完成搜索任务时的行为信息。现场研究侧重于在实际的应用场景下搜集真实用户的搜索行为；实验室环境下的用户实验能够在一个更加受控的环境下，搜集更为丰富细致的用户行为信息，如采用浏览器插件记录的鼠标移动信息和使用眼动仪记录的视觉注意力信息。通过分析搜集到的用户行为数据，能够探究影响用户搜索行为的因素，发现用户搜索行为的规律，为下一步进行用户行为建模和改进信息检索系统起指导作用。例如，托尔斯藤·约阿希姆斯（Thorsten Joachims）等人[28]利用眼动仪，发现用户在浏览搜索结果页面时视觉注意力主要集中在靠前的结果上。这种视觉注意力的不均衡分布是靠前结果点击率偏高的原因。该发现对后续用户点击模型的构建和利用用户点击改进搜索结果排序起到了重要的指导作用。

基于用户行为分析研究中的发现可以进行用户行为建模：一方面，可以构建模型来更好地刻画、预测和解释用户在搜索时包括浏览、点击、查询改写在内的一系列行为；另一方面，可受基于用户行为模式的启发，构建相应的智能计算模型，使机器和系统能自动地完成相应的信息检索任务。在完成用户行为模型的设计之后，可以利用真实的用户搜索行为数据来修正模型参数、验证模型性能和选择最优模型。

通过应用用户行为模型能够改进一系列信息检索相关任务的性能。例如，利用用户搜索结果的有用性（Usefulness）和满意度（Satisfaction）估计模型，能够提升搜索引擎评价方法的性能，使其能够更好地反映用户的实际体验[29]；通过对用户在搜索结果页面上的检验和点击行为进行建模，点击模型[30]能够有效地提取隐式相关性反馈，用于改进搜索结果的排序性能；通过建立适用于移动搜索环境的点击模型，毛佳昕等人[31]改进了在移动搜索环境下异质搜索结果的排序性能；通过对用户进行相关性判断过程的分析，李祥圣等人[32]提出了受阅读过程启发的基于强化学习检索模型，提高了相关性估计的准确性。

8.2.2　信息推荐部分前沿技术

8.2.2.1　深度推荐模型

深度学习是机器学习领域的一个重要研究方向，近年来在图像处理、自然语言理解、语音识别和在线广告等领域取得了突破性进展。将深度学习融入信息推荐系统中，研究如何整合海量多源异构数据，构建更加贴合用户偏好的模型，以提高信息推荐系统的性能和用户满意度，成为基于深度学习信息推荐系统的主要任务。

深度学习的最大优势是能够通过一种通用的端到端的过程学习到数据的特征，自动获取数据的高层次表示，不依赖于人工设计特征。因此，深度学习在基于内容的推荐中主要用于从项目的内容信息中提取项目的隐表示，以及从用户的画像信息和历史行为数据中获取用户的隐表示，再基于隐表示计算用户和项目的匹配度来产生推荐结果。在假设用户和项目携带辅助信息的情况下，深度神经网络模型被作为有效的特征提取工具。

深度学习由于能够适应于大规模数据处理，因此目前被广泛应用在协同过滤推荐问题中。基于深度学习的协同过滤方法首先将用户的评分向量或项目的评分向量作为输入，利用深度学习模型学习用户或项目的隐表示，然后利用逐点损失（Pointwise Loss）和成对损失（Pairwise Loss）等类型的损失函数构建目标优化函数，对深度学习模型的参数进行优化，最后利用学习到的隐表示进行项目推荐。

混合推荐的主要思路是融合基于内容的推荐方法与协同过滤方法，将用户或项目的特征学习与项目推荐过程集成到一个统一的框架中，首先利用各类深度学习模型学习用户或项目的隐特征，并结合传统的协同过滤方法构建统一的优化函数进行参数训练，然后利用训练出来的模型获取用户和项目最终的隐向量，进而实现用户的项目推荐。

基于深度学习的信息推荐系统通常将各类用户和项目相关的数据作为输入，利用深度学习模型学习到用户和项目的隐表示，并基于隐表示为用户产生项目推荐，基本架构如图 8-4 所示，包含输入层、模型层和输出层[33]。

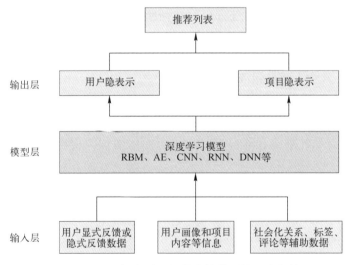

图 8-4　基于深度学习的信息推荐系统基本架构

输入层的数据主要包括用户显式反馈（评分、喜欢/不喜欢）或隐式反馈数据（浏览、点击等行为数据）、用户画像（性别、年龄、喜好等）和项目内容（文本、图像等描述或内容）等信息、用户生成内容（社会化关系、标签、评论等辅助数据）。模型层所使用的深度学习模型比较广泛，包括自编码器、受限玻耳兹曼机、卷积神经网络、循环神经网络等。在输出层，利用学习到的用户隐表示和项目隐表示，通过内积、Softmax、相似度计算等方法产生项目的推荐列表。

当前，深度学习在信息推荐系统研究中的应用可以分为五个方向：

① 深度学习在基于内容的信息推荐系统中的应用。利用用户显式反馈或隐式反馈数据、用户画像和项目内容等信息，以及各种类型的用户生成内容，采用深度学习的方法让系统学习用户与项目的相似之处，并将相关项目推荐给用户。

② 深度学习在协同过滤中的应用。利用用户显式反馈或隐式反馈数据，采用深度学习的方法学习用户或项目的隐向量，从而基于隐向量预测用户对项目的评分或偏好。

③ 深度学习在混合推荐系统中的应用。利用用户显式反馈或隐式反馈数据、用户画像和项目内容等信息，以及各种类型的用户生成内容产生推荐。模型层主要基于内容的推荐方法与协同过滤方法的组合。

④ 深度学习在基于社会网络信息推荐系统中的应用。利用用户显式反馈或隐式反馈数据、用户的社会化关系等各类数据，采用深度学习模型重点建模用户之间的社会关系影响，更好地发现用户对项目的偏好。

⑤ 深度学习在情景感知信息推荐系统中的应用。利用用户显式反馈或隐式反馈数据，以及用户的情境信息等各类数据，采用深度学习模型对用户情境进行建模，发现用户在特定情境下的偏好。

总体来说，基于深度学习的信息推荐系统研究利用深度学习的方法学习用户的偏好，并建立用户与项目的隐表示，从而实现项目推荐。不同类型的方法在深度学习模型、数据类型及推荐对象等方面存在着差异。

8.2.2.2　基于关联规则的推荐

基于关联规则的推荐（Association Rule-based Recommendation）是以关联规则理论为基础的，把已购商品作为规则头，规则体为推荐对象[34]。

关联规则用于在海量数据中挖掘背后隐藏项目事务之间的联系，通过数据之间的有用内容来获取更大的利益；用来表示两个项目事务之间的依赖性，假如两个项目事务之间存在一定的关联，那么其中一个项目事务可以以一定的概率作为前提条件来推断另一个项目事务。其挖掘目标是为了从庞大的数据集中发现项目事务之间不易得到的关联。其应用由最开始的购物篮分析发展到分类关联分析、知识提炼和推荐、蛋白质内部成分分析、软件故障挖掘、机器故障推断、交通事故模式分析等。关联规则的理论研究趋势由最初的频繁模式发展到闭合形式挖掘、增量形式挖掘、比较兴趣度、流体数据等不同表达方式的关联规则[35]。关联规则算法得到了充分的应用，尤其在电子商务领域，通过关联规则解决了用户对大量信息的处理问题，给用户提供个性化的推荐，不仅节约了用户的宝贵时间，同时还提高了整个网站的营业额。

基于关联规则推荐技术的重点在于关注用户行为之间的关联模式，比如一个用户买了一袋面包，在大多数情况下，该用户还会选择再买一袋牛奶共同作为早餐，因此可以在面包和牛奶之间建立关联关系，从而根据这种关联关系推荐其他的产品。比较著名的关联效应是"啤酒和尿布"的案例，年轻父亲在超市购物时会根据需求购买尿布，考虑到年轻父亲喜欢喝啤酒的习性，如果在尿布旁边摆放啤酒，则有很大概率会选择同时购买啤酒，看起来毫无关联的啤酒和尿布之间就有了一定的关联关系。这种关联性不只体现在实体超市，在电子商务网站中也很突出。在电子商务网站中购物时，也许年轻父亲不是专门去买啤酒的，但是如果在将必要的婴儿尿布放入购物车后，系统能根据年轻父亲的年龄特征和喜好，推荐类似啤酒之类的产品，则能促进年轻父亲的交叉购买。这种基于关联性的交叉购买行为不仅能给用户带来方便，还可以提高网站的销售量。

相对于其他推荐系统，基于关联规则的推荐系统具有自己的优势：①数据源相对简单，不需要特殊的数据源，只需要有准确的交易记录即可；②对用户的购买行为具有预测能力，能够挖掘用户的潜在兴趣；③可以对不同类型的商品进行挖掘，也就是说对商品特性没有特殊的要求[36]。

8.2.2.3 协同过滤推荐

协同过滤技术是推荐系统中最为成功的技术之一，被广泛用于预测用户兴趣偏好领域。在日常生活中，用户在选择商品时，往往会向好朋友咨询意见，从而帮助用户做出决策。协同过滤把这一思想运用到个性化推荐中，即基于兴趣爱好相似的用户对某些项目的评价向目标用户推荐合适的项目[37]。协同过滤机制的主要目的在于根据已有数据之间的关系，计算用户之间的相似度，找到有共同兴趣爱好的用户，从而产生推荐。例如，如果有两个用户对某些商品的评分相似，则系统会认为这两个用户的偏好是相似的，会将一个用户评价较好的商品推荐给另一个用户。

基于协同过滤的推荐技术并不关心用户信息或商品项目信息，而是通过对目标用户的历史行为，主要对商品的历史评分数据进行分析，找到与目标用户兴趣爱好相似的用户群体，来预测目标用户对商品的评分，并向目标用户推荐合适的商品集。

协同过滤推荐技术有如下优点：①适用于复杂的非结构化数据，如电影、音乐等数据，对多媒体等资源的内容特征分析难度较大，利用的数据易于提取和表示，例如用户评分、购买记录、浏览记录等；②善于发现用户新的兴趣点，在推荐过程中，相似用户的"建议"能够拓宽推荐关注点，可以推荐与用户以往喜欢的项目完全不同的项目，即可发现用户可能喜欢但未曾察觉的项目，不需要专业领域的知识；③具有智能性，不需要用户自己定位兴趣点，例如填写调查问卷等，可以自动根据用户的历史评分信息等显式信息或浏览信息等隐式信息为用户做出相应的推荐。

8.2.2.4　基于内容的推荐

基于内容的推荐技术起源于信息检索和信息过滤，根据商品项目的内容信息和用户偏好之间的相关性向用户推荐信息，通常基于这样的假设，即拥有相似特征的商品会得到目标用户相似的评分。例如，用户喜欢一部关于战争和爱情的电影，他很有可能对其他与战争和爱情有关的电影也感兴趣。基于内容的推荐技术一般通过类别或特征标签选择来获取用户的需求和喜好，主要通过信息过滤来获取更有价值的信息，即项目的特征信息和项目的描述信息，不需要获取用户对项目的行为数据，可通过各种方法对项目的特征属性进行定义。

基于内容的推荐技术首先通过分析用户已经评价的项目属性来定位用户的兴趣偏好，再通过比较用户兴趣点与项目之间的相似性来为用户产生推荐。用户的兴趣模型常取决于所用的学习方法，比较常见的有决策树、神经网络、贝叶斯分类器、聚类等。基于内容推荐技术的最关键之处在于对项目的理解程度，需要从项目中抽取可以代表项目的典型特征词，对项目结构进行分析，并构建项目的信息模型。目前，大部分基于内容的推荐技术通常是对文本信息进行研究。

在对电影进行个性化推荐时，首先根据用户的历史评分记录，对用户评分较高电影的某些共同属性（比如演员、电影类别等）进行分析，然后搜索与共同属性总体相似的其他电影，并推荐给用户。基于内容的推荐技术是以产品为核心的，由于产品的属性基本不会发生很大的变化，产品之间的关系相对稳定，因此具有普遍的适用性。

基于内容的推荐技术有如下优点：①推荐结果直观，可解释性好，推荐给用户的项目内容特征和用户评分较高的项目内容特征具有很强的相似性，用户容易接受，可使用户对基于内容个性化推荐的认可度较高；②在一定程度上能解决新项目的问题（项目冷启动问题），当将一些新项目加入推荐系统中时，能够利用新项目的内容特征匹配用户偏好，使其被推荐的可能与老项目相同；③不会受到评分稀疏性问题的影响，能够将新产品和非流行产品及时推荐给用户。

8.2.2.5　基于知识的推荐

协同过滤和基于内容的推荐方法在很多情况下无法发挥作用：①有些产品并不会频繁购买，比如房屋，纯粹的协同过滤系统会由于评分数据很少而效果不好；②时间跨度因素的作用很重要，多年前对产品的评分对基于内容的推荐方法来说就不太合适，因为用户偏好会随着生活方式或家庭情况的变化而改变；③在一些复杂的产品领域，用户希望明确定义需求，例如"汽车的最高价格是 x，颜色是黑色"，需求的形式化处理并不是纯粹协同过滤和基于内容的推荐方法所擅长的（在关于推荐方法的概念中，没有把明确需求的形式认为是推荐方法中的一种，而是认为这是一种检索系统，此内容将会在后面的讨论中进行说明）。

基于知识的推荐（Knowledge-based Recommendation）是一种特定类型的推荐系统。它借助领域本体表达语义知识，增加了项目之间的关联信息；通过领域本体中结合点、边、深度和密度对相似性计算的不同影响，再结合信息论中的互信息相关概念，可对相似性计算公式进行改进，提高了运算精度。基于知识的推荐系统具有以下优势：①由于不需要评分数据就能推荐，因此不存在启动问题；②推荐结果不依赖单个用户评分，要么依赖用户需求与产品之间的相似度，要么依赖明确的推荐规则；③交互性很强，以一种个性化方法引导用户在大量潜在候选项中找到感兴趣或有用的产品。

基于知识的推荐系统的大致工作过程如下：①用户指定偏好；②在搜集用户偏好信息后，给用户推荐产品，用户可以选择要求系统解释为什么会推荐该产品；③如果用户需求未得到满足，则用户可以修改需求。该过程具有较强的交互性。基于知识的推荐系统主要包括两种类型：基于实例推荐和基于约束推荐。两者的区别在于如何使用所提供的知识：基于实例的推荐系统着重于根据不同的相似度衡量方法检索出相似的产品，也就是根据相似度衡量标准检索哪些产品与特定用户的需求相似；基于约束的推荐系统用来明确定义的推荐规则集合（在符合推荐规则的所有产品集合中通过搜索得出要推荐的产品集合）[38]。

8.2.2.6　可解释性推荐

可解释性推荐采用的算法是解决原因问题的个性化推荐算法，不仅可为用户提供建议，还可提供解释，使用户或系统设计人员了解推荐项目的原因，通过这种方式，有助于提高推荐系统的有效性、效率、说服力和用户满意度。近年来，已经有大量系统采用了具有可解释性的推荐算法，特别是基于模型的可解释性推荐算法。

为了突出在整个推荐系统研究中可解释性推荐系统的位置，可以将大多数现有的个性化推荐研究分类为广泛的概念分类。具体而言，许多推荐系统的研究可分类为解决 5W 问题，即何时（When）、何地（Where）、谁（Who）、什么（What）、为什么（Why），以及五个 W 通常对应的时间感知推荐、基于位置的推荐、社会推荐、应用意识推荐和可解释性推荐。

可解释性推荐研究可以追溯到个性化推荐研究中的一些最早期的研究。例如，Jonathan Herlocker（乔纳森·赫洛克）等人[39]提到，推荐系统将用于为用户解释产品是什么类型的产品，例如"您正在查看的此产品与您过去喜欢的其他产品类似"。这是基于项目协同过滤的基本思想。早期研究主要集中在基于内容的推荐或基于协同过滤的推荐上。

为了使个性化推荐模型直观易懂，研究人员越来越多地转向对可推荐模型的研究，其中推荐算法不仅提供推荐列表作为输出，而且具有可解释性。

从广泛意义上说，人工智能系统的可解释性已经成为 20 世纪 80 年代"old"或逻辑人工智能时代的核心讨论议题。早期基于知识的系统预测（或诊断）虽然很好，但无法解释原因。近年来，越来越多的研究人员意识到可解释性人工智能的重要性，意在解决人工智能解释中的各种问题，如深度学习、计算机视觉、自动驾驶系统和自然语言处理任务等。

作为人工智能领域的一个重要分支，可解释性推荐系统（Explainable

Recommendation）广泛运用于各个领域[40]。根据不同的实际应用场景，可解释性推荐系统的解释有不同的形式，如基于协同的解释、基于内容的解释、基于知识和自然语言的解释，以及基于人口统计的解释。

8.2.3　信息检索与信息推荐领域的相关资源

信息检索与信息推荐领域相关的资源见表 8-1。读者可根据自身兴趣关注了解。

表 8-1　信息检索与信息推荐领域相关的资源

书　籍	
书　名	作　者
Introduction to Information Retrieval 《信息检索导论》	Christopher D. Manning（克里斯托弗·D. 曼宁），Prabhakar Raghavan（普拉巴卡·拉加万），Hinrich Schütze（辛里奇·舒策）
Modern Information Retrieval 《现代信息检索》	Ricardo A. Baeza-Yates（里卡多·A. 贝泽-耶茨），Berthier Ribeiro-Neto（贝蒂尔·里贝奇-内托）
Information Retrieval：Algorithms and Heuristics 《信息检索：算法和启发》	Ophir Frieder（奥菲尔·弗里德），David A. Grossman（大卫·A. 格罗斯曼）
Managing Gigabytes：Compressing and Indexing Documents and Images 《深入搜索引擎：海量信息的压缩、索引和查询》	Ian H. Witten（伊恩·H. 威顿），Alistair Moffat（阿利斯泰尔·莫法特），Timothy C. Bell（蒂莫西·C. 贝尔）
Finding Out About：A Cognitive Perspective on Search Engine Technology and the WWW 《找到相关：搜索技术和万维网的认知视角》	Richard K. Belew（理查德·K. 贝鲁）
Information Retrieval：A Health and Biomedical Perspective 《信息检索：健康与生物医学观点》	William Hersh（威廉·赫什）
TREC：Experiment and Evaluation in Information Retrieval 《TREC：信息检索实验与评价》	Ellen M. Voorhees（埃伦·M. 沃赫斯），Donna K. Harman（唐娜·K. 哈曼）
Language Modeling for Information Retrieval 《信息检索的语言模型》	W. Bruce Croft（布鲁斯·克罗夫特）
Readings in Information Retrieval 《信息检索读物》	Karen S. Jones（卡伦·S. 琼斯），Peter Willett（彼得·威利特）
Information Storage and Retrieval Systems 《信息存储与检索系统》	Gerald Kowalski（杰拉尔德·科瓦尔斯基），Mark T. Maybury（马克·T. 梅伯里）
The Geometry of Information Retrieval 《信息检索的几何》	C. J. van Rijsbergen（范瑞斯伯格）

续表

书　籍	
书　名	作　者
Introduction to Modern Information Retrieval 《现代信息检索引论》	Gobinda Chowdhury（戈宾达·乔杜里）
Text Information Retrieval Systems 《文本信息检索系统》	Charles T. Meadow（查尔斯·T. 梅多德）
著名学术会议	
会议简称	会议名称
SIGIR	International ACM SIGIR Conference on Research and Development in Information Retrieval （国际计算机学会信息检索大会）
WSDM	ACM International Conference on Web Search and Data Mining （国际计算机学会网络搜索与数据挖掘大会）
The WebConf （WWW）	The Web Conference（国际万维网大会）
CIKM	ACM International Conference on Information and Knowledge Management （国际计算机学会信息与知识管理大会）
RecSys	ACM Recommender Systems Conference （国际计算机学会推荐系统大会）
ECIR	European Conference on Information Retrieval （欧洲信息检索大会）
ICTIR	ACM SIGIR International Conference on the Theory of Information Retrieval （国际计算机学会信息检索理论大会）
CHIIR	ACM SIGIR Conference on Human Information Interaction and Retrieval （国际计算机学会人类信息交互与检索大会）
著名学术期刊	
期刊简称	期刊名称
TOIS	*ACM Transactions on Information Systems* 《国际计算机学会信息系统汇刊》
IP&M	*Information Processing & Management* 《信息处理与管理》
JASIST	*Journal of the Association for Information Science and Technology* 《信息科学与技术协会学报》
FnTIR	*Foundations and Trends in Information Retrieval* 《信息检索：基础和趋势》
TWEB	*ACM Transactions on the Web* 《国际计算机学会万维网汇刊》

续表

著名学术期刊	
期刊简称	期 刊 名 称
IRJ	*Information Retrieval Journal* 《信息检索期刊》
相关学术研究机构	
英文名称或简称	中 文 名 称
CMU（LTI）	卡耐基梅隆大学语言技术研究所
University of Glasgow	格拉斯哥大学
Helsinki Institute for Information Technology	赫尔辛基信息技术研究所
IBM	国际商业机器公司
Illinois Institute of Technology	伊利诺伊理工大学
Microsoft Research	微软研究院
Peking University	北京大学
University of Pittsburgh	匹兹堡大学
UIUC	伊利诺伊大学厄巴纳-香槟分校
UMASS	马萨诸塞大学

8.3　相关技术的产业应用

在不同的领域，信息的关联方式都存在一定的差异，因此本节选取了不同领域具有代表性的例子来进行分析。

8.3.1　典型的应用产品

1. 百度搜索

2000年1月，李彦宏、徐勇在北京中关村创立了百度搜索。百度搜索的核心技术是"超链接分析"，通过分析链接网站的多少来评价被链接的网站质量，可保证用户在使用搜索引擎时，越受用户欢迎的内容排名越靠前。

百度搜索不仅提供网页搜索、MP3 搜索、图片搜索、新闻搜索、百度百科等主要产品和服务，还提供更加细分的搜索服务，如地图搜索、邮编搜索等。

目前，百度搜索拥有全球最大的中文网页，是全球第二大搜索引擎，在中国搜索引擎市场中占 76.05% 的市场份额，截至 2018 年 5 月，市值上升至 990 亿美元。

2. 今日头条

2012 年 3 月，张一鸣创建了今日头条，并于同年 8 月发布了第一个版本。到 2015 年，今日头条获得了年度最具影响力 APP 奖。

今日头条是由北京字节跳动科技有限公司开发的，是基于数据挖掘的推荐搜索引擎产品。其内容的大部分是从网上抓取的。因此，今日头条的特色是基于个性化推荐引擎技术，即根据每个用户的兴趣、位置等多个维度进行挖掘，再进行推荐。推荐内容包括新闻、音乐、电影、游戏、购物等资讯。

3. 豆瓣

豆瓣是杨勃于 2005 年 3 月创立的社区网站，除提供书籍、电影、音乐（简称书影音）等作品的信息外，还提供线下同城活动、小组话题讨论等多种服务功能。

以书影音起家的豆瓣，是 Web 2.0 时代极具影响力的创新企业。在豆瓣上，用户可以自由发表有关书影音的评论，搜索别人的推荐，所有的内容、分类、筛选、排序等都是由用户产生和决定的。

8.3.2　信息检索技术的应用情况

除了被广泛使用的网络搜索引擎和常见的图书文献检索系统，信息检索和搜索技术还被应用于构建针对不同领域的搜索引擎。以下列举一些信息检索技术在不同垂直领域中的应用。

1. 法律搜索

法律搜索能够提供法律法规、案例等法律信息及与之相关的时事新闻、商业资讯。例如 Westlaw International，它是全球很有影响力的在线法律研究工具，可使用户迅速存取案例、法令法规、表格、条约、商业资料和其他资源。

2. 健康搜索

健康搜索可以为用户提供疾病、保健、医生、医院等方面的信息，如 iMedix。它是美国近几年崛起的一个关于健康主题的搜索引擎与博客社区，整合了搜索和社交网络功能，改变了在线搜索健康信息的办法，可鼓励用户通过互相帮助来共享健康体验。

3. 问答式搜索

由于面对具体任务的问答系统维护成本较高，系统中的规则大部分由手写规则构成，系统扩展能力较差，因此少部分较为先进的系统采用了检索式方案。其本质是对用户的问题先进行分类，再进行有针对性的回答。问答式搜索的核心是先通过计算用户的问句与已有问句/答句库中的所有候选问句的语义相似度，并排序选出最相似的问句，再使用该问句对应答句来回答用户的问句。例如 Quora，它是一个问答 SNS 网站，是由 Facebook 前雇员查理·切沃和亚当·安捷罗于 2009 年创立的，该网站集合了很多问题和答案，也容许用户协同编辑问题和答案。

8.3.3 信息推荐技术的应用情况

1. 商品推荐

商品推荐算法广泛应用于淘宝、京东、亚马逊等购物网站。在商品推荐中广泛使用的协同过滤（Collaborative Filtering）推荐算法是诞生最早且较为著名的商品推荐算法。该算法通过对用户历史行为数据的挖掘发现用户的偏好，基于不同的偏好对用户进行群组划分并推荐品味相似的商品。协同过滤推荐算法分为两类，分别是基于用户的协同过滤推荐算法（User-based Collaborative Filtering）和基于商品的协同过滤推荐算法（Item-based Collaborative Filtering）。简单说就是，物以类聚，人以群分[41]。因此，这些网站可以根据用户以前的购物记录，推荐用户可能感兴趣的商品。

2. 音乐推荐

信息推荐广泛运用于高度个性化的音乐推荐领域。音乐推荐系统可以根据用户以前的听歌记录，推荐用户可能感兴趣的歌曲。例如网易云音乐，它主要根据每日获取到的听歌列表，优先推荐与该列表相似的歌曲[42]。目前流行的音乐推荐算法主要分为基于内容的推荐算法、协同过滤推荐算法等。

3. 信息流推荐

信息流产品涉及的领域非常多，包括内容库、用户画像、短视频、搜索、信息流广告等。其产品形态具有以下几个特点：海量信息，能源源不断地刷出新的、实时的内容；能在合适的场景下，为用户提供合适的内容；用户黏性强，使用时间长，利于广告曝光。例如今日头条，它就是基于数据挖掘的推荐引擎产品，能够实现 5 秒快速推广，锁定目标用户；10 秒更新用户模型，实现更加精确的广告投放。今日头条具有强大的推荐系统，可给定向用户投放定制素材，信息流非常大，拓宽了媒体拥有的广告位数量，避免了对用户不必要的骚扰。信息流以传统广告模式结合新媒体技术（大数据、人工智能、用户画像），通过优质媒体，主动向潜在用户提供易于接受的营销信息，为广告主提供全新的营销蓝海市场。

信息流推荐内容的方式包括人工运营、算法推荐及两者的结合。人工运营和算法推荐各有所长：人工运营更擅长对新闻价值的判断及对热点的预测；算法推荐更适合运用于个性化匹配、冷门的长尾内容推荐。在大数据时代，每天更新的内容是海量的。人工运营往往局限于热点内容，就像冰山一角。冰山之下，是大量的长尾、冷门的内容，必须依赖机器算法进行个性化推荐。目前，信息流推荐的主流算法架构是召回和排序。召回最终决定了推荐效果的上界；排序则保证了推荐结果的精准。所以从模型优化的角度来讲，只有保证召回和排序双管齐下，才能发挥推荐系统的最好效果。

8.4　发展趋势

随着网络时代的来临，信息检索与信息推荐技术得到了迅猛发展。未来，信息检索与信息推荐将会呈现出更加智能化、多样化、个性化的发展态势。

从总体上看，信息检索技术在最近 20 年内取得了长足的进步；搜索引擎成为最成功的互联网应用之一；信息推荐系统在各大网站中得到了广泛的应用。但目前的信息检索和信息推荐系统仍存在一些问题和可改进之处。例如，当前搜索引擎在用户查询为较简短、有歧义的查询或较罕见的长尾查询时，常常不能正确地理解用户查询背后的信息需求和搜索意图，只能返回与查询在文本内容上存在一定匹配或关联的结果，影响了搜索体验；在用户的搜索任务较为复杂，需要在一个搜索会话内提交多个查询时，对用户进行查询改写方面的支持较为有限。对于信息推荐系统来说，也仍存在数据稀疏、冷启动、可解释性差、推理能力较弱等问题。这些都要求未来的信息检索和信息推荐系统变得更加智能化：一方面能更好地理解用户需求；另一方面能在返回结果的基础上，给用户提供更加智能化的、交互式的帮助。

随着用户需求的日益复杂化，搜索引擎索引的资源和推荐系统处理和分发的内容也需要变得更加多样化。越来越多的垂直搜索资源将被整合到搜索引擎系统中，让用户能使用搜索引擎完成更为多样的任务。信息推荐系统推荐给用户的信息和商品也需要变得更加多样化，以解决推荐所带来的兴趣偏见和信息茧房问题。

当前，搜索引擎的个性化程度仍然较低，在整合了更为多样化的资源和拥有智能化意图理解能力的基础上，未来的搜索引擎将能更准确地理解和响应用户个性化信息需求。最终，在准确理解用户个性化信息需求的基础上，搜索引擎和推荐系统可以被结合在一起，实现优势互补，进化为能提供多样化信息服务的智能个人信息助手。

参考文献

［1］清华大学人工智能研究院，北京智源人工智能研究院，清华−工程院知识智能联合研究中心．人工智能之信息检索与推荐［EB/OL］．［2019-9-20］．https://static. aminer. cn/misc/pdf/irar. pdf.

［2］贝泽−耶茨，里贝奇−内托．现代信息检索［M］．黄萱菁，张奇，邱锡鹏，译．北京：机械工业出版社，2012.

［3］金芳．浅谈信息检索与信息检索技术［J］．晋图学刊，2001（03）：22-24.

［4］Cleverdon C. The Cranfield Tests on Index Language Devices［J］. Aslib Proceedings, 1967, 19（6）：173-194.

［5］Cserchen. 详细分析推荐系统和搜索引擎的差异［EB/OL］．［2019-09-05］．https://blog. csdn. net/cserchen /article/details/50422553.

［6］Cao Z, Qin T, Liu TY, et al. Learning to Rank：From Pairwise Approach to Listwise Approach［C］//International Conference on Machine Learning. ACM, 2007：129-136.

［7］李金忠，刘关俊，闫春钢，等．排序学习研究进展与展望［J］．自动化学报，2018，44（8）：1345-1369.

［8］Burges C, Shaked T, Renshaw E, et al. Learning to rank using gradient descent［C］//Proceedings of the 22nd International Conference on Machine learning（ICML-05）. 2005：89-96.

［9］Burges C J, Ragno R, Le Q V. Learning to Rank with Nonsmooth Cost Functions［C］//Advances in Neural Information Processing Systems 19, Proceedings of the Twentieth Annual Conference on Neural Information Processing Systems, Vancouver, British Columbia, Canada, December 4－7, 2006. MIT Press, 2006.

［10］ Burges, C J. From ranknet to lambdarank to lambdamart: An overview ［J］. Learning, 2010, 11（23-581）: 81.

［11］ Lan Y, Zhu Y, Guo J, et al. Position-Aware ListMLE: A Sequential Learning Process for Ranking ［C］ //In UAI, 2014: 449-458.

［12］ Ai Q, Bi K, Luo C, et al. Unbiased learning to rank with unbiased propensity estimation ［C］ //Proceedings of the 41st International ACM SIGIR conference on Research and Development in Information Retrieval, ACM, 2018: 385-394.

［13］ Schuth A, Oosterhuis H, Whiteson S, et al. Multileave gradient descent for fast online learning to rank ［C］ //Proceedings of the Ninth ACM International Conference on Web Search and Data Mining, ACM, 2016: 457-466.

［14］ 孙建文. 基于深度学习的中文文档检索的应用 ［D］. 长春: 吉林大学, 2015.

［15］ Guo J, Fan Y, Pang L, et al. A deep look into neural ranking models for information retrieval ［DB/OL］. （2019-3-16）［2019-10-28］. https://arxiv.org/abs/1903.06902.

［16］ 周裕华. 基于工作任务的信息查询与检索过程研究综述 ［J］. 新西部, 2018, No.447（20）: 104+103.

［17］ 周裕华. 基于工作任务的信息查询与信息检索行为探究 ［J］. 产业与科技论坛, 2018, v.17（16）: 275-276.

［18］ 高海慧. 信息检索系统中智能人机交互方法的研究 ［D］. 济南: 山东大学, 2014.

［19］ Joho H, Cavedon L, Arguello J, et al. First International Workshop on Conversational Approaches to Information Retrieval （CAIR'17）［C］ //Proceedings of the 40th International ACM SIGIR Conference on Research and Development in Information Retrieval. ACM, 2017: 1423-1424.

［20］ 查正军, 郑晓菊. 多媒体信息检索中的查询与反馈技术 ［J］. 计算机研究与发展, 2017, 54（06）: 1267-1280.

［21］ 郭少友. 基于会话管理的 Web 即时信息检索研究 ［J］. 图书情报工作, 2009: 53（16）.

［22］ 臧劲松. 人工智能在跨语言信息检索中的应用 ［J］. 计算机时代, 2016（10）: 29-31+35.

［23］ Ballesteros L, Croft W B. Resolving ambiguity for cross-language retrieval ［C］ //Proceedings of the 21st annual international ACM SIGIR conference on research and development in information retrieval, 1998: 64-71.

［24］ Chor, B., Kushilevitz, E., Goldreich, O., & Sudan, M. （1998）. Private information retrieval. Journal of the ACM, 45（6）, 965-981.

［25］ 李瑞. 基于私密信息检索的隐私保护方案研究 ［D］. 济南: 山东大学, 2018.

［26］ 陈杨杨. 隐私保护信息检索协议及其应用研究 ［D］. 上海: 上海交通大学, 2012.

［27］ 赵欣怡. 面向云的密文检索隐私保护研究 ［D］. 北京: 北京邮电大学, 2016.

［28］ Joachims T, Granka L, Pan B, et al. Accurately Interpreting Clickthrough Data as Implicit Feedback ［J］. ACM SIGIR Forum, 2017, 51（1）: 4-11.

［29］ Mao J, Liu Y, Zhou K, et al. When does relevance mean usefulness and user satisfaction in Web search? ［C］ //Proceedings of the 39th International ACM SIGIR conference on Research and Development in Information Retrieval, ACM, 2016: 463-472.

［30］ Chuklin A, Markov I, Rijke M D. Click Models for Web Search ［J］. Synthesis Lectures on Information

Concepts, Retrieval, and Services, 2015, 7 (3): 1-115.

［31］ Mao J, Luo C, Zhang M, et al. Constructing Click Models for Mobile Search ［C］//Proceedings of the 41st International ACM SIGIR Conference on Research & Development in Information Retrieval, ACM, 2018: 775-784.

［32］ Li X, Mao J, Wang C, et al. Teach Machine How to Read: Reading Behavior Inspired Relevance Estimation ［C］//Proceedings of the 42nd International ACM SIGIR Conference on Research & Development in Information Retrieval. ACM, 2019: 795-804.

［33］ 黄立威，江碧涛，吕守业，等．基于深度学习的推荐系统研究综述 ［J］.计算机学报，2018，41 (07): 1619-1647.

［34］ 李伟．基于关联规则 B2C 图书销售网站个性化推荐系统研究 ［D］.北京：对外经济贸易大学，2007.

［35］ 陈春玮．基于关联规则和神经网络分析的推荐系统的研究 ［D］.杭州：杭州电子科技大学，2017.

［36］ 王静．基于关联规则的图书销售网站个性化推荐系统设计与实现 ［D］.成都：电子科技大学，2012.

［37］ 姚婷．基于协同过滤算法的个性化推荐研究 ［D］.北京：北京理工大学，2015.

［38］ Jannach D, Zanker M, Felfernig A, et al. 推荐系统 ［M］蒋凡，译.北京：人民邮电出版社，2013.

［39］ Herlocker J L, Konstan J A, Terveen L G, et al. Evaluating collaborative filtering recommender systems ［J］. ACM Transactions on Information Systems, 2004, 22 (1): 5-53.

［40］ Zhang Y, Chen X. Explainable Recommendation: A Survey and New Perspectives ［DB/OL］. ［2019-10-28］. https://arxiv.org/abs/1804.11192.

［41］ 默一鸣．协同过滤推荐算法的原理及实现 ［EB/OL］. (2017-2-8) ［2019-9-5］. https://blog.csdn.net/yimingsilence/article/details/54934302.

［42］ 知乎@南樱小欣．网易云音乐推荐算法分析 ［EB/OL］. ［2019-9-5］ https://zhuanlan.zhihu.com/p/63908049.

反侵权盗版声明

电子工业出版社依法对本作品享有专有出版权。任何未经权利人书面许可，复制、销售或通过信息网络传播本作品的行为；歪曲、篡改、剽窃本作品的行为，均违反《中华人民共和国著作权法》，其行为人应承担相应的民事责任和行政责任，构成犯罪的，将被依法追究刑事责任。

为了维护市场秩序，保护权利人的合法权益，本社将依法查处和打击侵权盗版的单位和个人。欢迎社会各界人士积极举报侵权盗版行为，本社将奖励举报有功人员，并保证举报人的信息不被泄露。

举报电话：(010) 88254396；(010) 88258888

传　　真：(010) 88254397

E-mail：dbqq@ phei. com. cn

通信地址：北京市海淀区万寿路 173 信箱
　　　　　电子工业出版社总编办公室

邮　　编：100036